U0395484

"十四五"时期国家重点出版物出版专项规划项目

新时代地热能高效开发与利用研究丛书

总主编　庞忠和

国家出版基金项目
NATIONAL PUBLICATION FOUNDATION

浅层地热能属性特征与开发利用

Attribute and Exploitation of Shallow Geothermal Energy

主　编　李宁波　杨俊伟

副主编　于　湲　李　翔　郑　佳

华东理工大学出版社
EAST CHINA UNIVERSITY OF SCIENCE AND TECHNOLOGY PRESS

·上海·

图书在版编目(CIP)数据

浅层地热能属性特征与开发利用 / 李宁波,杨俊伟
主编;于湲,李翔,郑佳副主编. —上海:华东理工
大学出版社,2022.7
(新时代地热能高效开发与利用研究丛书/庞忠和
总主编)
ISBN 978-7-5628-6420-2

Ⅰ. ①浅… Ⅱ. ①李… ②杨… ③于… ④李… ⑤郑
… Ⅲ. ①地热能-浅层开采-研究 ②地热利用-研究
Ⅳ. ①TK529

中国版本图书馆 CIP 数据核字(2022)第 056708 号

内 容 提 要

本书从浅层地热能资源属性特征着手,系统阐述了区域浅层地热能调查、场地勘查评价、地表水热能勘查评价、浅层地热能地下换热系统的设计与施工、开发利用系统监测、迁移转化数值模拟、系统运行评价体系的要点和内容,提出浅层地热能的未来发展方向以及高效开发利用建议,为浅层地热能持续科学发展提供技术参考。

本书可供地热能开发与利用相关领域,尤其是浅层地热能开发与利用领域的科学研究人员和工程技术人员使用,也可作为高等院校相关专业的参考用书。

项目统筹 / 马夫娇　李佳慧
责任编辑 / 李佳慧
责任校对 / 陈　涵
装帧设计 / 周伟伟
出版发行 / 华东理工大学出版社有限公司
　　　　　　地址:上海市梅陇路 130 号,200237
　　　　　　电话:021-64250306
　　　　　　网址:www.ecustpress.cn
　　　　　　邮箱:zongbianban@ecustpress.cn
印　　刷 / 上海雅昌艺术印刷有限公司
开　　本 / 710 mm×1000 mm　1/16
印　　张 / 26.25
字　　数 / 445 千字
版　　次 / 2022 年 7 月第 1 版
印　　次 / 2022 年 7 月第 1 次
定　　价 / 298.00 元

新时代地热能高效开发与利用研究丛书 编委会

浅层地热能属性特征与开发利用
编辑委员会

（按姓氏汉语拼音首字母排序）

总序一

地热是地球的本土能源,它绿色、环保、可再生;同时地热能又是五大非碳基能源之一,对我国能源系统转型和"双碳"目标的实现具有举足轻重的作用,因此日益受到人们的重视。

据初步估算,我国浅层和中深层地热资源的开采资源量相当于 26 亿吨标准煤,在中东部沉积盆地中,中低温地下热水资源尤其丰富,适宜于直接的热利用。在可再生能源大家族里,与太阳能、风能、生物质能相比,地热能的能源利用效率最高,平均可达 73%,最具竞争性。

据有关部门统计,到 2020 年年底,我国地热清洁供暖面积已经达到 13.9 亿平方米,也就是说每个中国人平均享受地热清洁供暖面积约为 1 平方米。每年可替代标准煤 4100 万吨,减排二氧化碳 1.08 亿吨。近 20 年来,我国地热直接利用产业始终位居全球第一。

做出这样的业绩,是我国地热界几代人长期努力的结果。这里面有政策因素、体制机制因素,更重要的,就是有科技进步的因素。即将付印的"新时代地热能高效开发与利用研究丛书",正是反映了技术上的进步和发展水平。在举国上下努力推动地热能产业高质量发展、扩大其对于实现"双碳"目标做出更大贡献的时候,本丛书的出版正是顺应了这样的需求,可谓恰逢其时。

丛书编委会主要由高等学校和科研机构的专家组成,作者来自国内主要的地热研究代表性团队。各卷牵头的主编以"60后"领军专家为主体,代表了我国从事地热理论研究与生产实践的骨干群体,是地热能领域高水平的专家团队。丛书总主编庞忠和研究员是我国第二代地热学者的杰出代表,在国内外地热界享有广泛的影响力。

　　丛书的出版对于加强地热基础理论特别是实际应用研究具有重要意义。我向丛书各卷作者和编辑们表示感谢,并向广大读者推荐这套丛书,相信它会受到我国地热界的广泛认可与欢迎。

中国科学院院士

2022 年 3 月于北京

总序二

党的十八大以来,以习近平同志为核心的党中央高度重视地热能等清洁能源的发展,强调因地制宜开发利用地热能,加快发展有规模、有效益的地热能,为我国地热产业发展注入强大动力、开辟广阔前景。

在我国"双碳"目标引领下,大力发展地热产业,是支撑碳达峰碳中和、实现能源可持续发展的重要选择,是提高北方地区清洁取暖率、完成非化石能源利用目标的重要路径,对于调整能源结构、促进节能减排降碳、保障国家能源安全具有重要意义。当前,我国已明确将地热能作为可再生能源供暖的重要方式,加快营造有利于地热能开发利用的政策环境,可以预见我国地热能发展将迎来一个黄金时期。

我国是地热大国,地热能利用连续多年位居世界首位。伴随国民经济持续快速发展,中国石化逐步成长为中国地热行业的领军企业。早在 2006 年,中国石化就成立了地热专业公司,经过 10 多年努力,目前累计建成地热供暖能力 8000 万平方米、占全国中深层地热供暖面积的 30% 以上,每年可替代标准煤 185 万吨,减排二氧化碳 352 万吨。其中在雄安新区打造的全国首个地热供暖"无烟城",得到国家和地方充分肯定,地热清洁供暖"雄县模式"被国际可再生能源机构(IRENA)列入全球推广项目名录。

我国地热产业的健康发展,得益于党中央、国务院的正确领导,得益于产学研的密切协作。中国科学院地质与地球物理研究所地热资源研究中心、中国地球物理学会地热专业委员会主任庞忠和同志,多年深耕地热领域,专业造诣精深,领衔编写的"新时代地热能高效开发与利用研究丛书",是我国首次出版的地热能系列丛书。丛书作者都是来自国内主要的地热科研教学及生产单位的地热专家,展示了我国地热理论研究与生产实践的水平。丛书站在地热全产业链的宏大视角,系统阐述地热产业技术及实际应用场景,涵盖地热资源勘查评价、热储及地面利用技术、地热项目管理等多个方面,内容翔实、论证深刻、案例丰富,集合了国内外近 10 年来地热产业创新技术的最新成果,其出版必将进一步促进我国地热应用基础研究和关键技术进步,推动地热产业高质量发展。

特别需要指出的是,该丛书在我国首次举办的素有"地热界奥林匹克大会"之称的世界地热大会 WGC2023 召开前夕出版,也是给大会献上的一份厚礼。

中国工程院院士

2022 年 3 月 24 日于北京

丛书前言

20 世纪 90 年代初,地源热泵技术进入我国,浅层地热能的开发利用逐步兴起,地热能产业发展开始呈现资源多元化的特点。到 2000 年,我国地热能直接利用总量首次超过冰岛,上升到世界第一的位置。至此,中国在 21 世纪之初就已成为成为名副其实的地热大国。

2014 年,以河北雄县为代表的中深层碳酸盐岩热储开发利用取得了实质性进展。地热能清洁供暖逐步替代了燃煤供暖,服务全县城 10 万人口,供暖面积达 450 万平方米,热装机容量达 200 MW 以上。中国地热能产业在 2020 年实现了中深层地热能的规模化开发利用,走进了一个新阶段。到 2020 年年末,我国地热清洁供暖面积已达 13.9 亿平方米,占全球总量的 40%,排名世界第一。这相当于中国人均拥有一平方米的地热能清洁供暖,体量很大。

2020 年,我国向世界承诺,要逐渐实现能源转型,力争在 2060 年之前实现碳中和的目标。为此,大力发展低碳清洁稳定的地热能,以及水电、核电、太阳能和风能等非碳基能源,是能源产业发展的必然选择。中国地热能开发利用进入了一个高质量、规模化快速发展的新时代。

"新时代地热能高效开发与利用研究丛书"正是在这样的大背景下应时应需地出笼的。编写这套丛书的初衷,是面向地热能开发利用产业发展,给从事地热能勘查、开发和利用实际工作的工程技术人员和项目管理人员写的。丛书基于三横四纵的知识矩阵进行布局：在横向上包括了浅层地热能、中深层地热能和深层地热能；在纵向上，从地热勘查技术，到开采技术，再到利用技术，最后到项目管理。丛书内容实现了资源类型全覆盖和全产业链条不间断。地热尾水回灌、热储示踪、数值模拟技术，钻井、井筒换热、热储工程等新技术，以及换热器、水泵、热泵和发电机组的技术，丛书都有涉足。丛书由10卷构成，在重视逻辑性的同时，兼顾各卷的独立性。在第一卷介绍地热能的基本能源属性和我国地热能形成分布、开采条件等基本特点之后，后面各卷基本上是按照地热能勘查、开采和利用技术以及项目管理策略这样的知识阵列展开的。丛书体系力求完整全面、内容力求系统深入、技术力求新颖适用、表述力求通俗易懂。

在本丛书即将付梓之际，国家对"十四五"期间地热能的发展纲领已经明确，2023年第七届世界地热大会即将在北京召开，中国地热能产业正在大步迈向新的发展阶段，其必将推动中国从地热大国走向地热强国。如果本丛书的出版能够为我国新时代的地热能产业高质量发展以及国家能源转型、应对气候变化和建设生态文明战略目标的实现做出微薄贡献，编者就甚感欣慰了。

丛书总主编对丛书体系的构建、知识框架的设计、各卷主题和核心内容的确定，发挥了影响和引导作用，但是，具体学术与技术内容则留给了各卷的主编自主掌握。因此，本丛书的作者对书中内容文责自负。

丛书的策划和实施，得益于顾问组和广大业界前辈们的热情鼓励与大力支持，特别是众多的同行专家学者们的积极参与。丛书获得国家出版基金的资助，华东理工大学出版社的领导和编辑们付出了艰辛的努力，笔者在此一并致谢！

2022 年 5 月 12 日于北京

前 言

　　浅层地热能(亦称浅层地温能)是一种分布广泛、储量巨大、清洁环保、提取方便、前景广阔的新型可再生能源资源。人们可以通过被称为 21 世纪"绿色空调技术"的热泵技术,提取蕴藏于建筑物周边花园、草地、道路、停车场等地下岩土体或地下水、地表水中的巨大能量,循环再生,实现对建筑物的供暖制冷。

　　2016 年 3 月,地热能开发首次被写入《中华人民共和国国民经济和社会发展第十三个五年规划纲要》,并提出加快推进地热能开发。2017 年 1 月,国家《地热能开发利用"十三五"规划》指出,到 2020 年,地热供暖(制冷)面积累计达到 16 亿平方米。浅层地热能作为地热能的重要组成部分,其开发利用将在应对能源短缺问题,调整我国能源结构和环境治理等方面做出巨大贡献。

　　当前我国浅层地热能开发利用发展突飞猛进,亟需科学的、系统的理论体系和方法技术来提供支持。通过多年的积累,北京市取得了丰富的研究成果与宝贵的工程经验,同时在中国地质调查局浅层地温能研究与推广中心的推进下,在全国不同地区形成了一个开放、共享的技术交流、业务推广的平台。本书编者凝练吸纳了长期的研究和开发利用关键技术的研究成果,融合了不同地区、不同单位的独特优势,并参考了国内外同类书籍和标准规范,在以往《中国浅层地温能资源》等书的基础上编著本书。

　　本书采取资料收集与分析研究相结合的方式,专业范围进一步扩充,内容全面系统,首次涵盖资源勘查评价、数值模型、设计、施工、监测、系统运行评价等多个学科的浅层地热能开发利用全过程内容。本书内容深入,基础理论紧密结合工程实际,体现了良好的系统性、创新性、实践性和示范性,对浅层地热能行业指导性、针对性强,书中论述的研究成果具有极高的理论和实际应用价值。不仅为浅层地热能开发利用的广大科研、技术工作者提供了良好的借鉴,也为相关政府管理及规划的具体工作提供了支撑,同时希望为浅层地热能基础理论与技术应用领域的高等院校师生的科研和教学工作提供参考。

本书从浅层地热能资源属性特征着手,系统阐述了区域浅层地热能调查、场地勘查评价、地表水热能勘查评价、浅层地热能地下换热系统的设计与施工、开发利用系统监测、迁移转化数值模拟、系统运行评价体系的要点和内容,提出了浅层地热能的未来发展方向以及高效开发利用的建议,为浅层地热能持续科学发展提供技术参考。

本书由中国地质调查局浅层地温能研究与推广中心和北京市地质矿产勘查院牵头,自然资源部浅层地热能重点实验室、北京市地热调查研究所、北京市华清地热开发集团有限公司、中国地质调查局浅层地温能研究与推广中心上海浅层地热(温)能发展研究中心[上海市地矿工程勘察(集团)有限公司]、廊坊实验中心(河北省地球物理勘查院)、重庆分中心(重庆市地勘局南江水文地质工程地质队)、江西分中心(江西省勘察设计研究院有限公司)、北京华清卓越新能源工程技术有限公司、北京华清荣益地能科技开发有限公司等单位抽调各单位多年从事浅层地热能研究与开发利用工作的专家、技术人员,统筹安排、分工协作,共同完成。

全书共分12章,具体编写分工为:前言由李宁波、杨俊伟、于湲编写;第1章绪论,由杨俊伟、李宁波编写;第2章浅层地热能属性特征,由李宁波、杨俊伟、李翔、于湲、王立志、郑佳、贾子龙、徐子君编写;第3章浅层地热能区域调查评价,由于湲、王小清、孙婉、才文韬、杨俊伟、郑佳编写;第4章浅层地热能场地勘查评价,由郑佳、李娟、杜境然、刘爱华、郭艳春、朱昕鑫编写;第5章地表水热能勘查评价与利用,由于湲、李翔、郑佳、李娟编写;第6章浅层地热能地下换热系统设计,由李翔、邢罡、孙志亮、李国际编写;第7章浅层地热能地下换热系统施工,由李宁波、杨俊伟、梅新忠、李方震、杨金岭、李国际、孙志亮编写;第 8 章浅层地热能开发利用的系统监测,由郭艳春、黄坚、王哲、于湲、王洋、刘冰、朱昕鑫、李富、王任博编写;第 9 章浅层地热能应用地温场时空演化数值模拟研究,由于湲、刘爱华、寇利、齐志安、郑佳编写;第 10 章浅层地热能开发利用系统运行评价,由郑佳、郭艳春、李富、贾子龙、李翔、梁桂星、项悦鑫编写;第 11 章地下换热系统换热影响因素,由郑佳、李娟、刘爱华、杜境然、彭清元、于湲、梁桂星编写;第 12 章浅层地热能未来发展方向与展望,由李宁波、李翔、杨俊伟、王立志编写。李宁波、杨俊伟负责全书的统稿、修改定稿。

　　本书编写过程中,多家单位和个人提供过大量资料、建议和帮助,在此作者一并表示诚挚的谢意!

李宁波

2022 年 1 月

目　录

第 1 章

绪　论

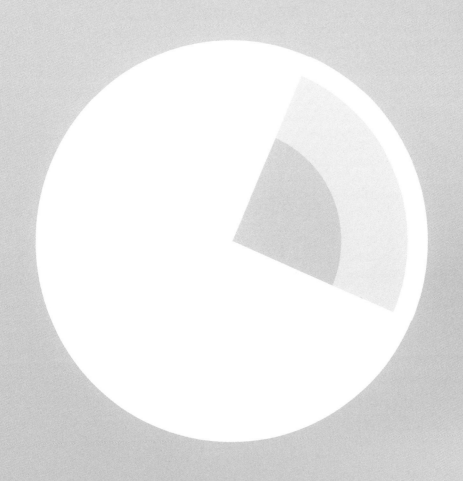

随着经济社会的发展,可再生能源被时代赋予了新的使命。2015 年 12 月 12 日在第 21 届联合国气候变化大会上通过的《巴黎协定》将世界所有国家都纳入了呵护地球生态、确保人类发展的命运共同体当中,推动了各方以"自主贡献"的方式参与全球应对气候变化行动,积极向绿色可持续的增长方式转型和发展。

我国在《巴黎协定》中提出了自主贡献的目标,二氧化碳排放量在 2030 年到达峰值并争取尽早达峰,单位国内生产总值二氧化碳排放量比 2005 年下降 60%~65%,非化石能源占一次能源消费比重达到 20% 左右。为此,我国正在构建低碳能源体系,同时制定积极措施,推动调整能源结构,实行节能减排,以实际行动为应对全球气候变化做出积极贡献。

我国将生态文明建设作为"十三五"规划重要内容,提出创新、协调、绿色、开放、共享的五大发展理念,通过科技创新和体制机制创新,实施优化产业结构、构建低碳能源体系、发展绿色建筑和建立全国碳排放交易市场等一系列政策措施,形成人与自然和谐发展现代化建设新格局。大力推进生态环境保护,建设"美丽中国",是我们需要肩负的新的历史责任。

众所周知,作为化石能源的石油、煤、天然气燃烧后会产生 CO_2,从而导致温室效应。而在我国的一次能源消费中,化石能源尤其是煤炭占据了主导地位,清洁能源消费占比在持续提升。2016 年,中华人民共和国国家发展和改革委员会(以下简称"国家发改委")、国家能源局联合印发了《能源生产和消费革命战略(2016—2030)》,明确到 2020 年,煤炭消费比重进一步降低,清洁能源成为能源增量主体,能源结构调整取得明显进展,非化石能源占比 15%。

2018 年 4 月 2 日,中央财经委员会第一次会议指出要打赢蓝天保卫战,要调整能源结构,减少煤炭消费,增加清洁能源使用。据 2019 年 1 月 21 日生态环境部召开的新闻发布会上的信息,由于对重点区域实施的煤炭消费总量控制政策,2018 年国内煤炭占一次能源消费比例首次低于 60%,非化石能源和天然气消费量明显提升。我国能源结构正由煤炭为主向多元化转变,能源发展动力正由传统能源增长向清洁新能源增长转变。

传统意义上的清洁能源即绿色能源,指的是对环境友好的能源,其环保,排放少,污染程度小,包括核能和可再生能源。随着能源需求不断增长和节能减排日益受重视,清洁能源的推广应用已成必然趋势。因此,地热能、风能、太阳能等可再生能源的开发利用,日益受到许多国家及地方的重视。

在我国,建筑、工业和交通是能源使用的三大主力行业,其中以建筑行业的节能潜力最大。目前我国城镇建筑运行能耗占社会总能耗的 20%~22%。建筑供暖制冷和热水系统占建筑能耗的比例约为 60%。随着城镇化进程的加快,我国建筑规模一直保持着高速增长的态势,这必然导致大量的能源消耗和碳排放。因此,控制建筑能耗、减少碳排放已经成为节能减排的重要途径,我国节能减排任务艰巨。

《中华人民共和国可再生能源法》于 2006 年 1 月 1 日起正式施行,相关规划、鼓励扶持政策也相继出台。可再生能源在建筑中应用是实现建筑节能的主要途径之一。虽然在国家的政策支持下,风能、太阳能利用各种技术在逐步推广和应用,但限于地理条件,还有大部分地区的推广和应用存在局限性。浅层地热能凭借其清洁环保、可就地取材、运行稳定等优势,将被重新"唤醒",具有重要的战略地位。浅层地热能作为建筑供暖(制冷)节能领域的"主力军",将在建筑供暖(制冷)、节能减排工作中发挥重要作用。

2016 年,党中央提出了推进北方地区冬季清洁取暖的重要战略部署,对保障人民群众温暖过冬、改善大气环境具有重要现实意义。2017 年 9 月,中华人民共和国住房和城乡建设部等部门印发了《关于推进北方采暖地区城镇清洁供暖的指导意见》,在可再生能源资源富集的地区,鼓励优先利用可再生能源等清洁能源,满足取暖需求,将地热能等可再生能源供暖作为城乡能源规划的重要内容,重点推进。2017 年 12 月,国家发改委等十部委联合印发了《北方地区冬季清洁取暖规划(2017—2021 年)》,指出坚持清洁替代,减少大气污染物的排放;到 2021 年,北方地区清洁取暖率达到 70%。同月,国家发改委、原中华人民共和国国土资源部(以下简称"原国土资源部")等部门联合印发了《关于加快浅层地热能开发利用促进北方采暖地区燃煤减量替代的通知》,指出要因地制宜开发利用浅层地热能。相关地区要充分考虑本地区经济发展水平,区域用能结构,地理、地质与水文条件等,结合地方供热(冷)需求,对现有非清洁燃煤供暖适宜用浅层地热能替代的,应尽快完成替代;对集中供暖无法覆盖的城乡接合部等区域,在适宜发展浅层地热能供暖的情况下,积极发展浅层地热能供暖。一系列政策的密集出台实施将极大促进浅层地热能的开发利用。

1.1　开展浅层地热能属性特征研究的重要意义

作为可再生能源家族中重要一员的浅层地热能,除了具有清洁、高效、可再生、储量大的特点外,以其分布广泛、就地取材、冷热双供的独特优势占据清洁供暖制冷的重要地位。对浅层地热能合理开发利用既节约资源又保护环境,将会在生态文明建设中发挥显著作用。当前,随着绿色发展理念的提出、国家首个地热能开发利用"十三五"规划的发布实施、北方清洁取暖战略的部署及北京城市副中心、北京大兴国际机场等大型项目的示范引领作用,浅层地热能受到各级政府、相关建设单位越来越多的重视。各类指导意见、规划、鼓励政策密集出台,为我国的浅层地热能产业描绘了一幅美好的发展蓝图。相关地质勘查单位也凭借地质专业优势顺机调整业务布局,将浅层地热能的开发利用作为重点工作加以扩展。

我国浅层地热能利用起步于 20 世纪末,2000 年利用浅层地热能供暖(制冷)建筑面积仅为 10 万平方米,伴随绿色奥运、节能减排和应对气候变化行动,浅层地热能利用进入快速发展阶段,如图 1-1 所示。近年来,全国浅层地热能应用面积不断增加,据中国地质调查局发布的《中国地热能发展报告(2018)》白皮书统计,截至 2017 年年底,我国年利用浅层地热能折合 1 900 万吨标准煤,实现供暖制冷建筑服务面积超过 5亿平方米,包括北京、天津、河北、辽宁、河南、山东等地区,其中京津冀开发利用规模最大[1]。同时正逐渐向中部、西部、南方地区特别是水系丰富的夏热冬冷地区快速发展。北京城市副中心、北京大兴国际机场等一批国家重大建设项目采用以浅层地热能为主,解决建筑供暖(制冷),无疑是对浅层地热能开发利用技术的肯定,同时也展现出在规模化应用方面的优势——高效、节能、环保。

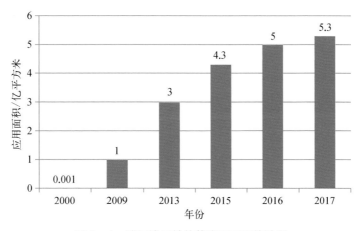

图 1-1 我国浅层地热能应用面积统计图

浅层地热能(亦称浅层地温能)是一种可再生的新型环保的能源资源,其高效开发利用主要取决于地下地质、水文地质情况,因此勘查评价是科学开发利用的基础。

以北京经验为基础,全国浅层地热能区域勘查评价工作基本摸清了主要城市资源潜力状况,为后续合理开发利用和保护提供了科学依据,对全国行业总的发展适宜性给出了指导意见。但在浅层地热能赋存条件千差万别、地下岩土体的物理性质各向异性加之地下水热对流的影响下,其在开发利用过程中热能的利用效率复杂多样,仍存在着若干地质问题或模糊认识。

(1)针对浅层地热能的属性(也可以说是来源),有人质疑:存不存在浅层地热能? 浅层地热能会不会只是地下储能体? 浅层地热能的属性是什么?

(2)针对不同地质条件下浅层地热能的迁移转化(热能的传导、对流)规律,有人觉得:浅层地热能只是简单地给热泵机组提供热源和冷汇,不用研究浅层地热能迁移转化动态变化规律。

(3)针对浅层地热能的恢复规律(再生速率),有人质疑:由于个别工程存在冷、热堆积,浅层地热能开发利用不可持续,其开发利用地域受限于华北等地区吗?

(4)针对浅层地热能开发模式简单化,地下工程实施不规范,项目运行效果不理想,有人认为:具有安装资质的队伍买来热泵安装就行,无须重视地下资源与需求匹配的重要性。

这些问题概括起来都属于浅层地热能属性特征的研究范畴。因此,以摸清资源条件为前提,进行科学合理的设计、规范的地下换热系统施工、地质环境的监测和评价、新技术新方法的创新等,将对浅层地热能事业科学、高效、可持续地发展提供有力保障。本书旨在通过大量的工程实践、监测和试验研究成果对以上问题给出相应观点。

1.2　浅层地热能属性特征与开发利用的编写思路

浅层地热能作为一种积蓄在地下(一般为 0~200 m)的无形自然资源,是地球深部的热传导和热对流与太阳辐射共同作用的产物,加之岩土体不同的热物理性质,使浅层地热能具有太阳能、地热能、蓄能的属性。而多因素影响的属性体现在不同地区地温场的分布特征上,即不同地区常温层深度、温度不同,200 m 以浅的原始地温不同,换热效果不同[2]。

浅层地热能主要通过地埋管地源热泵、地下水地源热泵系统来开发利用。两种方式中影响浅层地热能可开发资源量、如何高效开发利用的主要因素及其控制条件不同。对于地埋管地源热泵系统,利用现场测试法计算可利用资源量时,传热系数[W/(m·℃)]即单位长度换热器、单位温差换热功率和 U 形管内循环液平均温度与岩土体原始温度之差,受控于当地的地质条件,是影响和控制浅层地热能可利用资源量的内在因素。由此可见,了解不同地区原始地温和传热系数对浅层地热能的开发利用来说全关重要。

而地下水地下换热系统在以地下水量折算法计算可利用资源量时,单井出水量(m³/d)、地下水利用温差(℃)受控于当地的地质条件,是影响和控制浅层地热能可利用资源量的内在因素。

本书首先阐述了全国浅层地热能的空间分布规律。笔者在系统综合"浅层地温能开发利用关键技术研究"等项目成果,《浅层地温能资源评价》《北京浅层地温能资源》和《中国浅层地温能资源》等专著,大量工程项目实践经验的基础上,根据我国地质条件、地形地貌差异较大,地史演化不同、构造复杂、沉积类型多样、各具特色的分布特点,首先分析了不同区域内地温场的分布特征,掌握浅层地热能的"原始"状态。本书还提出浅层地热能具有地热能、太阳能、蓄能的属性。

本书初步按建筑气候区划介绍了浅层地热能属性特征,并提出不同区域的开发利用建议,以期对全国浅层地热能科学高效的开发利用提供指导。笔者建议各地应结合自身发展需求,差异性、有针对性地开发利用浅层地热能,达到科学合理开发利用的目标。

浅层地热能资源的区域调查和场地勘查是摸清资源家底、指导工程实施的重要基础,两者相辅相成,工作方法有相同的地方,但工作目的不同。浅层地热能区域调查是为开发利用规划和布局提供依据。浅层地热能场地勘查是为热泵工程项目可行性研究及工程设计提供依据。本书系统梳理了勘查评价体系的建立,并列举了北京、上海具有代表性的区域勘查实例。

科学合理的设计是浅层地热能开发的"灵魂",而规范高效的施工是开发的保障。设计要基于对资源属性的认知和掌握,达到地上、地下相匹配,避免出现"大马拉小车"或"小马拉大车"的现象。由于利用浅层地热能负荷需求的不断增加,项目单体规模越来越大,有的甚至达到几十万、上百万平方米,因此复合系统成为公认的解决方式。复合系统的设计需要因地制宜,达到资源条件与环境效益和经济效益的最佳结合点。

本书根据浅层地热能开采影响因素分析,结合浅层地热能开采工程项目,利用监测数据进行实例分析;给出浅层地热能开发利用过程中、过渡季节时地温场的变化规律;同时利用模型进行北京、上海地区的数值模拟研究;提出高效合理开发利用浅层地热能的对策,指导工程设计实施。

运行评价是浅层地热能利用效果后评估的重要内容。北京市早在 2009 年就在全国率先建立了浅层地热能利用监测系统,实现了 42 个监测站点的运行、维护,未来监测范围还将进一步扩大,近期将开展近百个站点的监测、运行、维护。我们创立了地温场影响评价指标和体系,为科学评价浅层地热能利用带来的地质影响奠定了基础。

除了浅层地热能的"先天条件"即初始地温外,地层结构和岩性也是影响地下换热效果的重要因素。而地下水的径流由于热对流的参与,对地埋管地下换热系统换热量的影响较大,也是避免产生地下冷热堆积的关键影响因素之一。同时,地下换热系统的布孔方式也影响着换热效果,因此地下换热系统换热影响因素的分析也是指导浅层地热能高效利用必不可少的环节。

1.3   属性特征的研究进一步指导行业发展

浅层地热能最早被称为浅层地温能,是由原北京市地质矿产勘查开发局(现北京市地质矿产勘查院)在 2003 年提出的。我们提出这个概念也是经过了一些讨论。主要基于以下两个判断:一是地下 0～200 m 深的地层中(当时主要是以地下水地源热泵应用为主,地埋管地源热泵刚刚开始在市场上起步),存在具有可以被热泵技术提取并被我们利用为建筑物解决供暖空调的资源;二是因为地热的基本概念是以 25℃ 以下为限定。正如地热资源勘查评价规范里表述的 25～40℃ 是温水,40～60℃ 为温热水一样,"温"是个形容词,表示一个热的程度的概念。根据这些考虑,我们把赋存在地下 0～200 m 深的岩土体中的 25℃ 以下的低品位能源、资源统称为"浅层地温能"。

2007 年 1 月,原国土资源部基于原北京市地勘局在浅层地热能开发利用方面取得的成就和影响,在北京组织了全国地热(浅层地热能)开发利用现场经验交流会,并参观了原北京市地勘局浅层地热能的相关示范项目。会议非常成功,大力推动了浅层地热能在全国的推广应用。借此机会,征得相关部门同意,原北京市地勘局与中国地质调查局沟通达成共识,依托原北京市地勘局设立中国地质调查局浅层地温能研究与推广中心,作为研究和推广浅层地热能的专门机构。

会议之后,相关人员展开了对浅层地热能概念的再讨论,认为:这是未来发展的一个方向,大有可为。作为行业主管机构,原国土资源部负责管理地热资源,以前没有"浅层地温能"的概念。为便于行业管理,要求将"浅层地温能"改称为"浅层地热能"。

紧接着,原北京市地勘局在全国第一个开展了北京市平原区浅层地热能调查评价项目,由北京市财政出资近 1 000 万元,用两年时间完成,首创了调查评价体系。2008 年 12 月,由原国土资源部颁发全国首个国家层面的关于浅层地热能的文件,即《关于大力推进浅层地热能开发利用的通知》。由中国地质调查局牵头,以原北京市地勘局相关人员作为基本班底,编写了全国首个《浅层地热能勘查评价规范》,由原国土资源部于 2009 年发布。

本书结合理论研究成果与多年工程实践经验,系统总结了浅层地热能区域、场地勘查评价的方法,提出了浅层地热能高效利用的勘查、设计、施工、监测方法及新的发展理念。理论知识的拓展和技术的革新,使浅层地热能新的开发方式和模式层出不穷。因地制宜,多能互补的"浅层地热能+"是近年来地源热泵行业大力发展的建设模式。该模式充分考虑到了区域自然资源条件和特点,合理调配资源开发利用,真正做到了资源的集约、节约利用,我们已总结为"四个结合",即深浅结合、天地结合、调蓄结合、表里结合。这四种结合方式不是孤立的,而是可以相互结合的。总之,要根据不同地区的资源条件,最大限度地利用好各种资源,提高资源的利用效率。

公益性地质工作的研究、关键技术的攻关、创新思路的提出、重点区域和规模化项目的应用促进了整个浅层地热能行业发展。在接下来一段时期内,行业发展仍会保持高增长态势。由于规划政策的全面实施,预计今后将迎来井喷式的大发展。未来,浅层地热能市场广阔。作为行业从业者要抓住这良好的契机,发挥自身专业领域特长,相互借鉴,齐头并进,共迎这一千载难逢的新时代。

1.4 小结

本章主要回顾了国内外应对气候变化、减少温室气体排放的形势和任务。作为可再生清洁的浅层地热能将在绿色发展、生态文明建设中发挥重要作用。浅层地热能在我国起步较晚,但发展速度很快。北京是全国浅层地热能发展的"领头军",最先开展行业发展战略研究,并创立了浅层地热能地质学理论体系和资源勘查评价体系,无论在摸清资源家底还是在重大项目实施中都对全国起到了示范引领作用。因此,以北京的理论研究和实践经验为基础,发挥中国地质调查局浅层地温能研究与推广中心的平台优势,结合全国有代表性地区的成果,提出了开展浅层地热能属性特征和开发利用的梳理研究工作,以便进一步指导我国浅层地热能的高效开发利用。

参考文献

[1] 徐伟.中国地源热泵发展研究报告(2018)[M].北京:中国建筑工业出版社,2019.
[2] 卫万顺,李宁波,冉伟彦,等,中国浅层地温能资源[M].北京:中国大地出版社,2010.

第 2 章

浅层地热能属性特征

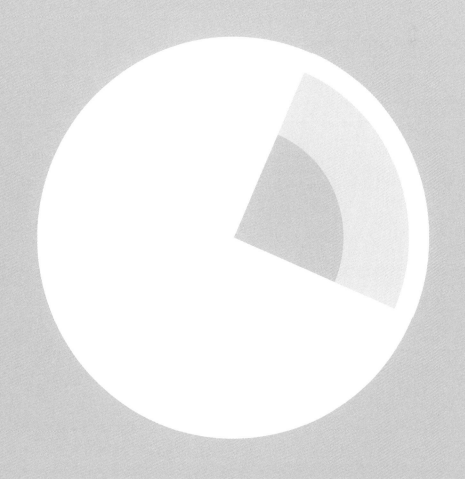

地球是个大热库,在46亿年的历史变迁中为人类提供了丰富的自然资源,地热能就是其中之一。大量的调查研究表明,自常温层往深,温度逐渐增加,这说明有热流存在。而地热增温现象是不均匀的,复杂的气候特征、地质结构和不同岩土体热物理性质不同,导致地温场空间分布差异巨大。地热能大部分是来自地球深处的可再生热能,主要由地心自然散热、放射性衰变热、地球转动热等热能构成,是地热能的主导热源。还有一部分能量主要来自太阳能、潮汐摩擦热等外部热源。地球表面及近地表处的温度场,主要取决于太阳辐射热和内热的均衡。

能被人们利用的地热能被称为"地热资源"。"地热资源"广义上指贮存在地壳中的清洁可再生能源,具有储量大、无污染、清洁高效等特点,其中距地表2 000 m内储藏的地热能约为2 500亿吨标准煤。目前可利用的地热资源主要包括通过热泵技术利用的浅层地热能、钻井方式开采的中深层水热型地热资源和存在于高温岩体中的干热岩地热资源。地热资源按地热水的温度分有高温、中温、低温三类,温度在150℃以上的高温地热资源主要用于发电、烘干,如西藏的羊八井地热蒸汽田。温度在90~150℃的为中温地热资源。低于90℃的为低温地热资源,可分为热水、温热水、温水三类,其中温度在60~90℃的热水可用于采暖、工艺流程,温度在40~60℃的温热水可用于医疗、洗浴和温室,温度在25~40℃的温水主要用于农业灌溉、养殖和土壤加温[1]。据中国地质调查局2015年调查评价结果,全国336个地级以上城市浅层地热能年可开采资源量折合7亿吨标准煤;全国水热型地热资源量折合1.25万亿吨标准煤,年可开采资源量折合19亿吨标准煤;埋深在3 000~10 000 m的干热岩资源量折合856万亿吨标准煤[2]。据2015年世界地热大会资料,近些年来我国在地热利用规模上位居世界首位,并以每年超过10%的速度稳步增长。在我国的地热资源开发中,经过多年的技术积累,地热发电效益显著提升。此外,直接利用地热水进行建筑供暖、发展温室农业和温泉旅游等利用途径也得到较快发展。全国已经基本形成以西藏羊八井为代表的地热发电、以天津和西安为代表的地热供暖、以东南沿海为代表的疗养与旅游和以华北平原为代表的种植养殖的开发利用格局。

低于25℃的水和岩土体由于品位较低,不能被直接利用。随着热泵技术的成熟,通过输入少量的电能,使低于25℃的水和岩土体中能量用于为热泵机组中循环介质提供热源(汇),循环介质的升温或降温进一步通过热传导,用于建筑供暖、制冷和供生活热水。因此地热能的概念有了进一步的延伸,这个延伸被定义为浅层地热能,是与地热能有关的一个分支,与水热型地热资源既有联系又有一定的区别。21世纪初由原北京市地勘局根据资源的本质、特点及开发利用方式率先厘定了浅层地热能的概念(原被称为浅层地温能),"地温能"是强调浅层地下低温位可分别作为热、冷源(冷热双用)的特点,"温"字是热程度的描绘词,对热现象的描述中"温"是低于"热"、强于"冷"的描述字。2007年,中国地质调查局浅层地温能研究与推广中心成立,浅层地热能勘查开发工作随之在全国全面展开。

浅层地热能(shallow geothermal energy),是指蕴藏在地表以下一定深度(一般小于200 m)范围内岩土体、地下水和地表水中具有开发利用价值的低于25℃的热能。浅层地热能是深层地热能与太阳能共同作用的产物。但是为了更加体现地热的属性,所以在叫法上经历了从"浅层地温能"到"浅层地热能"的过程。

2.1 浅层地热能属性

从浅层地热能成因角度来看,其具有自身独特的三种属性:太阳能属性、地热能属性和蓄能属性。

2.1.1 太阳能属性

在地表以下15~20 m,由于受太阳辐射影响,其地下温度随时间周期性变化,越接近地表,温度与环境气温越接近,称为"变温带",因此,浅层地温能包含太阳能的属性。变温带以下,太阳能对地温的影响基本消失,此时太阳辐射和地球内热之间的影响达到一定的平衡状态,温度的年变化幅度接近于零,称为"恒温带"或"常温层",恒温带很薄,其厚度一般为10~20 m,且与当地年平均气温接近。

2.1.2 地热能属性

地球内部蕴含着巨大的地热能,通过火山爆发、温泉、喷泉及岩石的热传导等方式源源不断地向地表传递。其中,通过岩石的热传导作用散热是地球内部热能向地表散失的主要方式,通常用大地热流和地温梯度来描述该过程。在特定的地质构造及水文地质条件下,地球内热在地壳浅部富集和储存起来,形成了具有开发利用价值的地热能。浅层地温能便在此基础上形成。在恒温带以下,地温场则完全由地球内热所控制,地温随深度增加而增高,称为"增温带",因此,浅层地温能主要是具有地热能的属性。

2.1.3　蓄能属性

不同岩土体在非稳态导热过程中都有一定的蓄热能力,物体在温度周期性变化过程中的蓄热能力可以用蓄热系数来表征,瞬态过程中的蓄热能力应按其比热容计算。含水量对岩土体的热扩散率、蓄热系数等热物性参数的影响很大。地下水的流动对岩土中温度分布有显著的"拖动效应",同时也使岩土的蓄热量增大。

浅层地热能既是热源也是热汇,即利用热泵技术向地下岩土体中提取或释放热量。在一定的地质条件和气候环境共同作用下,在一定的时间内,地下岩土体在原有温度场的基础上存在一定程度上的蓄冷或蓄热现象,也就是热泵系统向地下的排热速度大于地层向四周热扩散的速度,或周围的热补充小于热泵系统从地下的取热,出现了暂时的热(冷)堆积。但地下是个开放的地质体,随着时间的推移,堆积的热(冷)量逐渐向四周扩散,如果地下水径流条件好,则地下温度很快恢复到原始状态。如热泵系统是冬夏两用,在下一使用季时还没有恢复到原始地温,此部分堆积的热量可通过热泵系统运行将储蓄的冷、热量进行提取,有助于提高浅层地热能利用的效率。地温场的恢复时间与不同地质构造及气象条件有关。因此可以说浅层地热能也具备一定的蓄能属性。然而,夏季地源热泵系统向地下排热,这部分热量是夏季室内的热量通过热泵机组转换后排到地下,因此也可以说在浅层地热能开发利用过程中储存到地下的热量来自太阳能。

由此可见,浅层地热能赋存在地壳浅部空间的岩土体中,向下接受地球内热的不断供给,向上既接受太阳、大气循环蓄热的补给,又向大气中释放过剩的热量。因此,从宏观地质角度来讲,地球天然温度场分布、水圈、大气圈、太阳等对它都有影响,表现在地温的高低与板块构造的活动性、纬度、水循环、大气循环等密切相关,是多因素耦合作用下的复杂变化过程。浅层地热能的开发利用可被称为浅层地热能的"收支"。

浅层地热能与地热能的区别在于温度、空间分布和利用方式等不同。由于浅层地温的温度大大低于传统地热的温度,所以不能直接利用,只能为地源热泵系统提供低温热源,在夏天又可以成为冷源,比传统地热的用途更广。浅层地热能与热泵结合的一个系统可在两个季节适用,使用时间占到全年的 2/3 以上。另外,由于浅层地热能分布广、埋藏浅,因而其开发成本大大低于传统地热资源。传统地热资源只能开采热储层中的热能,而浅层地热能开采的是盖层中的热能,即使大规模开发利用,对深部地热资源的储量也没有直接影响。

传统地热可用于发电或直接利用,浅层地热能大多是通过热泵提取后利用,需要消耗一定的高品位能源(电能)。虽然运行成本高于传统地热的直接利用,但浅层地热能不消耗地热资源,不需要支付矿产资源费,同时可降低地热资源勘探的风险,节省地热资源勘探和评估的费用。

2.2   不同建筑气候区浅层地热能特征及利用

浅层地热能具有分布广泛、可持续利用的优势。由浅层地热能的定义可知,资源主要分布在地表浅层一定深度(<200 m)的岩土体和流体中,包括各种岩石和松散堆积层、地表、地下水体以及各类空隙的空气中,可以认为在地表浅层岩土体中普遍存在。气温场的周期性变化与地温场相对稳定形成的温差时刻存在,因人类利用而形成的地温场瞬间变化可以在使用间歇自然恢复,因此这种资源是可再生的。

浅层地热能无固定形态。边界随各种地质因素而变化,即影响浅层地热能资源形成的变量多且比较复杂。浅层地热能资源分布与地质、气象、高程地形地貌以及水体紧密相关,分布具有显著的区域性特征,而在一定范围内具有稳定性。地下热能和年均气温即太阳能是浅层地热能资源情况的主导控制条件。

恒温带(常温层)是反映一个地区浅层地热能特征的重要指标[3],受深部的热流强度、地层导热性能、外部气候环境、地下水径流等多种因素综合影响。据中国地质调查局组织开展的"全国省会城市浅层地热能调查评价"的成果显示,浅层地温场常温层的埋深在全国范围内呈东南低,西北、东北地区高的特征[2],这主要是受气候影响较大,越寒冷的地区常温层埋深越大,基岩热导率、地下水等因素的影响相对次之。常温层的温度变化特征与全国年平均气温变化趋势基本一致。总体上比当地年平均气温高约 2.5℃。地下水、断裂构造、基岩起伏等因素对此也有一定程度的影响。我国 200 m 深度以内增温带的地温梯度分布、变化特征与地热场总体地温梯度变化较为一致,华北地区、东北地区高,南方地区、西北地区低,主要受大地热流条件的控制,地下水动力条件、基岩热导率、断裂存在等因素也有影响。

2.2.1　不同建筑气候区供暖制冷需求

建筑的设计、供暖制冷需求与气候的关系十分密切。我国曾在20世纪50年代就开展了建筑气候区划的研究,根据不同区域建筑气候的相似性和差异性开展了建筑气候区划,以此为建筑设计提供相关参数。我国划分为7个建筑气候区(1级区划)和5个热工分区,见表2-1。

表2-1　不同建筑气候分区主要城市[4]

建筑气候区	热工分区	各区辖行政区范围
I	严寒地区	黑龙江、吉林全境;辽宁大部;内蒙古中、北部及陕西、山西、河北、北京北部的部分地区
II	寒冷地区	天津、山东、宁夏全境;北京、河北、山西、陕西大部;辽宁南部;甘肃中东部以及河南、安徽、江苏北部的部分地区
III	夏热冬冷地区	上海、浙江、江西、湖北、湖南全境;江苏、安徽、四川大部;陕西、河南南部;贵州东部;福建、广东、广西北部和甘肃南部的部分地区
IV	夏热冬暖地区	海南、台湾全境;贵州、四川西南部;西藏南部和元江河谷地区
V	温和地区	云南大部;贵州、四川西南部;西藏南部一小部分地区
VI	严寒地区/寒冷地区	青海全境;西藏大部;四川西部;甘肃西南部;新疆南部部分地区
VII	严寒地区/寒冷地区	新疆大部;甘肃北部;内蒙古西部

结合当前节能减排工作的需要,如何在不同建筑气候区因地制宜、精准选择、科学利用当地浅层地热能资源,将对改善环境功能和使用条件,提高建筑的经济、社会、生态环境效益起到重要的作用。

当前,我国集中供暖主要分布在严寒、寒冷和部分夏热冬冷地区,具体分界线为秦岭—陇海线,包括:北京市、天津市、河北省、山西省、内蒙古自治区、辽宁省、吉林省、黑龙江省、江苏省(主要是徐州地区)、山东省、河南省(部分地级市)、陕西省、甘肃省、青海省、宁夏回族自治区、新疆维吾尔自治区等16个省、市、自治区。从北方城镇供暖能耗强度来看,黑龙江、内蒙古、吉林排前三位,供暖能耗强度为标准煤20～

21 kg/m^2。河南、山东供暖能耗强度最低,约为 11 kg/m^2;北京、天津供暖能耗强度约为 13.5 kg/m$^{2[5-6]}$。

夏热冬冷地区的范围,大致为陇海线以南,南岭以北,四川盆地以东,大体上可以说是长江中下游地区。该地区包括上海市、重庆市,湖北、湖南、江西、安徽、浙江五省全部,四川、贵州二省东半部,江苏、河南二省南半部,福建省北半部,陕西、甘肃二省南端,广东、广西二省区北端,亦即涉及 16 个省、市、自治区。该地区面积约为 180 万平方千米,居住的城乡人口约为 5.5 亿,国内生产总值约占全国的 48%。可见,该地区是我国人口密集、经济文化较为发达的地区,夏季炎热,冬季潮湿寒冷。过去由于经济和社会的影响,一般居住建筑没有采暖空调设施,居住建筑的设计对保温隔热问题不够重视,冬夏季建筑室内热环境舒适度比较差。随着这一地区的经济发展和人民生活水平快速提高及极端天气的出现,居民普遍自行安装采暖空调设备[7]。

如何有效解决夏热冬冷地区冬季供暖?这一问题受到社会广泛关注,各地政府、企业以及专家学者们都在积极推动和着力解决这一问题。夏热冬冷地区供暖具有采暖期短、负荷小、波动大等特点,如果都实现集中供暖,将面临巨大的能源消耗,因此分散式供暖方式将是经济、操作性强的解决办法。而浅层地热能的就地取材、运行稳定灵活、冬夏双用等优势将在解决该区域的供暖制冷问题等方面发挥重要作用。

2.2.2　不同建筑气候区浅层地热能特征及开发利用现状

据调查,我国东部的平原盆地及富水性较好的地区,如呼和浩特、石家庄、济南、郑州、南昌、昆明、成都等地相对适合地下水地源热泵系统的应用。而地下水资源相对匮乏的西宁、兰州、哈尔滨、长春、合肥、长沙等地不适宜采用地下水地源热泵系统。北京市、上海市的地下水管理政策限制了地下水地源热泵的利用。地埋管地源热泵系统的适宜性主要是由地质条件、地层岩性及结构造成的施工难度和经济性而决定的,因此,除了西宁市、拉萨市基本不适宜外,地埋管地源热泵系统在大多数城市中都具有较好的适宜性[8]。下面将按不同建筑气候区分别介绍主要城市的浅层地热能特征及应用情况。

1. 严寒地区

从建筑气候分区来看,严寒地区主要覆盖了黑龙江、吉林、内蒙古和辽宁的北部,以及我国西北地区的部分城市,其中:

　　哈尔滨地区冻土最大埋深为 2.1 m,恒温带埋深为 35～50 m,平均温度为 7.5℃。恒温带上覆变温带,其厚度不仅为气候所控制,亦受地貌单元和水文地质条件影响。变温带埋深为 0～35 m,温度为 -5～12℃。恒温带下为增温带,温度随深度的增加而增高,地温梯度平均值为 3.3℃/(100 m)[9]。

　　长春市变温带一般在 20 m 左右,局部受气候、断裂和地表冷水影响,深度可达 30～50 m。恒温带位置处于 20～30 m,平均温度为 9.58℃。30 m 以下为增温带,接近或恢复到正常地热梯度状况[10]。

　　呼和浩特市冻土层厚度为 1.4～1.6 m。深度为 35～40 m,地层平均温度为 9～11℃,50 m 深度处地层平均温度为 9.6～12.0℃,100 m 深度处地层平均温度为 11.5～13.5℃,150 m 深度处地层平均温度为 12.7～15.0℃。呼和浩特市 200 m 以浅地层的地温梯度值为 1.0～4.0℃/(100 m)。由北向南地层的地温梯度显示由低到高的变化规律。山前地带基岩埋深较浅,上覆地层颗粒粗,地下水径流较强烈,地温梯度低,一般小于 2℃/(100 m);大黑河平原区地层颗粒细,地下水径流缓慢,地温梯度明显较高,一般大于 2℃/(100 m)[11]。

　　乌鲁木齐市恒温带埋深为 20～30 m,恒温带以上岩土体温度主要随季节和地表环境温度变化,与埋深关系不明显。资料显示乌鲁木齐市浅层岩土体温度为 9～14℃[12]。

　　银川市 200 m 以内地温梯度为 1.5～4℃/(100 m),恒温层在 30 m 左右,温度为 11～13℃。高地温带呈 NNE 向展布于银川市区中部,形态分布与该区重要隐伏活动断裂走向基本一致[13]。

　　从开发利用情况来看,严寒地区浅层地热能开发利用目前主要集中在吉林省。据不完全统计,截至 2015 年年底,吉林省浅层地热能地埋管及地下水式的开发利用供暖制冷面积达 350 万平方米,包括长春市、吉林市等 12 个地级市及部分县[14]。

　　2. 寒冷地区

　　寒冷地区主要覆盖了北京、天津、河北、山西、山东、河南、陕西、甘肃和青海的部分地区,其中:

　　北京平原区 20～300 m 内地温梯度为 2.4～20.5℃/(100 m),平均地温梯度为 7.2℃/(100 m)。由于平原区发育着一系列深大断裂,为地下热流提供了良好的通道,加之基底岩石导热系数高于松散层内岩土体导热系数,从而使浅部地温梯度高于深部地温梯度,在垂直方向上,地温梯度在浅部较高,但随着深度的增加梯度则以极其缓慢的速度逐渐降低,北京平原区地温梯度等值线走向以北东向和北西向带状分布,地温展布与主要隐伏活动断裂的延伸方向基本一致[15]。根据北京市浅层地热能调查评价成果,北京平原区浅层地热换热孔的传热系数一般为 3.5~4.5 W/(m·℃)。

天津市宁河—宝坻断裂以北大部分为山区,该区域浅层地热梯度普遍较低,约为 2.0℃/(100 m)。宁河—宝坻断裂以南为广大平原区,表层 0~30 m 为变温带,30 m 深度为地温恒温带,温度基本稳定在 13.5℃。天津市全市地温梯度为 2~6.31℃/(100 m)[16]。

关中盆地地温场在垂直方向上总体随深度增加地温升高,但不同深度地温变化不同。关中盆地近地表(20 m)地温场除秦岭山前个别断裂直接导通地表,致使该地段温度较高,一般情况下正常地温为 15℃ 左右。但在秦岭山前的东大地区、骊山、宝鸡温水沟地区由于断裂直接导通地表,这些区域的地温值均大于 17℃。盆地恒温带在地下 15~20 m,地温为 15~17℃,在 20~25 m 以下为增温带,100 m 处地温为16.5~21.9℃,西安凹陷、蒲城凸起等地温较高,宝鸡凸起、咸礼凸起等地地温较低。关中盆地地温梯度总体呈中部高、东西低。从构造单元来看固市凹陷、西安凹陷、蒲城凸起、岩溶区断裂附近以及断裂汇合区域、秦岭山前的东西汤峪以及东大地区地温梯度相对较大,一般大于 3℃/(100 m),汤峪、临潼、蒲城等地都在 5℃/(100 m) 以上,长安区东大附近地温梯度最高可达到 13.7℃/(100 m);宝鸡凸起、咸礼凸起、临蓝凸起以及渭北岩溶区地温梯度相对较低,一般不大于 3℃/(100 m);浅部平均地温梯度为 3.15℃/(100 m)。关中盆地浅层大地热流平均值为 46.22 mW/m²[17]。

西安市浅层地温场分布形态呈北东、北西走向,与该区重要断裂带走向基本一致,区域地温场分布与构造吻合。西安市恒温带深度为 20~30 m,恒温带温度为15~17℃。深 200 m 左右地温为 17.6~23.4℃,平均地温梯度为 2.7~5.07℃/(100 m)。西安市地表热流值为 15.77~107.33 mW/m²,平均地表热流值为 55.81 mW/m²,较高的热流值显示岩石圈相对较薄且存在断裂;受构造断裂影响,区内形成了西北部、中部和东南部三个地温梯度高值区[18]。

河南省冲积平原型城市恒温带深度一般为 15~27 m,温度一般为 15.5~17.5℃。山前冲洪积倾斜平原型城市恒温带深度一般为 20~27 m,温度一般为 15.5~17.5℃。内陆河谷盆地型城市恒温带深度一般为 27~29 m,温度一般为 15.5~17.21℃。河南省地温梯度分布受热储层结构和断裂构造的控制,近山前地带基岩埋深较浅,上覆地层颗粒粗,地下水径流较强烈,地温梯度低,一般为 1.5~2.5℃/(100 m);沿深大断裂带和构造隆(凸)起区,地温梯度高,济源—商丘断裂的新乡—延津段地温梯度达到 3.5~4.8℃/(100 m),内黄凸起、通许凸起地温梯度高达 3.5℃/(100 m)以上[19]。

郑州市多年平均气温为 14℃,恒温带深度为 20~50 m,恒温带温度为 16℃左右。郑州市东北郊黄庄一带 200 m 以上的地温增温率只有 1~2℃/(100 m),而西郊的地温增温率为 2~3℃/(100 m),西南部三李一带地温较高,属地热异常区,浅层地下温度达 30~40℃[20]。

开封凹陷区地温分布存在差异,高地温分布区恰好位于基底构造较发育的开封县城和兰考县城附近,全区地温梯度为 2.50~3.68℃/(100 m),平均值为 3.09℃/(100 m)[21]。

徐州市规划区恒温带埋深为 20~30 m,恒温带温度为 16.6~17.1℃,恒温带温度比徐州年平均气温略高 2.6~3.1℃。变温带与气温呈现高度一致性,即 1 月最低,平均地温为 0.4℃,从 1 月到 7 月逐渐升高,7 月最高,平均地温为 27.1℃,7 月到 12 月呈现逐渐降低的趋势,年平均温差为 26.7℃。从地表往下温度逐渐降低,地温梯度为 2.0~2.3℃/(100 m)。规划区 20 m 埋深深度的地温普遍低于 19℃,温度范围基本为 17.0~19.0℃,其中西部区域地温高于 17.5℃,中东部绝大部分区域地温低于 17.5℃。总体而言,规划区 20 m 深度地温平面分布规律大致是西高东低。导热系数为 1.34~2.81 W/(m·℃)[22]。

从开发利用情况来看,寒冷地区浅层地热能开发利用主要集中在京津冀、陕西、甘肃等地。

以北京市为例,截至 2018 年年底,北京市浅层地热能建筑应用面积达到 5 097 万平方米。其浅层地热能资源开发利用项目以公共建筑为主,建筑类型包括办公楼、商业建筑、工业厂房、教学楼、居民建筑、旅馆酒店、医疗卫生建筑以及文化与体育建筑等,其中办公和商业建筑、居民建筑以及教育建筑所占比例较大。地源热泵项目规模不等,1 万~10 万平方米的建筑居多,利用规模较大的可达上百万平方米。

天津市第一个浅层地热能开发利用工程项目于 2000 年建成。经过多年的发展,浅层地热能开发利用工程数量和利用面积均有大幅度增加。据统计,截至 2010 年,天津市的地源热泵项目数量达到 174 个,建筑应用面积约为 294.79 万平方米。其中地埋管地源热泵项目 132 个,占总数量的 75.86%,利用面积为 174.87 万平方米;地下水地源热泵项目 42 个,占总数量的 24.14%,利用面积 111.5 万平方米。在地下水地源热泵项目中,开采方式主要为对井采灌、多井采灌,并以回灌量确定开采量。应用项目的类型主要包括企事业单位办公楼、学校、医院、住宅小区、商场、展馆、宾馆、饭店以及车站、高速公路服务区等,系统末端主要为风机盘管、地板采暖等。

河北省浅层地热能开发的工程主要集中在石家庄和保定,邢台、承德、张家口的工程数量次之。根据调查,到 2010 年年底,河北省地源热泵应用建筑面积约为 920 万平方米。其中石家庄、保定、邢台、邯郸、廊坊、衡水、沧州、张家口、承德和秦皇岛 10 个城市的应用面积约占河北省总的应用面积的一半,约为 490 万平方米。据不完全统计,截至 2010 年年底,这 10 个重点城市地源热泵利用工程约为 202 个,其中地下水式利用工程为 159 个,地埋管式利用工程为 43 个[23]。

陕西省具有丰富的浅层地热能资源,自 2006 年以来先后在关中、陕南和陕北地区开发利用浅层地热能的单位已经有 150 余家,浅层地热能的开发利用面积已达 1 153 万平方米[24]。

甘肃省各主要城市已建成的地源热泵系统项目有 64 个,主要集中在张掖市、酒泉市、天水市、合作市及平凉市 5 个城市,均为地下水地源热泵,总建筑面积约为 176.8 万平方米。目前各主要城市热泵工程大多以供暖为主,个别酒店、宾馆为供暖和制冷同时进行[25]。

3. 夏热冬冷地区

夏热冬冷地区主要覆盖了长江中下游地区,其中:

上海市变温带总体位于 19 m 以浅,恒温带基本位于 19~36 m,不同地区恒温带温度略有差异,平均地温约为 18.3℃;36 m 以下为增温带,增温率为 3.08℃/(100 m)[26]。

杭州市恒温层顶板埋深为 10~17 m,大部分地区为 10~12 m。三墩镇西北部恒温层顶板埋深较深,达到 17 m。杭州市恒温层厚度范围为 9~21 m,在乔司镇—省军区乔司农场—白杨街道—杭州经济技术开发区一带厚度较薄。其他大部分地区都大于 17 m。杭州市恒温层温度为 18.2~20℃,平均值为 19.14℃,在西兴街道、闲林镇附近较高,而东南部较低。温度分布基本与断层走向一致,在西兴街道附近最高,认为地下存在热源,通过断层疏导,使得该区域温度较高。杭州市地温梯度为 1.22~3.85℃/(100 m),平均为 2.47℃/(100 m)[27]。

江苏地温分布不均一,以郯庐断裂为界,东侧高于西侧,东侧地温大于 2.5℃/(100 m),热流值大于 60 mW/m²。西侧地温梯度为 2.36℃/(100 m),热流值为 45.5 mW/m²。南京市恒温带深度约为 20 m,温度为 17.4~18.2℃[28]。

合肥市地层主要为侏罗系、白垩系、古近系、新近系中细砂岩、粉砂岩和第四系,第四系厚度一般小于 25 m。恒温带温度为 17.0~18.5℃,恒温带深度为 10~20 m,厚度为 5~10 m。增温带增温率为 2.5~3.1℃/(100 m)[29]。

夏热冬冷地区浅层地热能开发利用主要集中在上海、杭州和南京等城市,其中:

上海市自 20 世纪 60 年代开始直接利用浅层地热能为棉纺厂生产车间供暖、降温。1989 年在闵行经济技术开发区建成了第一个利用地源热泵开发利用浅层地热能的项目,开启了国内浅层地热能利用的时代。21 世纪初,浅层地热能在住宅、办公楼等项目中陆续推广使用,世博会的成功应用,掀起了浅层地热能利用发展的热潮。截至 2015 年年底,浅层地热能开发利用项目超过 800 个,建筑应用面积约为 1 000 万平方米。按项目分布地区情况进行统计,上海市周边城区项目数量占总量的 79%,中心城区占 21%。从项目数量来看,居住建筑、公共建筑、工业建筑、农业建筑等类型的建筑均有应用。其中居住建筑类项目数量最多,占总数量的 50%;其次为公共建筑类项目,占总数的 41.2%。浅层地热应用项目换热方式有地埋管、地表水、地下水 3 种,以竖直地埋管为主,项目数量占比高达 98%[30]。

据统计,截至 2012 年,杭州已有地源热泵项目 73 个,建筑应用总面积 455.6 万平方米。其中地埋管地源热泵项目 68 个,地下水地源热泵项目 5 个。单个项目利用面积最小的为中国计量学院地源热泵实验室,空调面积为 64 平方米,最大的为杭州新火车东站,建筑面积为 32 万平方米。在杭州市区浅层地热能开发利用建筑类型中,别墅类项目最多,共 33 个,总面积为 222.73 万平方米;其次为住宅小区,共 11 个,总面积为 101.56 万平方米;其他建筑 29 个,总面积为 131.27 万平方米[31]。

南京自 2009 年被列为全国首批可再生能源建筑应用示范城市以来,浅层地热能的开发利用发展迅速,开发应用领域覆盖了公共建筑、商业广场及一般民用住宅等。据统计,南京浅层地热能应用面积每年均以 40 万平方米的速度在增长,截至 2013 年 9 月,已有 141 处浅层地热能开发利用工程,应用面积已经超过 600 万平方米。141 个开发利用工程项目中,公共建筑 90 个,居住建筑 51 个,公共建筑占的比例为 64%,接近 2/3,多为学校、医院、展厅、酒店等建筑类型。开发利用工程项目中,地埋管地源热泵系统项目有 135 个,地表水地源热泵系统项目有 6 个,地埋管地源热泵系统占比高达 95.7%[32]。

4. 夏热冬暖地区

夏热冬暖地区主要覆盖海南、台湾全境,福建南部,广东、广西大部,以及云南西南部和元江河谷地区,建筑主要是有制冷需求,无供暖需求,其中:

福州地区恒温带深度大概为 20 m,厚度为 45 ~ 50 m,恒温带增温率为 1 ~ 3℃/(100 m),恒温带的温度为 22~23.5℃[33]。

长沙地区恒温带深度一般为 20 m 左右,温度为 19~20℃。长沙位于中国南方低温梯度的低值区—湘中—桂中—鄂西渝东—川东北地区,地温梯度明显低于中国南方地区地温梯度平均值[2.41℃/(100 m)],钻孔地温梯度数据中,最小值为0.69℃/(100 m),最大值为1.98℃/(100 m),平均值为1.40℃/(100 m)[34]。

南昌市恒温带顶部埋深为9~28 m,平均温度为19.13~19.50℃,比该地区平均气温高1.38~1.75℃,增温带地温梯度为2~4℃/(100 m)[35]。

重庆地区0~10 m为变温带,100 m以浅地温梯度为0.7~1.5℃/(50 m)。在渝北区的北部、沙坪坝区的西部地温梯度值较低,大渡口区南部、巴南区西部地温梯度值较大,这是由于地表盖层分布的岩土体岩性差异、地层裂缝、地下水等综合因素的影响。重庆主城区钻孔初始平均温度随地质结构、地貌条件不同而有所差异,监测值为17.79~21.27℃,平均值为19.83℃;测试孔平均导热系数为1.93~3.1 W/(m·℃),平均值为2.62 W/(m·℃),总体上适宜浅层地热能的开发利用[36]。

贵阳市恒温带深度为25~35 m,恒温带温度为15.0~16.0℃,地热增温率为1.7~2.3℃/(100 m)[37]。

南宁市总体地温场有以下特征:从垂直方向上看,恒温带深度为15~20 m,其温度与水文地质条件密切相关,大体分为三个区,即在邕江冲积河成阶地具双层结构的松散岩类孔隙水分布区,恒温带的温度平均约为24.24℃;在新近系坡残积层或新近系基岩裸露区,平均为24.0℃;在南东部的碳酸盐岩溶水分布区,因岩石导热系数较高,加上岩溶较发育,地下水丰富,地下水循环交替快,且没有盖层的存在,恒温带温度最低,为23.7℃;第三系盆地内地温梯度最低为3.08℃/(100 m),最高达4.63℃/(100 m),碳酸盐岩分布区因地下水丰富,且无盖层,存在地温梯度小于0.5℃/(100 m)。南宁市地温场的空间分布与工作区内地温岩性分布、构造条件、水文地质条件、泥岩保温盖层的空间展布关系密切[38]。

夏热冬暖地区浅层地热能开发利用在贵阳、重庆等地区有少量项目,其中:

贵阳市浅层地热能勘查、开发工作起步较晚,目前共建设了5个热泵工程,且均为地下水水源热泵工程,其中仅有2个地热空调系统投入运行[39]。

截至2016年年底,重庆市共建成浅层地热能开发利用项目40余个,建筑应用面积约为515万平方米[40]。

2.2.3　不同地区浅层地热能供给能力

中国地质调查局开展的全国浅层地热能调查评价工作显示,我国336个地级以上城市浅层地热能资源年可开采量折合标准煤 7 亿吨,大部分土地面积适宜利用浅层地热能,可实现供暖制冷面积 326 亿平方米。京津冀(13 个地级以上城市年可开采量折合标准煤 0.92 亿吨)与长三角(26 个地级以上城市年可开采量折合标准煤 1.4 亿吨)等地区资源条件较好,资源丰度高于全国平均水平,可基本满足区域建筑物供暖制冷需要。中东部共 143 个地级以上城市,年可开采量折合标准煤 4.6 亿吨,可实现供暖制冷面积 210 亿平方米。其中,京津冀 13 个地级以上城市可实现夏季制冷面积约为 35 亿平方米,冬季供暖面积约为 29 亿平方米。长三角 26 个地级以上城市可实现夏季制冷面积约为 39.4 亿平方米,冬季供暖面积约为 52.1 亿平方米。

我国 31 个省会城市规划区范围内,超过 60% 的面积不适宜开发利用地下水地源热泵系统,而超过 80% 的面积适宜或较适宜利用地埋管地源热泵系统,因此从地质条件的适宜性角度考虑,加之受地下水资源保护相关政策的限制,地埋管地源热泵系统将是今后浅层地热能开发利用的主要方式。

浅层地热能资源的分布受不同地质构造及气候环境影响,各地区可开采资源量有较大差异。而在我国各种气候环境下,不同建筑在供暖和制冷方面的需求也不相同。由此,提出一个重要的问题:实际应用中不同地区利用浅层地热能究竟能解决多少建筑的供暖和制冷问题(以地埋管地源热泵系统研究为例)。

区域调查评价工作已基本摸清了地级以上城市的资源"家底",进行了适宜性的划分(区域浅层地热能评价体系和方法将在后续章节介绍),为政府相关部门的管理及规划工作提供了有力的技术支撑。而大比例尺的区域规划工作和工程项目实施可行性研究阶段需要进一步了解相对更准确的资源潜力,因此在全国资源勘查评价工作的基础上,提出"浅层地热能单位供给率"的概念,即单位地表面积的浅层地热能资源可供给的建筑制冷/供暖面积。其计算公式如下:

$$\eta_c = \frac{q_c}{Q_c \times \left(1 + \frac{1}{EER}\right)} \tag{2-1}$$

$$\eta_h = \frac{q_h}{Q_h \times \left(1 - \frac{1}{COP}\right)} \tag{2-2}$$

$$q_c = \frac{W_c \times L}{S} \tag{2-3}$$

$$q_h = \frac{W_h \times L}{S} \qquad\qquad (2-4)$$

式中，η_c 为浅层地热能制冷单位供给率，%；η_h 为浅层地热能供暖单位供给率，%；Q_c 为建筑制冷设计负荷指标，W/m^2；Q_h 为建筑供暖设计负荷指标，W/m^2；q_c 为单位地表面积浅层地热能制冷换热功率，W/m^2；q_h 为单位地表面积浅层地热能供暖换热功率，W/m^2；EER 为地源热泵系统制冷能效比；COP 为地源热泵系统供暖能效比；W_c 为夏季工况地埋管换热器延米换热量，W/m；W_h 为冬季工况地埋管换热器延米换热量，W/m；L 为地埋管深度，m；S 为群孔布设时，单个地埋孔占地面积，m^2。

地埋管延米换热量 W_c 和 W_h 可以通过现场热响应试验结果计算取得或查找相似地区的参考值。单个地埋管占地面积 S，可按相关标准推荐的孔间距 4~6 m 计算；系统 EER 和 COP 参照《可再生能源建筑应用工程评价标准》（GB/T 50801—2013）规定值。

利用不同地区浅层地热能单位供给率的数值，可以方便得到有限地埋管布孔面积可解决的建筑供暖或制冷面积，或者既有的建筑面积供暖或制冷所需的地埋管布孔面积。如浅层地热能制冷单位供给率为 1.5，则 1 m^2 的地埋管布孔面积可解决 1.5 m^2 的建筑制冷需求。

本节案例计算，按常用的 5 m×5 m 间距计算，即单个地埋孔占地面积为 25 m^2；EER 和 COP 取标准中的 3 级（最低）值，分别为 3.0 和 2.6。选择典型代表城市计算得到浅层地热能单位供给率，见表 2-2。

表 2-2　部分城市浅层地热能单位面积供给率

序号	建筑气候区	城　市	建筑采暖负荷指标/（W/m²）	建筑制冷负荷指标/（W/m²）	浅层地热能单位供给率	
					冬　季	夏　季
1	ⅠC	哈尔滨	80	60	1.33	2.01
2	ⅠC	长春	60	80	1.09	0.66
3	ⅠD	呼和浩特	45	65	2.90~4.06	3.14~4.40
4	ⅠD	沈阳	63	86	1.70~2.55	1.01~1.52
5	ⅡA	北京	44	53	5.94	4.54
6	ⅡA	天津	44	53	6.67	3.85

续表

序号	建筑气候区	城　市	建筑采暖负荷指标/（W/m²）	建筑制冷负荷指标/（W/m²）	浅层地热能单位供给率	
					冬　季	夏　季
7	ⅡA	石家庄	60	90	2.98~4.84	1.60~2.60
8	ⅡB	太原	50	70	3.29	2.48
9	ⅡA	济南	55	70	2.91~3.87	2.43~3.24
10	ⅡA	郑州	50	74	3.35~8.03	0.92~2.21
11	ⅡA	西安	51	72	5.73	2.61
12	ⅡB	兰州	69	64	2.76	4.67
13	ⅡB	银川	48	70	2.17	2.36
14	ⅢB	南京	86	95	0.70~7.32	0.35~3.69
15	ⅢB	杭州	70	100	3.94	1.49
16	ⅢB	长沙	47	76	8.42	3.18
17	ⅢB	武汉	58	80	2.78	1.09
18	ⅢB	合肥	60	86	9.09	3.11
19	ⅢB	南昌	60	80	4.20	1.35
20	ⅢA	上海	68	120	4.96~7.03	1.28~1.81
21	ⅢB	重庆	60	100	5.28~18.49	1.35~4.74
22	ⅢC	成都	60	80	2.69~3.46	1.12~1.45
23	ⅣA	广州	40	70	7.91	0.96
24	ⅣA	海口	—	90	—	0.33~1.78
25	ⅣA	福州	50	80	2.79	0.61
26	ⅣB	南宁	—	71	—	3.01
27	ⅤA	贵阳	50	70	2.77~4.84	1.28~2.24
28	ⅤB	昆明	40	50	7.78	3.11
29	ⅥA	西宁	61	40	2.18~2.87	1.99~2.66
30	ⅥC	拉萨	59	—	0.12~0.87	—
31	ⅦB	乌鲁木齐	65	65	1.36~2.97	1.32~2.88

　　不同气候区、不同城镇、不同类型的建筑功能、围护结构、使用方式等不同，因而设计冷、热负荷值不同。一般与民用建筑比较，公共建筑具有功能多样、空间大、人员

密集且流通性大等特点,负荷指标确定范围较大。因此,表2-2中根据相关资料估算得到不同地区建筑冷、热负荷指标作为参考。计算时所用到的浅层地热能勘查评价参数为收集到该地区的平均值或范围值[41-42]。

从表2-2中的数据可以看出,在我国华北、华中地区绝大多数城市及西南部分城市,主要集中在第Ⅱ、第Ⅲ、第Ⅴ建筑气候区,浅层地热能单位供给率综合数值较高,适宜浅层地热能开发利用。而西北、华南、东北等地区部分城市(第Ⅰ、第Ⅳ、第Ⅵ、第Ⅶ建筑气候区),浅层地热能单位供给率单季或综合数值较低,在满足建筑用能需求时,应根据区域条件考虑应用。

在民用节能建筑供暖设计指标选取时,根据《严寒和寒冷地区居住建筑节能设计标准》(JGJ 26—2018)及《民用建筑供暖通风与空气调节设计规范》(GB 50736—2012)相关参数计算,我国绝大部分北方供暖城市的民用节能建筑的供暖设计负荷标准为30.65~43.19 W/m²。在做相关计算时可以参考表2-3。

表2-3 我国部分城镇民用节能建筑供暖设计负荷参考表

城 镇	热负荷指标/(W/m²)	城 镇	热负荷指标/(W/m²)	城 镇	热负荷指标/(W/m²)	城 镇	热负荷指标/(W/m²)
北京	38.21	淄博	40.80	新乡	40.02	抚顺	43.26
天津	38.25	兖州	38.05	洛阳	40.38	朝阳	40.38
石家庄	38.38	潍坊	39.53	商丘	39.84	拉萨	40.05
张家口	39.22	吐鲁番	37.54	开封	40.38	噶尔	45.27
秦皇岛	39.32	大同	41.59	阿坝	30.65	日喀则	40.64
保定	38.25	阳泉	39.94	甘孜	42.25	西安	38.25
唐山	32.37	临汾	37.73	康定	41.45	榆林	41.87
承德	39.36	晋城	38.31	库车	40.34	延安	39.58
太原	39.23	运城	37.44	赤峰	40.03	宝鸡	38.75
淮阴	40.57	呼和浩特	40.52	满洲里	41.75	兰州	37.44
盐城	41.78	锡林浩特	41.87	二连浩特	41.92	酒泉	41.11
济南	40.57	海拉尔	42.30	沈阳	41.33	和田	38.65
青岛	41.12	通辽	40.78	丹东	41.13	本溪	42.76
烟台	41.09	郑州	40.37	大连	41.50	锦州	40.07
德州	38.63	安阳	38.72	阜新	39.44	鞍山	41.08

续表

城 镇	热负荷 指标/ (W/m²)	城 镇	热负荷 指标/ (W/m²)	城 镇	热负荷 指标/ (W/m²)	城 镇	热负荷 指标/ (W/m²)
长春	41.39	西宁	39.64	牡丹江	40.77	石嘴山	40.71
吉林	43.19	共和	39.49	呼玛	40.55	乌鲁木齐	39.70
延吉	40.55	格尔木	37.91	佳木斯	40.88	塔城	42.57
通化	42.33	玉树	40.65	安达	43.51	哈密	39.54
四平	41.35	银川	40.82	伊春	42.16	伊宁	43.32
哈尔滨	41.82	中宁	41.60	徐州	40.00	喀什	40.15
张掖	39.86	嫩江	41.59	连云港	41.11	富蕴	38.39
平凉	39.72	齐齐哈尔	40.87	固原	42.07	克拉玛依	40.95
天水	38.49						

为了方便工程使用,将不同地埋管深度、延米换热量和不同建筑负荷,制作成浅层地热能供暖/制冷单位供给率参考表,以供查阅,见表2-4至表2-19。

表2-4 浅层地热能供暖单位供给率表-1(建筑采暖负荷为15 W/m²)

地埋管延 米换热量 /(W/m)	地埋管深度/m							
	60	80	100	120	140	150	180	200
10	2.60	3.47	4.33	5.20	6.07	6.50	7.80	8.67
15	3.90	5.20	6.50	7.80	9.10	9.75	11.70	13.00
20	5.20	6.93	8.67	10.40	12.13	13.00	15.60	17.33
25	6.50	8.67	10.83	13.00	15.17	16.25	19.50	21.67
30	7.80	10.40	13.00	15.60	18.20	19.50	23.40	26.00
35	9.10	12.13	15.17	18.20	21.23	22.75	27.30	30.33
40	10.40	13.87	17.33	20.80	24.27	26.00	31.20	34.67
45	11.70	15.60	19.50	23.40	27.30	29.25	35.10	39.00
50	13.00	17.33	21.67	26.00	30.33	32.50	39.00	43.33
55	14.30	19.07	23.83	28.60	33.37	35.75	42.90	47.67
60	15.60	20.80	26.00	31.20	36.40	39.00	46.80	52.00
65	16.90	22.53	28.17	33.80	39.43	42.25	50.70	56.33

地埋管延米换热量/(W/m)	地埋管深度/m							
	60	80	100	120	140	150	180	200
70	18.20	24.27	30.33	36.40	42.47	45.50	54.60	60.67
75	19.50	26.00	32.50	39.00	45.50	48.75	58.50	65.00
80	20.80	27.73	34.67	41.60	48.53	52.00	62.40	69.33
85	22.10	29.47	36.83	44.20	51.57	55.25	66.30	73.67
90	23.40	31.20	39.00	46.80	54.60	58.50	70.20	78.00
95	24.70	32.93	41.17	49.40	57.63	61.75	74.10	82.33
100	26.00	34.67	43.33	52.00	60.67	65.00	78.00	86.67

表 2-5　浅层地热能供暖单位供给率表-2（建筑采暖负荷为 20 W/m²）

地埋管延米换热量/(W/m)	地埋管深度/m							
	60	80	100	120	140	150	180	200
10	1.95	2.60	3.25	3.90	4.55	4.88	5.85	6.50
15	2.93	3.90	4.88	5.85	6.83	7.31	8.78	9.75
20	3.90	5.20	6.50	7.80	9.10	9.75	11.70	13.00
25	4.88	6.50	8.13	9.75	11.38	12.19	14.63	16.25
30	5.85	7.80	9.75	11.70	13.65	14.63	17.55	19.50
35	6.83	9.10	11.38	13.65	15.93	17.06	20.48	22.75
40	7.80	10.40	13.00	15.60	18.20	19.50	23.40	26.00
45	8.78	11.70	14.63	17.55	20.48	21.94	26.33	29.25
50	9.75	13.00	16.25	19.50	22.75	24.38	29.25	32.50
55	10.73	14.30	17.88	21.45	25.03	26.81	32.18	35.75
60	11.70	15.60	19.50	23.40	27.30	29.25	35.10	39.00
65	12.68	16.90	21.13	25.35	29.58	31.69	38.03	42.25
70	13.65	18.20	22.75	27.30	31.85	34.13	40.95	45.50
75	14.63	19.50	24.38	29.25	34.13	36.56	43.88	48.75
80	15.60	20.80	26.00	31.20	36.40	39.00	46.80	52.00

续表

地埋管延米换热量 /（W/m）	地埋管深度/m							
	60	80	100	120	140	150	180	200
85	16.58	22.10	27.63	33.15	38.68	41.44	49.73	55.25
90	17.55	23.40	29.25	35.10	40.95	43.88	52.65	58.50
95	18.53	24.70	30.88	37.05	43.23	46.31	55.58	61.75
100	19.50	26.00	32.50	39.00	45.50	48.75	58.50	65.00

表 2-6　浅层地热能供暖单位供给率表-3（建筑采暖负荷为 25 W/m^2）

地埋管延米换热量 /（W/m）	地埋管深度/m							
	60	80	100	120	140	150	180	200
10	1.56	2.08	2.60	3.12	3.64	3.90	4.68	5.20
15	2.34	3.12	3.90	4.68	5.46	5.85	7.02	7.80
20	3.12	4.16	5.20	6.24	7.28	7.80	9.36	10.40
25	3.90	5.20	6.50	7.80	9.10	9.75	11.70	13.00
30	4.68	6.24	7.80	9.36	10.92	11.70	14.04	15.60
35	5.46	7.28	9.10	10.92	12.74	13.65	16.38	18.20
40	6.24	8.32	10.40	12.48	14.56	15.60	18.72	20.80
45	7.02	9.36	11.70	14.04	16.38	17.55	21.06	23.40
50	7.80	10.40	13.00	15.60	18.20	19.50	23.40	26.00
55	8.58	11.44	14.30	17.16	20.02	21.45	25.74	28.60
60	9.36	12.48	15.60	18.72	21.84	23.40	28.08	31.20
65	10.14	13.52	16.90	20.28	23.66	25.35	30.42	33.80
70	10.92	14.56	18.20	21.84	25.48	27.30	32.76	36.40
75	11.70	15.60	19.50	23.40	27.30	29.25	35.10	39.00
80	12.48	16.64	20.80	24.96	29.12	31.20	37.44	41.60
85	13.26	17.68	22.10	26.52	30.94	33.15	39.78	44.20
90	14.04	18.72	23.40	28.08	32.76	35.10	42.12	46.80
95	14.82	19.76	24.70	29.64	34.58	37.05	44.46	49.40
100	15.60	20.80	26.00	31.20	36.40	39.00	46.80	52.00

表2-7　浅层地热能供暖单位供给率表-4（建筑采暖负荷为30 W/m²）

地埋管延米换热量/(W/m)	地埋管深度/m							
	60	80	100	120	140	150	180	200
10	1.30	1.73	2.17	2.60	3.03	3.25	3.90	4.33
15	1.95	2.60	3.25	3.90	4.55	4.88	5.85	6.50
20	2.60	3.47	4.33	5.20	6.07	6.50	7.80	8.67
25	3.25	4.33	5.42	6.50	7.58	8.13	9.75	10.83
30	3.90	5.20	6.50	7.80	9.10	9.75	11.70	13.00
35	4.55	6.07	7.58	9.10	10.62	11.38	13.65	15.17
40	5.20	6.93	8.67	10.40	12.13	13.00	15.60	17.33
45	5.85	7.80	9.75	11.70	13.65	14.63	17.55	19.50
50	6.50	8.67	10.83	13.00	15.17	16.25	19.50	21.67
55	7.15	9.53	11.92	14.30	16.68	17.88	21.45	23.83
60	7.80	10.40	13.00	15.60	18.20	19.50	23.40	26.00
65	8.45	11.27	14.08	16.90	19.72	21.13	25.35	28.17
70	9.10	12.13	15.17	18.20	21.23	22.75	27.30	30.33
75	9.75	13.00	16.25	19.50	22.75	24.38	29.25	32.50
80	10.40	13.87	17.33	20.80	24.27	26.00	31.20	34.67
85	11.05	14.73	18.42	22.10	25.78	27.63	33.15	36.83
90	11.70	15.60	19.50	23.40	27.30	29.25	35.10	39.00
95	12.35	16.47	20.58	24.70	28.82	30.88	37.05	41.17
100	13.00	17.33	21.67	26.00	30.33	32.50	39.00	43.33

表2-8　浅层地热能供暖单位供给率表-5（建筑采暖负荷为35 W/m²）

地埋管延米换热量/(W/m)	地埋管深度/m							
	60	80	100	120	140	150	180	200
10	1.11	1.49	1.86	2.23	2.60	2.79	3.34	3.71
15	1.67	2.23	2.79	3.34	3.90	4.18	5.01	5.57
20	2.23	2.97	3.71	4.46	5.20	5.57	6.69	7.43
25	2.79	3.71	4.64	5.57	6.50	6.96	8.36	9.29

地埋管延米换热量/(W/m)	地埋管深度/m							
	60	80	100	120	140	150	180	200
30	3.34	4.46	5.57	6.69	7.80	8.36	10.03	11.14
35	3.90	5.20	6.50	7.80	9.10	9.75	11.70	13.00
40	4.46	5.94	7.43	8.91	10.40	11.14	13.37	14.86
45	5.01	6.69	8.36	10.03	11.70	12.54	15.04	16.71
50	5.57	7.43	9.29	11.14	13.00	13.93	16.71	18.57
55	6.13	8.17	10.21	12.26	14.30	15.32	18.39	20.43
60	6.69	8.91	11.14	13.37	15.60	16.71	20.06	22.29
65	7.24	9.66	12.07	14.49	16.90	18.11	21.73	24.14
70	7.80	10.40	13.00	15.60	18.20	19.50	23.40	26.00
75	8.36	11.14	13.93	16.71	19.50	20.89	25.07	27.86
80	8.91	11.89	14.86	17.83	20.80	22.29	26.74	29.71
85	9.47	12.63	15.79	18.94	22.10	23.68	28.41	31.57
90	10.03	13.37	16.71	20.06	23.40	25.07	30.09	33.43
95	10.59	14.11	17.64	21.17	24.70	26.46	31.76	35.29
100	11.14	14.86	18.57	22.29	26.00	27.86	33.43	37.14

表 2-9　浅层地热能供暖单位供给率表-6（建筑采暖负荷为 40 W/m²）

地埋管延米换热量/(W/m)	地埋管深度/m							
	60	80	100	120	140	150	180	200
10	0.98	1.30	1.63	1.95	2.28	2.44	2.93	3.25
15	1.46	1.95	2.44	2.93	3.41	3.66	4.39	4.88
20	1.95	2.60	3.25	3.90	4.55	4.88	5.85	6.50
25	2.44	3.25	4.06	4.88	5.69	6.09	7.31	8.13
30	2.93	3.90	4.88	5.85	6.83	7.31	8.78	9.75
35	3.41	4.55	5.69	6.83	7.96	8.53	10.24	11.38
40	3.90	5.20	6.50	7.80	9.10	9.75	11.70	13.00

续表

地埋管延米换热量/（W/m）	地埋管深度/m							
	60	80	100	120	140	150	180	200
45	4.39	5.85	7.31	8.78	10.24	10.97	13.16	14.63
50	4.88	6.50	8.13	9.75	11.38	12.19	14.63	16.25
55	5.36	7.15	8.94	10.73	12.51	13.41	16.09	17.88
60	5.85	7.80	9.75	11.70	13.65	14.63	17.55	19.50
65	6.34	8.45	10.56	12.68	14.79	15.84	19.01	21.13
70	6.83	9.10	11.38	13.65	15.93	17.06	20.48	22.75
75	7.31	9.75	12.19	14.63	17.06	18.28	21.94	24.38
80	7.80	10.40	13.00	15.60	18.20	19.50	23.40	26.00
85	8.29	11.05	13.81	16.58	19.34	20.72	24.86	27.63
90	8.78	11.70	14.63	17.55	20.48	21.94	26.33	29.25
95	9.26	12.35	15.44	18.53	21.61	23.16	27.79	30.88
100	9.75	13.00	16.25	19.50	22.75	24.38	29.25	32.50

表 2-10　浅层地热能供暖单位供给率表-7（建筑采暖负荷为 45 W/m²）

地埋管延米换热量/（W/m）	地埋管深度/m							
	60	80	100	120	140	150	180	200
10	0.87	1.16	1.44	1.73	2.02	2.17	2.60	2.89
15	1.30	1.73	2.17	2.60	3.03	3.25	3.90	4.33
20	1.73	2.31	2.89	3.47	4.04	4.33	5.20	5.78
25	2.17	2.89	3.61	4.33	5.06	5.42	6.50	7.22
30	2.60	3.47	4.33	5.20	6.07	6.50	7.80	8.67
35	3.03	4.04	5.06	6.07	7.08	7.58	9.10	10.11
40	3.47	4.62	5.78	6.93	8.09	8.67	10.40	11.56
45	3.90	5.20	6.50	7.80	9.10	9.75	11.70	13.00
50	4.33	5.78	7.22	8.67	10.11	10.83	13.00	14.44
55	4.77	6.36	7.94	9.53	11.12	11.92	14.30	15.89

地埋管延米换热量/(W/m)	地埋管深度/m							
	60	80	100	120	140	150	180	200
60	5.20	6.93	8.67	10.40	12.13	13.00	15.60	17.33
65	5.63	7.51	9.39	11.27	13.14	14.08	16.90	18.78
70	6.07	8.09	10.11	12.13	14.16	15.17	18.20	20.22
75	6.50	8.67	10.83	13.00	15.17	16.25	19.50	21.67
80	6.93	9.24	11.56	13.87	16.18	17.33	20.80	23.11
85	7.37	9.82	12.28	14.73	17.19	18.42	22.10	24.56
90	7.80	10.40	13.00	15.60	18.20	19.50	23.40	26.00
95	8.23	10.98	13.72	16.47	19.21	20.58	24.70	27.44
100	8.67	11.56	14.44	17.33	20.22	21.67	26.00	28.89

表 2-11 浅层地热能供暖单位供给率表-8（建筑采暖负荷为 50 W/m²）

地埋管延米换热量/(W/m)	地埋管深度/m							
	60	80	100	120	140	150	180	200
10	0.78	1.04	1.30	1.56	1.82	1.95	2.34	2.60
15	1.17	1.56	1.95	2.34	2.73	2.93	3.51	3.90
20	1.56	2.08	2.60	3.12	3.64	3.90	4.68	5.20
25	1.95	2.60	3.25	3.90	4.55	4.88	5.85	6.50
30	2.34	3.12	3.90	4.68	5.46	5.85	7.02	7.80
35	2.73	3.64	4.55	5.46	6.37	6.83	8.19	9.10
40	3.12	4.16	5.20	6.24	7.28	7.80	9.36	10.40
45	3.51	4.68	5.85	7.02	8.19	8.78	10.53	11.70
50	3.90	5.20	6.50	7.80	9.10	9.75	11.70	13.00
55	4.29	5.72	7.15	8.58	10.01	10.73	12.87	14.30
60	4.68	6.24	7.80	9.36	10.92	11.70	14.04	15.60
65	5.07	6.76	8.45	10.14	11.83	12.68	15.21	16.90
70	5.46	7.28	9.10	10.92	12.74	13.65	16.38	18.20
75	5.85	7.80	9.75	11.70	13.65	14.63	17.55	19.50

地埋管延米换热量/（W/m）	地埋管深度/m							
	60	80	100	120	140	150	180	200
80	6.24	8.32	10.40	12.48	14.56	15.60	18.72	20.80
85	6.63	8.84	11.05	13.26	15.47	16.58	19.89	22.10
90	7.02	9.36	11.70	14.04	16.38	17.55	21.06	23.40
95	7.41	9.88	12.35	14.82	17.29	18.53	22.23	24.70
100	7.80	10.40	13.00	15.60	18.20	19.50	23.40	26.00

表 2-12　浅层地热能制冷单位供给率表-1（建筑制冷负荷为 60 W/m²）

地埋管延米换热量/（W/m）	地埋管深度/m							
	60	80	100	120	140	150	180	200
20	0.60	0.80	1.00	1.20	1.40	1.50	1.80	2.00
25	0.75	1.00	1.25	1.50	1.75	1.88	2.25	2.50
30	0.90	1.20	1.50	1.80	2.10	2.25	2.70	3.00
35	1.05	1.40	1.75	2.10	2.45	2.63	3.15	3.50
40	1.20	1.60	2.00	2.40	2.80	3.00	3.60	4.00
45	1.35	1.80	2.25	2.70	3.15	3.38	4.05	4.50
50	1.50	2.00	2.50	3.00	3.50	3.75	4.50	5.00
55	1.65	2.20	2.75	3.30	3.85	4.13	4.95	5.50
60	1.80	2.40	3.00	3.60	4.20	4.50	5.40	6.00
65	1.95	2.60	3.25	3.90	4.55	4.88	5.85	6.50
70	2.10	2.80	3.50	4.20	4.90	5.25	6.30	7.00
75	2.25	3.00	3.75	4.50	5.25	5.63	6.75	7.50
80	2.40	3.20	4.00	4.80	5.60	6.00	7.20	8.00
85	2.55	3.40	4.25	5.10	5.95	6.38	7.65	8.50
90	2.70	3.60	4.50	5.40	6.30	6.75	8.10	9.00
95	2.85	3.80	4.75	5.70	6.65	7.13	8.55	9.50
100	3.00	4.00	5.00	6.00	7.00	7.50	9.00	10.00
110	3.30	4.40	5.50	6.60	7.70	8.25	9.90	11.00
120	3.60	4.80	6.00	7.20	8.40	9.00	10.80	12.00

表 2-13　浅层地热能制冷单位供给率表-2（建筑制冷负荷为 80 W/m²）

地埋管延米换热量/（W/m）	地埋管深度/m							
	60	80	100	120	140	150	180	200
20	0.45	0.60	0.75	0.90	1.05	1.13	1.35	1.50
25	0.56	0.75	0.94	1.13	1.31	1.41	1.69	1.88
30	0.68	0.90	1.13	1.35	1.58	1.69	2.03	2.25
35	0.79	1.05	1.31	1.58	1.84	1.97	2.36	2.63
40	0.90	1.20	1.50	1.80	2.10	2.25	2.70	3.00
45	1.01	1.35	1.69	2.03	2.36	2.53	3.04	3.38
50	1.13	1.50	1.88	2.25	2.63	2.81	3.38	3.75
55	1.24	1.65	2.06	2.48	2.89	3.09	3.71	4.13
60	1.35	1.80	2.25	2.70	3.15	3.38	4.05	4.50
65	1.46	1.95	2.44	2.93	3.41	3.66	4.39	4.88
70	1.58	2.10	2.63	3.15	3.68	3.94	4.73	5.25
75	1.69	2.25	2.81	3.38	3.94	4.22	5.06	5.63
80	1.80	2.40	3.00	3.60	4.20	4.50	5.40	6.00
85	1.91	2.55	3.19	3.83	4.46	4.78	5.74	6.38
90	2.03	2.70	3.38	4.05	4.73	5.06	6.08	6.75
95	2.14	2.85	3.56	4.28	4.99	5.34	6.41	7.13
100	2.25	3.00	3.75	4.50	5.25	5.63	6.75	7.50
110	2.48	3.30	4.13	4.95	5.78	6.19	7.43	8.25
120	2.70	3.60	4.50	5.40	6.30	6.75	8.10	9.00

表 2-14　浅层地热能制冷单位供给率表-3（建筑制冷负荷为 100 W/m²）

地埋管延米换热量/（W/m）	地埋管深度/m							
	60	80	100	120	140	150	180	200
20	0.36	0.48	0.60	0.72	0.84	0.90	1.08	1.20
25	0.45	0.60	0.75	0.90	1.05	1.13	1.35	1.50
30	0.54	0.72	0.90	1.08	1.26	1.35	1.62	1.80
35	0.63	0.84	1.05	1.26	1.47	1.58	1.89	2.10

地埋管延米换热量/(W/m)	地埋管深度/m							
	60	80	100	120	140	150	180	200
40	0.72	0.96	1.20	1.44	1.68	1.80	2.16	2.40
45	0.81	1.08	1.35	1.62	1.89	2.03	2.43	2.70
50	0.90	1.20	1.50	1.80	2.10	2.25	2.70	3.00
55	0.99	1.32	1.65	1.98	2.31	2.48	2.97	3.30
60	1.08	1.44	1.80	2.16	2.52	2.70	3.24	3.60
65	1.17	1.56	1.95	2.34	2.73	2.93	3.51	3.90
70	1.26	1.68	2.10	2.52	2.94	3.15	3.78	4.20
75	1.35	1.80	2.25	2.70	3.15	3.38	4.05	4.50
80	1.44	1.92	2.40	2.88	3.36	3.60	4.32	4.80
85	1.53	2.04	2.55	3.06	3.57	3.83	4.59	5.10
90	1.62	2.16	2.70	3.24	3.78	4.05	4.86	5.40
95	1.71	2.28	2.85	3.42	3.99	4.28	5.13	5.70
100	1.80	2.40	3.00	3.60	4.20	4.50	5.40	6.00
110	1.98	2.64	3.30	3.96	4.62	4.95	5.94	6.60
120	2.16	2.88	3.60	4.32	5.04	5.40	6.48	7.20

表 2 - 15   浅层地热能制冷单位供给率表 - 4（建筑制冷负荷为 120 W/m²）

地埋管延米换热量/(W/m)	地埋管深度/m							
	60	80	100	120	140	150	180	200
20	0.30	0.40	0.50	0.60	0.70	0.75	0.90	1.00
25	0.38	0.50	0.63	0.75	0.88	0.94	1.13	1.25
30	0.45	0.60	0.75	0.90	1.05	1.13	1.35	1.50
35	0.53	0.70	0.88	1.05	1.23	1.31	1.58	1.75
40	0.60	0.80	1.00	1.20	1.40	1.50	1.80	2.00
45	0.68	0.90	1.13	1.35	1.58	1.69	2.03	2.25
50	0.75	1.00	1.25	1.50	1.75	1.88	2.25	2.50

地埋管延米换热量 /(W/m)	地埋管深度/m							
	60	80	100	120	140	150	180	200
55	0.83	1.10	1.38	1.65	1.93	2.06	2.48	2.75
60	0.90	1.20	1.50	1.80	2.10	2.25	2.70	3.00
65	0.98	1.30	1.63	1.95	2.28	2.44	2.93	3.25
70	1.05	1.40	1.75	2.10	2.45	2.63	3.15	3.50
75	1.13	1.50	1.88	2.25	2.63	2.81	3.38	3.75
80	1.20	1.60	2.00	2.40	2.80	3.00	3.60	4.00
85	1.28	1.70	2.13	2.55	2.98	3.19	3.83	4.25
90	1.35	1.80	2.25	2.70	3.15	3.38	4.05	4.50
95	1.43	1.90	2.38	2.85	3.33	3.56	4.28	4.75
100	1.50	2.00	2.50	3.00	3.50	3.75	4.50	5.00
110	1.65	2.20	2.75	3.30	3.85	4.13	4.95	5.50
120	1.80	2.40	3.00	3.60	4.20	4.50	5.40	6.00

表 2-16　浅层地热能制冷单位供给率表-5（建筑制冷负荷为 140 W/m²）

地埋管延米换热量 /(W/m)	地埋管深度/m							
	60	80	100	120	140	150	180	200
20	0.26	0.34	0.43	0.51	0.60	0.64	0.77	0.86
25	0.32	0.43	0.54	0.64	0.75	0.80	0.96	1.07
30	0.39	0.51	0.64	0.77	0.90	0.96	1.16	1.29
35	0.45	0.60	0.75	0.90	1.05	1.13	1.35	1.50
40	0.51	0.69	0.86	1.03	1.20	1.29	1.54	1.71
45	0.58	0.77	0.96	1.16	1.35	1.45	1.74	1.93
50	0.64	0.86	1.07	1.29	1.50	1.61	1.93	2.14
55	0.71	0.94	1.18	1.41	1.65	1.77	2.12	2.36
60	0.77	1.03	1.29	1.54	1.80	1.93	2.31	2.57
65	0.84	1.11	1.39	1.67	1.95	2.09	2.51	2.79

地埋管延米换热量/(W/m)	地埋管深度/m							
	60	80	100	120	140	150	180	200
70	0.90	1.20	1.50	1.80	2.10	2.25	2.70	3.00
75	0.96	1.29	1.61	1.93	2.25	2.41	2.89	3.21
80	1.03	1.37	1.71	2.06	2.40	2.57	3.09	3.43
85	1.09	1.46	1.82	2.19	2.55	2.73	3.28	3.64
90	1.16	1.54	1.93	2.31	2.70	2.89	3.47	3.86
95	1.22	1.63	2.04	2.44	2.85	3.05	3.66	4.07
100	1.29	1.71	2.14	2.57	3.00	3.21	3.86	4.29
110	1.41	1.89	2.36	2.83	3.30	3.54	4.24	4.71
120	1.54	2.06	2.57	3.09	3.60	3.86	4.63	5.14

表2-17　浅层地热能制冷单位供给率表-6（建筑制冷负荷为160 W/m²）

地埋管延米换热量/(W/m)	地埋管深度/m							
	60	80	100	120	140	150	180	200
20	0.23	0.30	0.38	0.45	0.53	0.56	0.68	0.75
25	0.28	0.38	0.47	0.56	0.66	0.70	0.84	0.94
30	0.34	0.45	0.56	0.68	0.79	0.84	1.01	1.13
35	0.39	0.53	0.66	0.79	0.92	0.98	1.18	1.31
40	0.45	0.60	0.75	0.90	1.05	1.13	1.35	1.50
45	0.51	0.68	0.84	1.01	1.18	1.27	1.52	1.69
50	0.56	0.75	0.94	1.13	1.31	1.41	1.69	1.88
55	0.62	0.83	1.03	1.24	1.44	1.55	1.86	2.06
60	0.68	0.90	1.13	1.35	1.58	1.69	2.03	2.25
65	0.73	0.98	1.22	1.46	1.71	1.83	2.19	2.44
70	0.79	1.05	1.31	1.58	1.84	1.97	2.36	2.63
75	0.84	1.13	1.41	1.69	1.97	2.11	2.53	2.81
80	0.90	1.20	1.50	1.80	2.10	2.25	2.70	3.00
85	0.96	1.28	1.59	1.91	2.23	2.39	2.87	3.19

地埋管延米换热量/（W/m）	地埋管深度/m							
	60	80	100	120	140	150	180	200
90	1.01	1.35	1.69	2.03	2.36	2.53	3.04	3.38
95	1.07	1.43	1.78	2.14	2.49	2.67	3.21	3.56
100	1.13	1.50	1.88	2.25	2.63	2.81	3.38	3.75
110	1.24	1.65	2.06	2.48	2.89	3.09	3.71	4.13
120	1.35	1.80	2.25	2.70	3.15	3.38	4.05	4.50

表 2-18　浅层地热能制冷单位供给率表-7（建筑制冷负荷为 180 W/m²）

地埋管延米换热量/（W/m）	地埋管深度/m							
	60	80	100	120	140	150	180	200
20	0.20	0.27	0.33	0.40	0.47	0.50	0.60	0.67
25	0.25	0.33	0.42	0.50	0.58	0.63	0.75	0.83
30	0.30	0.40	0.50	0.60	0.70	0.75	0.90	1.00
35	0.35	0.47	0.58	0.70	0.82	0.88	1.05	1.17
40	0.40	0.53	0.67	0.80	0.93	1.00	1.20	1.33
45	0.45	0.60	0.75	0.90	1.05	1.13	1.35	1.50
50	0.50	0.67	0.83	1.00	1.17	1.25	1.50	1.67
55	0.55	0.73	0.92	1.10	1.28	1.38	1.65	1.83
60	0.60	0.80	1.00	1.20	1.40	1.50	1.80	2.00
65	0.65	0.87	1.08	1.30	1.52	1.63	1.95	2.17
70	0.70	0.93	1.17	1.40	1.63	1.75	2.10	2.33
75	0.75	1.00	1.25	1.50	1.75	1.88	2.25	2.50
80	0.80	1.07	1.33	1.60	1.87	2.00	2.40	2.67
85	0.85	1.13	1.42	1.70	1.98	2.13	2.55	2.83
90	0.90	1.20	1.50	1.80	2.10	2.25	2.70	3.00
95	0.95	1.27	1.58	1.90	2.22	2.38	2.85	3.17
100	1.00	1.33	1.67	2.00	2.33	2.50	3.00	3.33
110	1.10	1.47	1.83	2.20	2.57	2.75	3.30	3.67
120	1.20	1.60	2.00	2.40	2.80	3.00	3.60	4.00

表 2-19 浅层地热能制冷单位供给率表-8（建筑制冷负荷为 200 W/m²）

地埋管延米换热量 /（W/m）	地埋管深度/m							
	60	80	100	120	140	150	180	200
20	0.18	0.24	0.30	0.36	0.42	0.45	0.54	0.60
25	0.23	0.30	0.38	0.45	0.53	0.56	0.68	0.75
30	0.27	0.36	0.45	0.54	0.63	0.68	0.81	0.90
35	0.32	0.42	0.53	0.63	0.74	0.79	0.95	1.05
40	0.36	0.48	0.60	0.72	0.84	0.90	1.08	1.20
45	0.41	0.54	0.68	0.81	0.95	1.01	1.22	1.35
50	0.45	0.60	0.75	0.90	1.05	1.13	1.35	1.50
55	0.50	0.66	0.83	0.99	1.16	1.24	1.49	1.65
60	0.54	0.72	0.90	1.08	1.26	1.35	1.62	1.80
65	0.59	0.78	0.98	1.17	1.37	1.46	1.76	1.95
70	0.63	0.84	1.05	1.26	1.47	1.58	1.89	2.10
75	0.68	0.90	1.13	1.35	1.58	1.69	2.03	2.25
80	0.72	0.96	1.20	1.44	1.68	1.80	2.16	2.40
85	0.77	1.02	1.28	1.53	1.79	1.91	2.30	2.55
90	0.81	1.08	1.35	1.62	1.89	2.03	2.43	2.70
95	0.86	1.14	1.43	1.71	2.00	2.14	2.57	2.85
100	0.90	1.20	1.50	1.80	2.10	2.25	2.70	3.00
110	0.99	1.32	1.65	1.98	2.31	2.48	2.97	3.30
120	1.08	1.44	1.80	2.16	2.52	2.70	3.24	3.60

2.3 小结

本章阐述了浅层地热能的太阳能、地热能、蓄能的三个属性，解释了浅层地热能"来源"问题。不同地区浅层地热能属性特征差异较大，资源的禀赋条件决定了其开发利用的方式。以往的认识认为，浅层地热能主要适用于华北地区及东北地区南部。但随着各种新方法技术的不断发展和复合式系统设计的广泛应用，浅层地热能也适于在夏热冬冷地区，以及内蒙古、黑龙江等严寒地区的分散式建筑中利用。同时，由于煤改政策的实施，浅层地热能也正在被农村和中小城镇的清洁供暖所采用。浅层地热能将向夏热冬冷地区特别是长三角地区扩展,解决供暖制冷问题。为了更好地指导规划的编制和项目可行性研究工作,在区域资源量评价的基础上提出了单位供给率的概念,更直观地反映了不同地区换热能力不同,可解决的供暖面积不同。

参考文献

[1] 卫万顺,李宁波,冉伟彦,等.中国浅层地温能资源[M].北京: 中国大地出版社,2010.

[2] 王贵玲,刘彦广,朱喜,等.中国地热资源现状及发展趋势[J].地学前缘,2020,27(1): 1-9.

[3] 卫万顺,李宁波,郑桂森,等.中国浅层地热能成因机理及其控制条件研究[J].城市地质,2020,15(1): 1-8.

[4] 国家技术监督局,中华人民共和国建设部.建筑气候区划标准: GB 50178—93[S].北京: 中国计划出版社,1993.

[5] 张磊,韩梦,陆小倩.城镇化下北方省区集中供暖耗煤及节能潜力分析[J].中国人口·资源与环境,2015,25(8): 58-68.

[6] 蔡伟光,庞天娇,郎宁宁,等.我国各省建筑能耗测算与分析[J].暖通空调,2020,50(2): 66-71.

[7] 郎四维,林海燕,付祥钊,等.《夏热冬冷地区居住建筑节能设计标准》简介[J].暖通空调,2001,31(4): 12-15.

[8] 王婉丽,王贵玲,朱喜,等.中国省会城市浅层地热能开发利用条件及潜力评价[J].中国地质,2017,44(6): 1062-1073.

[9] 李昌,于颖.哈尔滨市浅层地温能开发利用条件浅析[J].科研,2016(2): 157.

[10] 马金涛,鲍新华,曹剑锋,等.长春地区浅层地热能利用条件分析[J].现代地质,2013,27(2): 460-467.

[11] 闫福贵.呼和浩特市浅层地温能开发利用适宜性评价研究[D].北京: 中国地质大学(北京),2013.

[12] 曲广周,邵争平,鲜全,等.乌鲁木齐市浅层地温能资源量评价分析[J].环境保护前沿,2014,4(2): 22-31.

[13] 刘峥,扈志勇,杨超,等.银川市浅层地温场分布特征及其控制因素探讨[J].宁夏工程技术,2013,12(2): 166-168.

[14] 李国政.吉林省浅层地温能开发利用现状及存在问题与对策[J].吉林地质,2017,36(4): 34-38.

[15] 卫万顺,郑桂森,栾英波.北京平原区浅层地温场特征及其影响因素研究[J].中国地质,2010,37(6): 1733-1739.

[16] 靳宝珍,杨永江,李丹,等.天津市浅层地热能研究浅析//中国能源研究会地热专业委员会.全国地热(浅层地热能)开发利用现场经验交流会论文集[C],2006: 68-72.

[17] 周阳,穆根胥,张卉,等.关中盆地地温场划分及其地质影响因素[J].中国地质,2017,44(5): 1017-1026.

[18] 刘彩波,胡安焱,黄景锐,等.西安市浅层地温场特征及其影响因素分析[J].地下水,

2013,35(2):30-32.

[19] 刘海风,王春晖,梅棚里,等.河南省城市浅层地温场特征及影响因素分析[J].城市地质,2017,12(4):61-66.

[20] 闫震鹏,刘新号,田良河.郑州市浅层地热能开发利用研究//中华人民共和国住房和城乡建设部.第二届地热能开发利用与热泵技术应用交流会论文集[C],2008:89-95.

[21] 张心勇,马传明.开封凹陷区地温场特征分析[J].工程勘察,2009,37(10):44-49.

[22] 翟如伟,刘爱斌,景佳俊.江苏徐州城市规划区浅层地温能研究[J].西部资源,2017(2):97-103.

[23] 陈安国,马乐乐,周吉光.河北省浅层地温能开发利用现状、问题与对策研究[J].石家庄经济学院学报,2013,36(4):50-53.

[24] 金光.陕西省浅层地热能开发利用现状及对策探析[J].地下水,2017,39(3):47-48.

[25] 赵荣昌,赵艳娜.甘肃省各主要城市浅层地温能开发利用现状及研究[J].甘肃科技,2019,35(13):13-15.

[26] 王万忠.上海地区浅层地温变化规律特征分析[J].上海国土资源,2013,34(3):77-80.

[27] 秦祥熙,林清龙,李少华.杭州市浅层地温资源温度场特征[J].太阳能学报,2017,38(3):833-837.

[28] 赵剑畏,许家法,王光亚.江苏地温水温场特征及地热异常分布规律与控制条件探讨[J].江苏地质,1997,21(1):27-35.

[29] 夏智先.安徽省浅层地热能赋存条件及开发利用方案建议[J].安徽建筑,2017,24(5):318-321.

[30] 黄坚,孙婉,王小清.上海市浅层地热能开发利用现状与发展模式探究[J].太阳能,2017(12):6-9.

[31] 秦祥熙,林清龙,万龙,等.杭州市浅层地热能开发利用现状及前景分析[J].制冷技术,2015,35(3):75-78.

[32] 鄂建,陈明珠,杨露梅,等.南京浅层地温能开发利用现状研究[J].地质学刊,2015,39(2):339-342.

[33] 刘燕栋.福州市浅层地温能开发利用前景分析[J].低碳世界,2016(3):76-77.

[34] 龙西亭,袁瑞强,皮建高,等.长沙浅层地热能资源调查与评价[J].自然资源学报,2016,31(1):163-176.

[35] 汪磊.江西省浅层地温能开发利用及实例[J].大科技,2015(7):174-175.

[36] 刘贤燕,彭清元,陶嘉祥.重庆市浅层地温能资源调查研究[J].重庆建筑,2014,13(6):53-56.

[37] 王林,范军,林贵生.贵阳市浅层地热能开发利用成效与前景[J].中国国土资源经济,2018,31(8):21-25.

[38] 梁礼革,朱明占,杨智,等.南宁市浅层地温场特征及影响因素研究[J].南方国土资源,2015(7):26-28.

[39] 段启杉,孟凡涛,宋小庆,等.贵阳市浅层地温能开发利用现状及发展前景[J].地下水,2013,35(1):44+58.

[40] 朱世保,彭清元,刘刚,等.重庆市浅层地温能开发利用及监测现状[J].重庆交通大学学报(自然科学版),2018,37(10):67-72.

[41] 王贵玲,张薇,梁继运,等.中国地热资源潜力评价[J].地球学报,2017,38(4):449-459.

[42] 王贵玲,蔺文静,张薇.我国主要城市浅层地温能利用潜力评价[J].建筑科学,2012,28(10):1-3+8.

第 3 章

浅层地热能区域调查评价

由于浅层地热能是太阳辐射与地球深部热能共同作用的结果,合理利用的情况下是可以循环利用的,但其开发利用受开采强度的限制。浅层地热能分布广泛,无固定形态,边界随多种因素而变化。因此对浅层地热能进行评价,不仅要对其本身性质和影响因素进行评价,还要对其开发条件、应用效能以及开发对环境可能产生的影响进行评价,实现无开发风险,可持续利用。随着人们生活水平的不断提高,公众的环保意识、节能意识和信息共享意识越来越高,浅层地热能资源开发利用综合效益分析和信息成果发布也纳入调查评价内容中。

浅层地热能区域调查评价方法最早由原北京市地勘局创立,最先在全国开展了北京平原区浅层地热能资源调查评价工作。根据浅层地热能资源赋存条件、资源的特点,从资源调查至开发以及开发后对环境影响和资源利用效能进行全过程评价,建立了浅层地热能区域调查评价体系。

3.1　区域调查评价体系

浅层地热能区域调查评价的目的是为浅层地热能区域资源的开发利用规划布局提供依据。主要任务是查明开发利用规划中浅层地热能区域资源赋存条件与分布规律,包括查明地质条件、水文地质条件、浅层地温场等,进行浅层地热能开发利用适宜性分区和浅层地热能资源潜力、地质环境影响和经济效益评价,为地源热泵工程的预可行性评价提供依据。

浅层地热能区域评价是在浅层地热能区域资源开发利用适宜性评价的基础上,进一步对浅层地热能区域资源量进行计算和资源潜力评价,确定合理的开发利用方式及可开发利用量,为区域浅层地热能资源可持续利用和管理提供依据。浅层地热能区域资源计算包括静态储量和可采资源量两部分,评价深度由当地经济发展因素和地质条件决定。浅层地热能区域调查评价内容、指标及方法参见表3-1、表3-2。

表3-1　浅层地热能区域调查评价内容及指标统计表

序号	调查评价内容	具 体 指 标
1	地质条件	区域的地形地貌、基底构造及其形态、第四系松散堆积物的分布和结构特征
2	水文地质条件	地下水动态特征、含水层的分布特征、地下水水分布特征等
3	浅层地温场条件	原始地温场特征、地质构造对地温场的影响评价以及地下水径流对地温场的影响评价

续表

序号	调查评价内容	具 体 指 标
4	开发利用方式适宜性评价	评价的依据、分区的级别、评价的方法。指标有第四系厚度、含水层厚度、卵石层总厚度、单位涌水量、回灌量等
5	经济效益评价	成本效益评价和节能效益评价
6	资源潜力评价	热容量与换热功率
7	环境影响评价	浅层地热能资源开发利用大气环境效应评价和生态环境影响评价

表 3-2 浅层地热能区域调查评价内容及方法统计表

序号	调查评价内容	调查评价方法
1	浅层地热能区域资源赋存条件	采用地质学、水文地质学、气象学、传热基本原理和数理统计方法，对自然地理、降水量、气温、地形地貌、社会经济发展状况进行分析评价
2	地质和水文地质条件	岩石、构造、水文参数主要采用地质调查研究方法进行实地调查评价
3	浅层地温场特征	运用工程热物理学，采用实地调查、取样，测试不同岩性地层和岩石的热导率、地层综合传热系数，掌握热物理性质
4	资源潜力评价	采用关键因子法和层次分析法进行适宜性分区，采用地下水水量折算法和换热量现场测试法计算含水岩层和土壤层资源量
5	综合效益评价	运用能耗对比法、费用年值法和投资回收期法对成本效益和节能效益进行评价，标准煤的排放因子法评价大气环境效应，通过监测地下温度的变化评价地质环境效益
6	资源评价信息系统	利用地理信息技术，建立资源评价信息系统，包括基础数据管理、图形管理、信息查询、适宜性分析、潜力评价、经济效益评价、环境影响评价和信息发布等功能，满足公众对信息共享的要求

综合以上区域调查评价内容、指标及方法，建立了浅层地热能区域调查评价体系，如图 3-1 所示。

3.1.1 资源潜力评价参数

评价参数的确定和求取是进行浅层地热能区域调查评价的关键环节之一，对适宜性分区和评价浅层地热能资源潜力具有非常重要的意义，浅层地热能资源潜力评

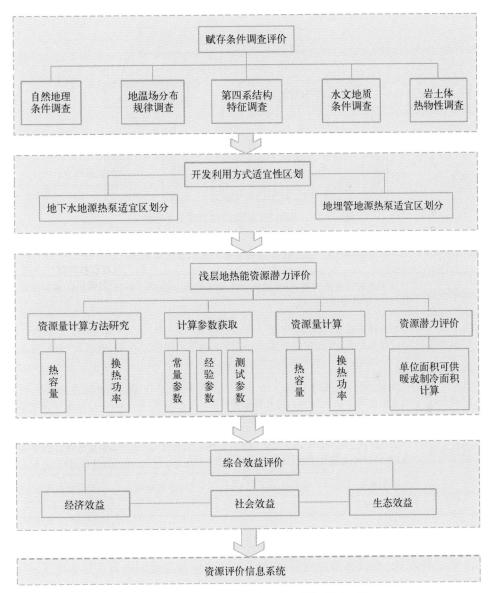

图 3-1　浅层地热能区域调查评价体系示意图

价如图 3-2 所示。

1. 评价参数构成

浅层地热能资源潜力评价的参数体系主要包括基础参数、测试参数、计算参数、经验参数及常量参数等，见表 3-3。

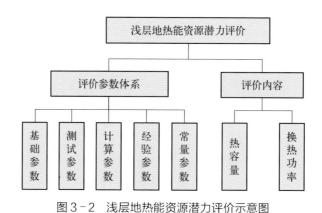

图 3-2　浅层地热能资源潜力评价示意图

表 3-3　浅层地热能资源潜力评价参数体系表

基础参数	区域地质水文地质条件、第四系岩性和厚度、浅层地热能资源条件分区、地下水水位(m)、变温带厚度(m)
测试参数	岩土体天然密度(g/cm³)、岩土体热导率[W/(m·℃)]、岩土体天然含水率(%)、岩土体孔隙率(%);单井出水量(m³/h)、单井回灌量(m³/h)、静水位(m)、动水位(m)、水温(℃);换热量现场测试数据(进出水温度、流量、加热功率、时间)
计算参数	降深(m)、单位涌水量[m³/(h·m)]、渗透系数(m/d)、抽水井影响半径(m)、回灌水温度场影响半径(m);单孔换热量(kW)、传热系数[W/(m·℃)]、平均热导率[W/(m·℃)]、地埋管温度影响范围、岩土体原始温度(℃)
经验参数	岩土体比热容[kJ/(kg·℃)]、砂类土体天然密度(g/cm³)、砂类土体天然含水率(%)、砂类土体孔隙率(%)、热利用系数
常量参数	水的密度(g/cm³)、水的比热容[kJ/(kg·℃)];空气的密度(g/cm³)、空气的比热容[kJ/(kg·℃)]

　　浅层地热能资源潜力评价内容主要是热容量和换热功率。

　　(1) 热容量。其反映静态储量,指地表以下一定深度范围内岩土体和地下水中单位温差所蕴藏的热量,计算方法主要有体积法和类比法。在潜水位以上为包气带,以下为含水层和相对隔水层,也称为饱水带。岩土体的热量储存于岩土颗粒和空隙中,包气带的岩土空隙中充填的是空气和水,饱水带空隙中则充满了水。体积法分别计算其对应的热容量,并进行累加,即为评价区总的热容量;类比法是根据已有结果类比计算浅层地热能资源条件相似地区的热容量。热容量计算参数的构成如图 3-3 所示。

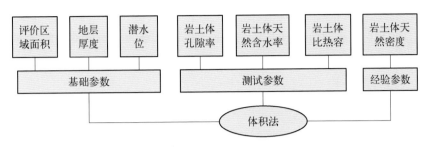

图 3-3　热容量计算参数的构成示意图

（2）换热功率。可采资源量一般通过换热功率来体现,换热功率是指采用一定的换热方式从岩土体或地下水中单位时间可提取的热量。换热功率不仅受岩土体自身特性的影响,还与开采利用方式密切相关。在地下水地源热泵系统适宜区和地埋管地源热泵系统适宜区计算浅层地热能的换热功率采用的方法不同,前者采用地下水量折算法,后者采用换热量现场测试法,换热功率计算参数的构成如图 3-4 所示。

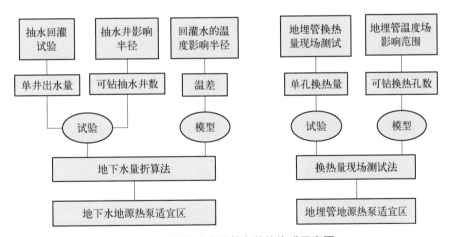

图 3-4　换热功率计算参数的构成示意图

2. 评价参数的物理意义

（1）常规物理参数

主要是通过对岩土体进行测试获取的物理参数。

① 岩土体天然密度

单位体积岩土体的质量称为岩土体的密度,单位是 g/cm^3。

② 岩土体天然含水率

岩土体中所含水的质量与岩土体颗粒质量之比,称为岩土体的天然含水率,单位是%。

③ 岩土体孔隙率

岩土体中孔隙所占体积与总体积之比称为岩土体的孔隙率,单位是%。

(2) 热物理参数

① 岩土体的比热容

单位质量的岩土体温度升高 1℃ 吸收的热量(或降低 1℃ 释放的热量)叫作该岩土体的比热容,单位是 kJ/(kg·℃)。

② 岩土体热传导系数(热导率)

在岩土体内部垂直于导热方向取两个相距 1 m、面积为 1 m² 的平行平面,若两个平面的温度相差 1℃,则在 1 s 内从一个平面传导至另一个平面的热量就定义为该岩土体的热导率,单位是 W/(m·℃)。

③ 平均热导率

该参数是利用 Fluent 软件模拟换热孔的温度场影响半径时需要设置的一个重要参数,也是标示当地岩土体平均换热能力的一个重要指标。它定义为指定深度内各种岩土层热导率按厚度加权的平均值,单位是 W/(m·℃)。

④ 传热系数

进行换热量现场试验,计量地埋管换热器的进出水温度、流量,在热交换达到稳定的条件下,计算得到换热孔每延米在温差 1℃(循环液平均温度与岩土体原始温度比)时的换热功率即为地埋管换热器的传热系数 k_s,单位是 W/(m·℃)。

(3) 抽水、回灌试验的相关计算参数

抽灌试验的静水位、动水位以及出水量为抽灌试验的实测值,其他参数通过计算或数值模拟获得。抽水、回灌试验相关参数计算方法如下:

$$降深(m) = 动水位 - 静水位$$

$$单位涌水量(m^3/d·m) = 出水量/降深$$

$$渗透系数 \ K = \frac{Q}{2\pi SM} l_n \frac{R}{r} \tag{3-1}$$

式中,K 为渗透系数,m/d;Q 为出水量,m^3/d;S 为水位降深,m;M 为承压水含水层的厚度,m;R 为抽水井过滤器的半径,m;r 为影响半径,m。

（4）现场换热测试的相关参数

① 岩土热响应试验（亦称现场热响应试验）测试的技术要求

在 2005 年 11 月 30 日原中华人民共和国建设部发布的国家标准《地源热泵系统工程技术规范》（GB 50366—2005）基础上,为了使规范更加完善科学,正确指导地埋管地源热泵系统的设计和实施,2008 年,中华人民共和国住房和城乡建设部组织相关单位对该国标进行局部修订,统一规范了岩土热响应试验方法,于 2009 年 6 月 1 日起实施。国标规定了岩土热响应试验的测试方法和测试结果的用途,岩土热响应试验须参照该规范附录 C 的要求。2020 年进行的第二次修订进一步明确了必须要进行岩土热响应试验的情形和具体试验要求。此外,地质行业标准《浅层地热能勘查评价规范》（DZ/T 0225—2009）中第 5 条第 4 款第 4 项也对现场热响应试验做出了具体要求。

② 平均热导率

在平均导热系数确定的简化分析模型中引入如下假设:

（a）钻孔周围是均匀的（模拟所需是平均参数）;

（b）埋管与周围岩土的换热可认为是钻孔中心的一根线热源与周围岩土进行换热,沿长度方向的传热量忽略不计;

（c）埋管与周围岩土的换热强度维持不变（可以通过控制加热功率实现）。

根据上述假设,由换热器与其周围岩土体换热的换热方程确定的管内流体平均温度与深层岩土体的初始温度之间的关系可表达为

$$T_f = T_{ff} + q_1 \left(R_0 + \frac{1}{4\pi k_s} \cdot E_i \frac{d_b^2 \rho_s C_s}{16\lambda_s \tau} \right)$$

$$E_i(x) = \int_x^\infty \frac{e^{-s}}{S} dS$$

$$(3-2)$$

式中,d_b 为钻孔直径,m;C_s 为岩土体的热容,J/（kg·K）;λ_s 为周围岩土的导热系数,W/（m·℃）;q_1 为单位长度线热源热流强度,W/m;R_0 为单位长度钻孔内的总热阻,℃/W;T_f 为埋管内流体平均温度,℃;T_{ff} 为无穷远处岩土体温度,℃;ρ_s 为岩土的密度,kg/m³;τ 为时间,s。

在以上简化模型中有三个未知参数 k_s、R_0 和 $\rho_s C_s$。其中 $\rho_s C_s$ 可以通过土样分析测试及选取经验数据进行加权平均计算而得。λ_s 和 R_0 可以利用传热反问题求解结合

最优化方法同时确定。根据换热量现场测试,测量回路中水的温度及其所对应的时间,根据已知的数据反推钻孔周围岩土体的导热系数 λ_s 和钻孔内热阻 R_0。将通过传热模型得到的流体的平均温度与实际测量的结果进行对比,通过调整传热模型中周围岩土体的导热系数和钻孔内热阻,当计算得到的结果与实测的结果误差最小时,对应的导热系数值就是所求的结果。

3. 评价参数的获取

浅层地热能资源潜力评价参数主要是通过物探、钻探、测试、实验、计算及理论模拟等方法获取。

岩土体的热物性测试主要有两种方法:一种是对岩土标本进行室内测定,是传统方法;另一种为现场原位测试,即现场热响应试验。

室内测定,首先根据钻孔取出的岩土样本特征来确定钻孔周围的地质组成,再利用室内仪器测定来确定导热系数。由于区域地质条件的复杂性,即使岩石成分为同一种组成,其热物性参数值的范围也比较大。不同地层的地质条件下导热系数可能相差近十倍,从而导致通过计算得到的换热孔的地埋管长度相差较大,影响地源热泵系统的经济性。此外,成井工艺、管材及埋管方式对换热都有一定影响。相比之下的现场原位测试,是在现场环境通过换热孔直接测量岩土体的热响应,能够较为准确地得到地下岩土的综合热物性参数。

3.1.2　研究历程

浅层地热能的蕴藏状态、地温场的分布、热量转换规律、开发利用方式及规模等都受地质条件的制约,因此对资源的勘查评价(摸清资源的"家底")是浅层地热能高效、可持续开发利用的基础。我国对浅层地热能区域调查评价体系的研究历程大致可以分为如下几个阶段:

20 世纪 80 年代至 2006 年为起步阶段,浅层地热能开发利用以市场推动为主,北京地区 2001 年到 2006 年服务面积年平均增长率为 $150\% \sim 200\%$,但基本不进行资源勘查。浅层地热能开发利用具有一定的盲目性。

以 2006 年 1 月 1 日原中华人民共和国建设部颁布实施的国家标准《地源热泵系统工程技术规范》(GB 50366—2005)为起点,提出了浅层地热能开发利用需要进行场地工程勘查,浅层地热能开发前期进入场地勘查阶段。

行业的快速发展和一些不成功案例的出现给制定发展规划和行业管理工作造成了被动局面。对影响资源开发利用潜力的地质条件认识不够,成为制约行业健康发展的重要原因。地勘单位顺应行业发展需要,发挥专业优势,逐个破解难题,逐渐深化认识。2006年6月,原北京市地勘局组织实施了北京市浅层地温能资源评价示范项目。在北京平原区1 800平方千米重点区开展浅层地热能资源勘查评价工作,为浅层地热能勘查评价规范的编写奠定了基础,取得了大量浅层地热能实测数据资料,初步建立了浅层地热能资源评价体系,初步计算评价了北京平原区浅层地热能资源量和开发利用潜力,并为全国开展浅层地热能资源评价工作提供了示范。

2006年10月,原北京市地勘局组织实施了"北京平原区浅层地热能资源地质勘查"项目,工作面积为6 400平方千米,重点工作区以城区为主,面积为2 000平方千米。经过两年工作,项目首次明确提出浅层地热能属于资源范畴,厘定了浅层地热能资源概念及其资源特点;分析已有的浅层地热能开发利用工程相关数据,结合北京平原区浅层地温能资源地质勘查项目的实际情况,建立了专项调查—适宜性区划—资源评价—地质环境监测调查评价体系。在浅层地热能资源分布规律研究的基础上,对北京平原区浅层地热能的开发利用方式适宜性进行了分区。北京平原区地下水地源热泵适宜区和较适宜区主要位于永定河冲洪积扇、潮白河冲洪积扇和拒马河冲洪积扇的中上部,第四系颗粒较粗,岩性以砂砾石或砂卵砾石为主,含水层赋水性好,单井出水能力较大,地层回灌能力也好,适宜和较适宜区面积为1 345 km^2。地埋管适宜区和较适宜区则位于各冲洪积扇中下部,面积为3 496 km^2。地层颗粒细,含水层回灌能力差,而地层可钻性强。以北京的经验为基础,原北京市地勘局参与编写了原国土资源部行业标准《浅层地热能勘查评价规范》(DZ/T 0225—2009),指导了全国省会级城市和地级市的勘查评价工作,极大地推动了行业的发展,延伸了地勘单位的工作链。

2008年12月,原国土资源部下发《关于大力推进浅层地热能开发利用的通知》,要求各省、自治区、直辖市国土资源行政主管部门在2010年年底前,组织完成本行政区域内的浅层地热能调查评价工作。根据通知要求,原北京市国土资源局与原北京市地勘局共同组织编制了《北京市浅层地热能调查评价工作方案》,报原国土资源部备案,开展了第二轮北京市浅层地热能调查评价及编制浅层地热能开发利用规划工作。第二轮调查评价工作是按照原国土资源部行业标准《浅层地热能勘查评价规范》(DZ/T 0225—2009)开展的,工作区范围为整个北京市平原区6 900 km^2(含延庆县 500 km²),其中重点工作区面积为 1 800 km²,增加了通州新城、顺义新城等十个新城的浅层地热能勘查评价工作,调查的比例尺为 1∶50 000。查明了北京市浅层地热能资源赋存条件,进行了现场热响应试验、测试研究与软件模拟。开展了北京市浅层地热能资源开发利用现状调查,建立了北京平原区地源热泵项目分布数据库,进行了北京市浅层地热能资源开发利用适宜性分区。评价了北京市浅层地热能资源潜力,经计算,北京市平原区(含延庆县平原区)浅层地热能热容量为 1.95×10¹⁵ kJ,折合标准煤 6 670 万吨。结合浅层地热换热功率和系统能效比计算出北京市浅层地热能资源可供暖面积为 7.21 亿平方米[1],开展了浅层地热能资源开发利用对地质环境影响评价,结合 2007 年完成的"北京平原区监测站网建设及环境影响评估"项目,完善了北京市浅层地热能资源地质环境监测系统,对浅层地热能利用采用网络化管理的方法,实现了对地下温度场的监测。研究结果显示北京市浅层地热能资源储量丰富,潜力巨大。

中国地质调查局于 2011 年开始开展全国的浅层地热能调查评价工作,结果显示,我国 336 个地级以上城市浅层地热能资源年可开采量折合标准煤 7 亿吨,大部分土地面积适宜利用浅层地热能,可实现供暖或制冷面积为 326 亿平方米。

3.2　浅层地热能资源调查评价实例

本节以上海市浅层地热能调查评价工作为例,具体介绍浅层地热能区域调查评价工作。

为实现国家节能减排目标,落实原国土资源部的有关文件精神,推进浅层地温能的开发利用工作,根据《国土资源部关于大力推进浅层地热能开发利用的通知》(国土资发〔2008〕249 号)的精神,原上海市规划和国土资源管理局结合上海市实际情况,组织上海市地矿工程勘察院于 2014 年 3 月完成"上海市浅层地温能调查评价"项目。本次调查评价在充分收集利用已有地质、水文气象、城市规划等相关资料的基础上,通过野外调查、钻探、现场测试、室内测试等手段对调查区浅层地温能赋存条件进行了调查,在取得实测数据的基础上对调查区浅层地热能开发利用的适宜性、浅层地热容量、可开发利用资源量进行了研究和评价,取得的主要成果如下。

(1)通过野外钻探取得了调查区 200 m 以浅的地层资料,丰富了调查区地质勘查研究成果,提高了调查区的地质勘查研究精度。

（2）首次通过取土室内试验和现场热响应试验方法取得地层热物性参数，基本查明了调查区岩土体热物性特征。

（3）通过对现场地温测试以及跟踪监测，首次取得调查深度内地温数据，查明了地温场特征及浅部地温动态。

（4）通过开展 1∶50 000 水文地质补充调查，进一步查明了 200 m 以浅的含水层结构及水文地质特性。

（5）依据取得的全区地层、原始地温、地层热物性参数等资料，建立了地埋管换热方式浅层地热能开发利用适宜性分区指标体系，并首次采用由模糊综合评价法、灰色综合评价法、模糊逼近理想点及 RSR 分类法、改进的逼近理想点法四种方法，引入组合评价思想，基于所使用的四种方法的分类评价结果，建立单一评价结果集成的最优组合评价模型，进行了浅层地热能开发利用适宜性分区，并得到理想的分区结果。

（6）在充分研究上海市地质、水文地质勘查和地下水人工回灌资料，地质环境监测资料，地面沉积资料的基础上，以水文地质条件为基础，地面沉降控制为约束条件，对地下水换热方式浅层地热能的开发利用进行了适宜性分区，其结果对未来浅层地热能的开发利用具有参考价值。

（7）依据《浅层地热能勘查评价规范》（DZ/T 0225—2009）和中国地质调查局《全国重点城市浅层地温能调查评价及编图技术要求》，首次在开发利用适宜性分区的基础上，对区域浅层地热容量，考虑土地利用系数条件下地埋管换热方式单孔换热功率、区域换热功率、开发利用潜力、可应用的建筑面积，地下水换热方式单井换热功率、区域换热功率和开发利用资源潜力等进行全面系统的评价，并得出可靠的评价结果。

（8）首次通过对勘查设计单位、地源热泵工程安装施工企业、热泵系统供应商等关联机构的走访调查，取得了较为丰富的地源热泵工程应用现状资料，并根据取得的调查资料，对上海地区浅层地热能开发利用现状、特点、存在的主要问题及开发利用前景进行了分析，为浅层地热能的开发利用管理提供了依据。

（9）上海是土地资源稀缺的城市之一，土地开发利用程度高。为充分利用浅层地热能资源，本项目依据取得的浅层地热能调查数据和工程监测成果，开展了地埋管换热器适宜埋管深度研究，并得出了明确结论。该项研究对上海市浅层地热能资源的合理开发利用来说具有重要意义。

（10）上海市是地下水资源丰富的地区，具有较复杂的水文地质结构，浅层地热能开发利用深度内不同含水层的水动力条件、水质特征差异显著。因此,地埋管回填料除应满足导热性要求外,还应满足抗渗性要求,而这方面的研究工作还很薄弱。本项目针对上海市地质、水文地质条件,开展了回填料试验研究工作,并得到翔实、可靠的试验数据和结论,该项研究成果为浅层地热能建筑应用系统工程设计和施工、浅层地热能的开发利用管理提供了依据。

(11) 依托地源热泵工程建立跟踪监测场,对地温场、热泵系统运行参数进行跟踪监测,对换热区地温场变化特征进行研究,并依据取得的原始地温、地层及热物性参数、地源热泵系统运行参数、地温场监测资料建立换热区三维传热模型,进行冷热负荷不平衡条件下热影响程度、影响范围的研究,取得若干重要认识,为浅层地热能建筑应用系统设计、运行管理、工程建设管理提供了技术支撑。

此外,开展了地温恢复规律分析、常规物理性质指标与热物性参数关系研究等分析研究工作,研究工作成果对上海市浅层地热能的合理开发利用有促进作用。

3.2.1　浅层地热能资源赋存条件

上海地区 150 m 以浅地层受古气候周期性变化的影响,沉积旋回明显、周期多,根据岩性、分布规律、成因和热物性特征,将地层划分为 13 层和分属于各层的亚层。

分布于西南部 150 m 以浅深度内的火山碎屑岩富水性极弱,一般小于 10 m²/d,不具有开发利用价值。150 m 以浅第四纪松散沉积物中分布有潜水含水层、微承压含水层(组)和第一、第二、第三承压含水层。微承压含水层为全新世早期(Qh₁)溺谷相沉积物;呈透镜体状,零星分布于局部地段,无开发利用价值,故以下仅对潜水、第一至第三承压含水层的水文地质条件进行阐述[2]。

1. 含水层分布

(1) 潜水含水层为全新世中晚期(Qh₂₋₃)滨海相沉积,含水层岩性结构类型较为复杂,岩性一般由黏性土、砂质粉土、粉砂等组成;根据含水层岩性的组成一般可将潜水含水层概化成两种结构类型:一种为上部是黏性土,下部以砂质粉土、粉砂为主,有一定厚度的砂层(粉细砂夹砂质粉土)分布;另一种为以单一黏性土为介质,基本无成层的砂质粉土、粉砂层分布。

(2) 微承压含水层为全新世早期(Qh₁)溺谷相沉积物;呈透镜体状,零星分布于古河道分布区;浦东新区长江沿线外高桥、三甲港、浦东国际机场等区域零星分布,层顶标高为-30~-20 m,局部为-40~-30 m,厚度为 5~15 m;宝山区浏河、宝钢等地零星分布,层顶标高为-30~-20 m,厚度为 5~15 m;市中心城区徐汇漕河泾、上海南站、滨江、浦东沿黄浦江后滩、三林、浦江等地区分布,层顶标高为-30~-10 m,厚度一般为 10~15 m,局部为 5~10 m。微承压含水层岩性以砂质粉土为主,局部为粉砂。

（3）第一承压含水层。为晚更新世晚期(Qp_3^2)滨海—潟湖相沉积;除西部、西南部基岩残丘及浅埋区外,沿现代长江河口岛屿(崇明岛、长兴岛、横沙岛),宝山区沿江地带,浦东新区高桥沿江地带,嘉定区外港—黄渡地区以及青浦区朱家角—莲塘—金泽等地区缺失外,其他地区普遍分布;中心城区南部普陀—静安—黄浦—徐汇、曹路—金桥—陆家嘴所在地区、奉贤区、松江城区东南侧—叶榭地区、浦东新区泥城—新场—航头—六灶—祝桥地区等与下部第二含水层呈沟通。

（4）第二承压含水层。为更新世早期(Qp_3^1)河口—滨海相沉积;除西部、西南部基岩残丘及浅埋区外,其他地区普遍有分布;中心城区南部普陀—静安—黄浦—徐汇、曹路—金桥—陆家嘴所在地区、奉贤区、松江城区东南侧—叶榭地区、浦东新区泥城—新场—航头—六灶—祝桥地区等与上部第一含水层呈沟通,宝山月浦、中心城区大柏树—江湾地区、浦东新区三林—康桥以北、临港芦潮港、奉贤城区西南侧—星火农场一带、青浦赵屯—重固等地区与下部第三含水层呈沟通。

（5）第三承压含水层。为中更新世早期(Qp_2^1)河口—滨海相沉积;除西部、西南部基岩残丘及浅埋区外,其他地区普遍有分布;宝山区月浦、中心城区大柏树—江湾地区、浦东新区三林—康桥以北、临港芦潮港、奉贤城区西南侧—星火农场一带、青浦赵屯—重固等地区与上部第二含水层呈沟通。

2. 含水层富水性

上海地区含水层的富水性一般与含水层岩性、含水层厚度、含水层渗透系数有较大的关系;含水层富水性一般采用即定水位降深及井径(上海地区采用井径 254 mm、水位下降值 5 m)时单井涌水量(m^3/d)来表征,可分为极弱富水性(<100 m^3/d)、弱富水性(100~1 000 m^3/d)、中等富水性(1 000~3 000 m^3/d)、较强富水性(3 000~5 000 m^3/d)、强富水性(>5 000 m^3/d)五个等级。

对于潜水含水层、微承压含水层岩性主要为黏性土及粉土,单井涌水量均小于 10 m^3/d,为极弱富水性。对于第一承压含水层,岩性主要以砂质粉土及粉砂、细砂为主,除与第二承压含水层沟通区外,单井涌水量一般小于 1 000 m³/d,弱富水性;沟通区单井涌水量一般为 1 000~3 000 m³/d,局部大于 3 000 m³/d,中等至较强富水性。

对于第二承压含水层岩性主要以细砂和含砾中、粗砂为主,富水性普遍较好,因岩性的颗粒组成有明显的不均匀性,导致其富水性有一定的差异;陆域除西部、西南部基岩残丘及浅埋区含水层较薄且岩性为细砂为主地区富水性极弱至弱,单井涌水量小于 1 000 m³/d,其他大部分地段为中等至较强富水性;西部青浦朱家角—赵巷—松江泗泾—叶榭—金山亭林—漕泾—奉贤星火农场沿线、北部嘉定南翔、宝山刘行,市中心城区,浦东新区三林、北蔡、川沙、朱桥等地区富水性中等,单井用水量为 1 000~3 000 m³/d;嘉定安亭、华漕、华亭地区,宝山罗店、月浦地区,青浦城区、华新等地区,闵行莘庄地区、马桥、吴泾地区,奉贤区金汇、南桥,浦东新区周浦、新场、南汇、大团、书院东海农场等地区富水性较强,单井用水量为 3 000~5 000 m³/d;局部地段如奉贤区奉城—临港芦潮港地区以及青浦赵屯、嘉定徐行、宝山浏河等地区富水性强,单井涌水量大于 5 000 m³/d。岛屿崇明岛北侧的新海农场—长征农场—东风农场—沿港镇一线以北地区、长兴岛南侧、横沙岛南侧等地区富水性中等,单井涌水量为 1 000~3 000 m³/d;崇明岛中部以及东滩地区、长兴岛北侧、横沙岛北侧等地区富水性较强,单井用水量为 3 000~5 000 m³/d;局部如崇明岛绿华镇—三星镇—南门等地区富水性强,单井涌水量大于 5 000 m³/d。

对于第三承压含水层因含水层分布、厚度、岩性的影响,其富水性总体比第二承压含水层富水弱;陆域除西部松江佘山地区,西南部金山张堰、金山卫,奉贤海湾以及闵行七宝地区因基岩残丘或浅埋、层厚较薄地区富水性极弱至弱,单井涌水量小于 1 000 m³/d;东部的宝山区宝钢、吴淞地区,中心城区杨浦区,浦东新区高桥、合庆、川沙地区,西部青浦赵屯地区,南部奉贤庄行、临港新城大团等地区为较强富水性,单井用水量为 3 000~5 000 m³/d;局部如临港新城芦潮港地区为强富水性,单井用水量大于 5 000 m³/d;其他地区均为中等富水性,单井用水量为 1 000~3 000 m³/d。岛域崇明岛中部富水性较好,长江农场—港西镇—江口镇一线以及堡镇地区富水性较强,单井用水量为 3 000~5 000 m³/d;局部地段如崇明岛北侧的跃进农场、绿化镇等地区富水性强,单井用水量大于 5 000 m³/d;崇明岛东滩地区、横沙岛以及长兴岛的东北侧等地区富水性弱,单井用水量为 100~1 000 m³/d;崇明岛港沿镇、向化镇以及长兴到西侧等地区富水性中等,单井用水量为 1 000~3 000 m³/d。

3. 地温场特征

浅层地温场的垂向分布特征受当地气候、地层结构、地层岩性、水文地质条件、第四纪覆盖层厚度、地质构造等多方面因素影响。通常可分为变温带、恒温带、增温带。调查孔测温曲线显示,不同区域变温带深度由于受浅部土层岩性等因素的影响略有差异,其底界在 9.0~17.0 m,平均值为 13.3 m。

变温带以下地温恒定,不受气温影响,为恒温带。恒温带以下地温随着深度的增加而增加,为增温带,如图 3－5 所示。

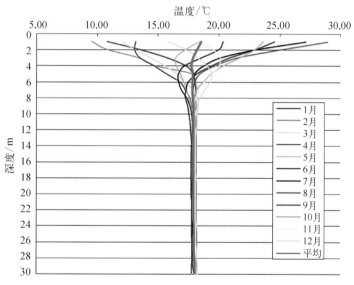

图 3－5　地温场垂向温度特征曲线

4. 岩土热物性特征

上海地区第四系 150 m 以浅平均导热系数为 1.547~1.925 W/(m·℃),东部和中部的导热性能较好,西南部(青浦区西南部、闵行区西部、金山区)的导热性能相对较差。上海地区第四系 150 m 以浅平均比热容为 1 223~1 433 J/(kg·K),平均体积比热容为 2 378~2 793 kJ/(m³·K),东部和中部的导热性能较低,西南部(青浦区西南部、闵行区西部、金山区)的导热性能相对较好。

5. 地层热响应特征

150 m 换热孔的综合导热系数为 1.762~2.160 W/(m·℃),100 m 换热孔的综合导热系数为 1.724~1.911 W/(m·℃);综合导热系数分布规律基本与含砂率分布规律一致。综合导热系数随着含砂率的增加而增大,当含砂率小于20%时,综合导热系数通常小于1.80 W/(m·℃);当含砂率大于50%时,综合导热系数通常大于1.950 W/(m·℃)。

3.2.2　浅层地热能开发利用适宜性分区

1. 地埋管地源热泵系统适宜性分区

上海市地处长江三角洲前缘,地域面积小,土地开发利用程度高,大部分地区200 m以浅深度内为第四系松散沉积物,地表土层较为松散,潜水水位埋藏浅。浅部土层地温监测结果表明,5 m以浅地温受气温影响波动较大,水平地埋管地源热泵系统换热效率较差。同时,由于浅部土层松散,潜水水位埋藏浅,水平地埋管施工开挖超过一定深度时,须采取相应的围护措施,增加了施工难度和工程成本。因此,从调查区土地资源状况、水平地埋管地源热泵系统的实际使用效果以及埋管施工成本和难易程度分析,水平埋管换热方式不适合于上海地区应用,故本次适宜性分区仅针对竖直地埋管换热方式。

分区方法依据《全国重点城市浅层地温能调查评价及编图技术要求》,综合考虑岩土体特性、地层的换热能力、地下水的分布和渗流、地下空间利用、经济成本等因素进行分区,见表3-4。

表3-4　竖直地埋管地源热泵适宜性分区标准

分区类型	分区代号	分区指标			评定标准
		第四系厚度/m	卵石层总厚度/m	含水层总厚度/m	
适宜区	I	>80	<5	>30	三项指标均满足
较适宜区	II	0~80	5~10	10~30	一项指标符合
不适宜区	III	<0	—	<30	至少两项指标符合

根据调查区200 m深度内地质条件,结合不同地层地埋管地源热泵系统建设成本分析,采用指标法进行适宜性分区。

适宜区:总面积达6 632.59 km²,占上海市总面积的99.3%。

较适宜区:分布面积约为46.19 km²,主要分布于青浦区中部淀山湖附近、松江区西北部、金山区南部、奉贤区中部。

不适宜区：分布面积约为 1.82 km²，主要分布于青浦区中部的淀山区域，松江区西北部（凤凰山、薛山、东佘山、西佘山、天马山、小昆山），金山区南部小部分区域。

2. 地下水地源热泵系统适宜性分区

分区评价指标的选取主要从地质、水文地质指标和地质环境问题评价指标两个方面进行考虑。评价体系分为两级，如图 3-6 所示。第一级评价体系考虑地下水换热方式浅层地热能资源的赋存条件，即地质、水文地质方面；第二级评价体系主要考虑地面沉降地质环境问题制约因素与第一级评价体系的结果进行叠加后进行综合判别，进行地下水地源热泵系统适宜性分区评价。

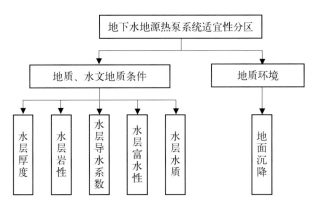

图 3-6　地下水地源热泵系统适宜性分区评价体系框图

分区结果：

（1）潜在适宜区（Ⅰ）。对于第二承压含水层，该区总面积约为 1 268 km²，主要分布在崇明岛南侧的绿华镇—庙镇—城桥镇—新开河镇—堡镇—向化镇—陈家镇沿线等沿江地段、嘉定区华亭镇以及安亭—黄渡沿线南侧、青浦区赵屯—重固沿线、奉贤区南桥—奉城—星火农场沿线。对于第三承压含水层，该区总面积约为 395.3 km²，主要分布在崇明岛新海农场—跃进农场—绿华镇以及城桥—新开河镇沿线、青浦区赵屯镇以及奉贤区新寺镇等地段。

（2）潜在较适宜区（Ⅱ）。对于第二承压含水层，该区分布较广，总面积约为 3 765.3 km²。主要在崇明岛中部呈南北向分布地段，长兴岛以及横沙岛西侧地段，宝山区外环线以北地段，嘉定区大部分地段，青浦区赵巷—徐泾地段，松江区泗泾—叶榭沿线地段，金山东北部的朱泾—亭林—漕泾地段，浦东新区大部分地段，闵行区大部分地区分布。对于第三承压含水层，该区总面积约为 3 477.2 km²；主要在崇明岛中部,宝山区外环线以北地段,嘉定区华亭—徐行沿线地段,浦东新区外环线以外地区以及原南汇区等地区分布。

（3）不适宜区（Ⅲ）。对于第二承压含水层,该区总面积约为 1 709.3 km²;主要分布在市中心外环以内地区,西南区域的青浦区金泽—莲塘镇、松江区新桥—松江城区—石湖荡等地段、金山区张堰—廊下—金山卫镇等地段以及崇明岛北侧的红星农场等地段;对于第三承压含水层,该区总面积约为 2 870 km²;主要分布在北部嘉定安亭、马陆等地段,崇明岛陈家镇、东滩地区以及长兴岛、横沙岛,市中心外环以内、闵行区大部分地段,西部的青浦、松江大部分地区,南部的廊下—张堰金山卫地段以及奉贤区金汇、奉城以及海湾镇等地段。

3.2.3　浅层地热能资源评价[3]

根据《全国重点城市浅层地温能调查评价及编图技术要求》和《浅层地热能勘查评价规范》(DZ/T 0225—2009),本次调查资源评价的主要内容有: 适宜区浅层岩土热容量、换热功率、资源潜力。

浅层地热能资源计算仅针对适宜区进行,在地下水地源热泵系统适宜性分区评价中,我们将地下水地源热泵系统的适宜区和较适宜区定义为"潜在"适宜区和"潜在"较适宜区,故地下水地源热泵的计算资源量为"潜在资源量"。

1. 热容量评价

指浅层岩土体、地下水中储藏的单位温差热量。根据调查取得的岩土物理性质指标(密度)和热物性参数(比热容)计算调查评价区内 150 m 以浅土体热容量。经计算,上海地区 150 m 以浅的浅层土体单位温差热容量为 2.43×10^{15} kJ/℃。

2. 可采资源量分析

根据《全国重点城市浅层地温能调查评价及编图技术要求》有关规定,利用冬季和夏季的换热功率,在测算上海地区建筑物冷热负荷的基础上进行计算,采用单位面积可利用量的供暖和制冷面积来表示资源潜力,进而计算可供冬季供暖和夏季制冷面积,并进行开发利用潜力评价。

（1）地埋管换热系统资源开发利用潜力分析

根据分区计算结果,以夏季制冷资源开发利用潜力为基准,将地埋管换热方式资源开发利用潜力分为 5 个等级,综合分区评价结果见表 3 - 5。

表 3-5　地埋管换热系统资源开发利用潜力综合分区评价表

综合分区等级	资源开发利用潜力/(10^5 m²/km²)	分布面积/km²
I	>2.50	718.86
II	2.00~2.50	1 762.15
III	1.50~2.00	527.33
IV	1.00~1.50	2 387.56
V	0.50~1.00	1 345.25

（2）地下水换热系统资源开发利用潜力分析

根据第二、第三承压含水层浅层地热能资源分区计算的结果,按照夏季工况资源开发利用潜力计算结果进行综合评价,将资源开发利用潜力分为三个等级区,评价结果见表 3-6。

表 3-6　地下水换热系统资源开发利用潜力综合分区评价表

综合分区等级	资源开发利用潜力/(10^5 m²/km²)	分布面积/km²
I	1.0~1.5	1 985.94
II	0.5~1.0	2 531.91
III	0.2~0.5	492.89

3.2.4　浅层地热能开发利用效益分析

1. 经济效益分析

首先通过上海地区不同建筑类型全年累计冷热负荷的估算,计算出地源热泵系统与常规供暖、供冷方式的节能量和节能率,对应用单位面积为 10 000 m² 地源热泵系统的节能效益进行分析,最后根据浅层地热能开发利用潜力,设置不同的开采模式,对调查区浅层地热能开发利用的节能量进行分析评价。

（1）上海地区建筑全年累计冷热负荷计算

公共建筑和住宅建筑空调系统运行特征有较大差别,建筑全年累计冷热负荷计算方法不同,因而分别对其进行计算。

① 公共建筑累计冷热负荷计算

根据上海地区不同类型建筑物空调冷热负荷指标和设计参数,依据《公共建筑节能设计标准》第5.4.7条所规定的各个负荷段所占的运行时间比例(表3-7),分别计算办公、学校、商业和宾馆四种公共建筑的夏季制冷季、冬季供暖季累计负荷[4]。

表3-7 不同建筑类型负荷指标和运行时间表

序号	建筑类型	冷负荷指标/(W/m²)	运行天数/d	每天运行时间/h	热负荷指标/(W/m²)	运行天数/d	每天运行时间/h
1	办公	130	90	10	80	90	10
2	学校	120	75	10	70	90	10
3	商业	220	120	13	75	90	10
4	宾馆	120	120	24	70	90	24

夏季制冷季累计冷负荷:

$$Q_c = (100\% \times 2.3\% + 75\% \times 41.5\% + 50\% \times 46.1\% + 25\% \times 10.1\%)q_c T_c \tag{3-3}$$

冬季供暖季累计热负荷:

$$Q_h = (100\% \times 2.3\% + 75\% \times 41.5\% + 50\% \times 46.1\% + 25\% \times 10.1\%)q_h T_h \tag{3-4}$$

式中,Q_c为夏季制冷季单位空调面积累计冷负荷,kW·h;Q_h为冬季供暖季单位空调面积累计热负荷,kW·h;q_c为夏季制冷单位空调面积冷负荷指标,W/m²;q_h为冬季制热单位空调面积热负荷指标,W/m²;T_c为夏季制冷运行时间,h;T_h为冬季制热运行时间,h。

② 住宅建筑累计冷热负荷计算[5]

住宅建筑的制冷和供暖属于居民的个体行为,个体之间差异较大,累计负荷参照《夏热冬冷地区居住建筑节能设计标准》计算。住宅建筑夏季平均冷负荷指标取26.08 W/m²,运行时间为6月15日至8月31日,每天运行24 h;冬季平均热负荷指标取17.4 W/m²,运行时间为12月1日至2月28日,每天运行24 h。

③ 不同建筑类型累计冷热负荷计算结果

以10 000 m²空调面积为例,累计冷热负荷估算结果见表3-8。不同建筑类型的累计冷负荷差异较大,每万平方米为475 700~2 039 040 kW·h。其中办公建筑夏季每万平方米冷负荷为690 300 kW·h,冬季每万平方米热负荷为424 800 kW·h。

表 3-8 10 000 m² 空调面积累计冷热负荷估算表

序号	建筑类型	累计冷负荷/(kW·h)	累计热负荷/(kW·h)
1	住宅	475 700	375 840
2	办公	690 300	424 800
3	学校	531 000	371 700
4	商业	2 024 880	398 250
5	宾馆	2 039 040	892 080

（2）浅层地热能开发利用节能量及经济效益估算

浅层地热能开发利用节能量估算的假设设计模式为：根据上海地区浅层地热能条件和负荷参数，以冬季供暖工况设计地下换热器，夏季采用辅助冷源进行调峰，使冬季向地下取热量与夏季向地下放热量基本平衡，采用浅层地热能冬季供暖可供面积进行节能量的估算；考虑到地埋管、地下水两者开采方式的相互影响，按照相关要求对于地埋管和地下水换热方式共同适宜区，采用 2/3 地埋管与 1/3 地下水可供面积之和的方式计算面积，分别设定开采的强度为 10%、20%、40%、80% 时对节能量进行估算，结果见表 3-9 和表 3-10。

表 3-9 浅层地热能开发利用节能量估算结果表

序号	行政区名称	冬季制热可供面积/(10⁴ m²)			单位节能量/（吨标准煤/10⁴ m²）	100%开采条件下总节能量/吨标准煤
		地埋管	地下水	综合		
1	中心城区	21 052	290	20 657		834 336
2	松江区	29 864	1 254	27 992		1 130 597
3	青浦区	28 063	2 635	25 293		1 021 584
4	浦东新区	28 584	1 587	21 586		871 859
5	闵行区	96 120	5 288	82 183		3 319 371
6	金山区	19 317	1 542	16 869	40.39	681 339
7	嘉定区	34 538	4 621	30 322		1 224 706
8	奉贤区	33 479	5 829	30 065		1 214 325
9	崇明区	24 739	7 334	21 288		859 822
10	宝山区	24 033	5 296	19 950		805 781
11	全区合计	339 787	49 964	296 205		11 963 720

表 3-10 浅层地热能开发利用不同开采条件下节能量估算结果表

序号	行政区名称	100%开采条件下节能量/吨标准煤	80%开采条件下节能量/吨标准煤	40%开采条件下节能量/吨标准煤	20%开采条件下节能量/吨标准煤	10%开采条件下节能量/吨标准煤
1	中心城区	834 336	667 469	333 734	166 867	83 434
2	松江区	1 130 597	904 478	452 239	226 119	113 060
3	青浦区	1 021 584	817 267	408 634	204 317	102 158
4	浦东新区	871 859	697 487	348 744	174 372	87 186
5	闵行区	3 319 371	2 655 497	1 327 748	663 874	331 937
6	金山区	681 339	545 071	272 536	136 268	68 134
7	嘉定区	1 224 706	979 765	489 882	244 941	122 471
8	奉贤区	1 214 325	971 460	485 730	242 865	121 433
9	崇明区	859 822	687 858	343 929	171 964	85 982
10	宝山区	805 781	644 625	322 312	161 156	80 578
11	全区合计	11 963 720	9 570 977	4 785 488	2 392 743	1 196 373

2. 环境效益分析

浅层地热能开发利用的社会效益体现在环境效益方面,以下从二氧化碳减排量、二氧化硫减排量和粉尘减排量三个方面进行分析。

(1)二氧化碳减排量

$$Q_{CO_2} = 2.47Q_{bm} \tag{3-5}$$

式中,Q_{CO_2} 为二氧化碳减排量,吨/年;Q_{bm} 为标准煤节约量,吨/年;2.47 为标准煤的二氧化碳排放因子,量纲为 1。

(2)二氧化硫减排量

$$Q_{SO_2} = 0.02Q_{bm} \tag{3-6}$$

式中,Q_{SO_2} 为二氧化硫减排量,吨/年;Q_{bm} 为标准煤节约量,吨/年;0.02 为标准煤的二氧化硫排放因子,量纲为 1。

(3)粉尘减排量

$$Q_{FC} = 0.01Q_{bm} \tag{3-7}$$

式中,Q_{FC} 为粉尘减排量,吨/年;Q_{bm} 为标准煤节约量,吨/年;0.01 为标准煤的粉尘排放因子,量纲为1。

二氧化碳减排量、二氧化硫减排量和粉尘减排量估算结果见表3－11。

表3－11　浅层地热能开发利用二氧化碳、二氧化硫、粉尘减排量估算表

开采强度	节能量/吨标准煤	二氧化碳减排量/(吨/年)	二氧化硫减排量/(吨/年)	粉尘减排量/(吨/年)
100%	11 963 720	29 550 388	239 274	119 637
80%	9 570 977	23 640 313	191 420	95 710
40%	4 785 488	11 820 155	95 710	47 855
20%	2 392 743	5 910 075	47 855	23 927
10%	1 196 373	2 955 041	23 927	11 964

3.2.5　信息系统

上海市地热能资源开发利用信息平台的建设,包括上海市政府管理应用服务、政府决策支持服务、专业应用研究服务和社会公众信息服务,提升了面向政府决策、政府管理、专业应用、公众服务的浅层地热能资源信息服务能力。

上海市浅层地热能资源调查评价获得数据全部纳入上海市地热资源开发利用信息平台,实现地热资源调查、综合研究等数据的统一存储、管理和共享。通过信息平台,可对全市岩土体热物性参数、地层温度、适宜性分区、资源评价和潜力评价等资源条件空间分布情况进行展示,对资源调查过程中获取的钻孔信息、地层状况、土工试验、热响应和地温测试数据进行查询、统计与分析。实现地热资源调查、勘查、综合研究等数据的统一存储和管理,具有对地热资源基础空间数据、专业属性和空间数据的统一管理、上载、入库、维护、查询等功能。通过平台功能,还可实现利用资源普查的综合分析成果,如开发利用适宜性分区,资源储量、利用潜力等要素,进行新建项目的开发利用效益评估。

3.3　小结

本章介绍了浅层地热能区域调查评价的工作思路,从区域调查评价体系的建立

着手,主要介绍了评价内容和方法,以及区域调查评价体系的构成,介绍了浅层地热能潜力评价参数体系及物理意义,说明了参数的获取方法。按照时间序列,梳理了浅层地热能区域勘查评价工作的研究历程;以上海市为例,详细介绍了上海市开展的浅层地热能资源调查评价工作,通过科学地采用室内测试与现场试验相结合的方法,获取准确的计算参数,为资源潜力评价提供可靠依据。创新评价指标体系,创新采用数学建模技术进行浅层地热能适宜性分区,建立了分区评价模型,对浅层地热能调查评价具有非常重要的理论和实际意义。

　　本章提出的浅层地热能调查评价工作思路已成功在全国应用,在区域浅层地热能源系统优化设计方面具有指导意义,未来将结合热力学、传热学以及工程热物理等多种学科进行新的拓展。随着学科的进步与社会的发展,在工作精度和适宜区划分标准方面会有更高的要求,在浅层地热能区域调查评价体系方面也将继续完善,探索研究新参数和新思路。

参考文献

[1] 北京市华清地热开发有限责任公司.北京市浅层地热能调查评价报告[R],2012.
[2] 《上海市地质环境图集》编纂委员会.上海市地质环境图集:[中英文本][M].北京:地质出版社,2002.
[3] 中华人民共和国国土资源部.浅层地热能勘查评价规范:DZ/T 0225—2009[S],2009.
[4] 中华人民共和国住房和城乡建设部,中华人民共和国国家质量监督检验检疫总局.公共建筑节能设计标准:GB 50189—2015[S],2015.
[5] 中华人民共和国住房和城乡建设部.夏热冬冷地区居住建筑节能设计标准:JGJ 134－2010[S],2010.

第 4 章

浅层地热能场地勘查评价

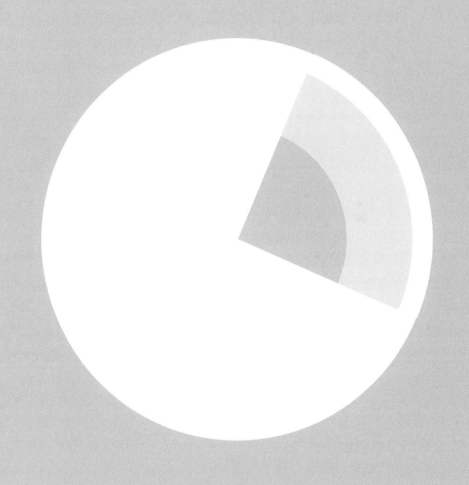

掌握地质条件是科学、高效开发利用浅层地热能资源的重要基础。不同项目场地的地质条件千差万别,因此需要因地制宜地采取专门的勘查方法对资源条件进行勘查评价。近年来,浅层地热能开发利用增长速度较快,但也存在一些不成功的案例,究其原因,是对前期地质勘查工作不重视,对地层岩性结构、地温场分布特征、换热能力、地下水条件及回灌能力等了解得不够,导致设计得不合理,因此在建设项目设计前进行场地勘查评价十分必要。

场地勘查的主要目的是通过调查、钻探、测试等工作方法查明工程场地浅层地热地质条件,在此基础上评价场地内浅层地热能资源量,预测开发利用的节能减排效应和环境影响,并对实施地源热泵工程的可行性进行评价,从而为浅层地热能开发利用工程设计提供基础依据。

4.1 场地勘查评价内容及要求

4.1.1 制订勘查方案

浅层地热能的开发利用方式主要为地埋管地源热泵系统、地下水地源热泵系统和地表水(含再生水)地源热泵系统,勘查方案制订前应充分收集工程场地及周边自然地理、气候、地质、水文地质条件、线性工程等现有相关工程情况、水源地保护区等资料,结合当地政策要求,参考《浅层地热能勘查评价规范》(DZ/T 0225—2009)等相关标准对浅层地热能开发利用方式做出初步判定,然后根据项目规模和开发利用方式确定勘查工作技术路线,选用勘查工作方法。根据勘查目的任务和技术路线,部署勘查工作内容,安排工作进度和人员组织机构,明确实物工作量,编制经费预算,并提出质量、安全等方面的保障措施。

4.1.2 场地勘查

1. 地埋管地源热泵系统工程场地勘查

(1) 工作内容

查明工程场地及周边的地形地貌、地下管线布设等场地施工条件。查明工程场地范围内地层岩性结构、地下水位、含水层富水性等水文地质条件以及地温场分布特征。条件允许的情况下,可通过勘查孔取样、测试获取勘查场地岩土体的天然含水率、孔隙率、颗粒结构、密度、热导率、比热容等参数。勘查孔应进行现场热响应试验,取得岩土体初始平均温度、换热孔的传热系数、岩土平均导热系数等地层换热能力参数。进行浅层地热能开发利用评价,计算浅层地热容量和浅层地热换热功率,确定换热孔的布设数量及布设方式,预测环境影响,对地埋管地源热泵系统工程建设经济性进行分析,提出合理的开发利用方案。

(2)勘查孔施工要求

勘查孔施工前应先开展工作区地质条件调查。勘查孔的地埋管换热器设置方式、深度和回填方式应与拟建设的工程保持一致。进行竖直地埋管地源热泵系统工程场地勘查时,勘查孔钻探的深度宜比设计埋管深度深 5 m。工程场地内地层岩性差异较小时,根据浅层地热能开发工程的服务面积需求,按表 4-1 确定勘查工作量。工程场地地层岩性差异较大时,宜根据场地内地质条件适当增加勘查孔数量。

表 4-1　勘查孔工作量

工程供暖/制冷面积 A/m^2	槽探、勘查孔数量/个
$A < 10\ 000$	1(孔)
$10\ 000 \leqslant A < 20\ 000$	2(孔)
$20\ 000 \leqslant A < 40\ 000$	2~3(孔)
$A \geqslant 40\ 000$	≥3(孔)

注:工程供暖/制冷面积取两者面积中较大者。

勘查孔钻探前,宜采用管线探测仪器对施工场地进行探测,探明地下管线分布情况。在钻探过程中对孔深、孔斜进行测量,及时校正,完成取芯及岩芯编录,进行测井及测温,并将采集的样品送往实验室进行测试。现场热响应试验应连续监测,出现问题及时处理,以免增加测试成本,在寒冷条件下模拟夏季工况测试时,须对测试仪进行保温,测试完成后如有必要可对换热孔实施保护。在山区、水源地补给区等开展测试,应充分考虑到地质、水文地质条件和气象因素等对现场换热试验的影响,有必要时可开展多组测试取均值作为评价依据。

2. 地下水地源热泵系统工程场地勘查

(1)工作内容

地下水地源热泵系统工程场地勘查应开展场地周边水文地质条件调查,根据浅层地热能开发工程的建筑类型、工程场地面积、建筑负荷等浅层地热能利用需求,确定调查范围,查明区域地下水资源状况及其开发利用情况。查明工程场地范围内地层岩性结构、含水层类型及埋藏条件、地下水位等。勘查井应进行抽水试验和回灌试验,通过抽水试验获得单井出水量及相应的降深、水温,通过回灌试验获得单井回灌量及相应的水位上升值。勘查井进行地球物理测井,对地下水水质进行取样分析。根据技术、经济和地质环境保护的要求确定合理的地下水循环利用量和抽灌井间距。在此基础上进行地下水地源热泵系统浅层地热能资源评价,提出合理的开发利用方案。

（2）勘查要求

抽水试验及回灌试验可利用已建井开展,不具备合适水井的应专门施工勘查井,勘查井施工应满足《供水水文地质勘察规范》(GB 50027—2001)的要求。根据浅层地热能开发工程的建设需求、工作面积、工程负荷,确定勘查井的数量,按表 4-2 确定。应根据含水层或含水构造带埋藏条件确定勘查井的深度,一般小于 200 m。当有多个含水层组且无水质分析资料时,应进行分层勘查,取得各层水化学资料。水样采集前应制订采集方案,包括采集负责人、采样计划、采样时间,采样须准备合适的采样工具及水样容器。地下水水质采样器分为自动式和人工式两类,自动式用电动泵进行采样,人工式可分为活塞式与隔膜式。从井中采集水样,必须在充分抽汲后进行,抽汲水量不得少于井内水体积的 2 倍,采样深度应在地下水水面 0.5 m 以下,以保证水样能代表地下水水质,具体可参见《地下水环境监测技术规范》(HJ 164—2020)。采样完成后分装在容器中保存,观察水样特征及时填写采样记录,并送往实验室进行水质检测。勘查井的布置应依据地下水流场、渗透率及其他水文地质参数确定;抽水试验及回灌试验过程应满足《供水水文地质勘察规范》(GB 50027—2001)和《浅层地热能勘查评价规范》(DZ/T 0225—2009)的要求。

表 4-2　勘查井数量

工程供暖/制冷面积 A/m^2	勘查井数量/个
$A < 10\ 000$	1~2
$10\ 000 \leqslant A < 40\ 000$	2~3
$A \geqslant 40\ 000$	≥3

注:工程供暖/制冷面积取两者面积中较大者。

机组热源侧水质应符合 GB/T 18430.1[1]的要求;不符合水质要求的水源应进行特殊处理或采用适宜的换热装置。另外,为了保证系统运行能效,防止单向堵塞,建议抽水井和回灌井定期交换使用,并对抽水井中的含砂量进行沉砂过滤处理后再回灌。每个制冷和供暖期结束后,对抽水井进行捞砂洗井,对回灌井进行回扬、拉活塞和捞砂等洗井。地下水地源热泵系统的关键技术是要保证抽出来的水能全部灌入地下,不浪费水资源,在水源保护方面首先应该严格控制成井工艺,系统运行期间监测抽灌水量,保证抽取的水完全回灌到地下。同时应该加强回灌水温度和水质的监测,在建设项目的抽灌井周边、沿着地下水流方向布设监测孔,监测地下水的水质、水位和水温的变化情况。

4.1.3　热能计算

1. 浅层地热容量计算方法

采用体积法计算浅层地热容量,应分别计算包气带和饱水带中储存的单位温差所吸收或排出的热量,然后累加计算评价范围内地质体的储热性能,具体可参见地质矿产行业标准《浅层地热能勘查评价规范》(DZ/T 0225—2009)中的相关内容。

2. 浅层地热换热功率计算方法

根据现场热响应试验取得的地层的平均导热系数或地下换热器的传热系数等参数可计算单孔换热功率。在浅层地热能条件相同或相近的区域,根据单孔换热功率和浅层地热能计算面积,计算地埋管换热功率。

通过现场热响应测试仪以固定功率向测试孔进行持续加热(或吸热),得到一条完整的地埋管进出口温度时延曲线,可以通过曲线求取地层的平均导热系数或地下换热器的传热系数。

地层平均导热系数可以用来进行设计工况下的动态耦合计算,得出地埋管的进出水温度和换热器的设计参数,并可以参照规范求得单孔换热功率。换热器的传热系数可用于计算特定换热温差下单孔的最大换热功率,为计算换热器总长度提供依据。

地埋管及地下水换热功率计算公式可参见《浅层地热能开发工程勘查评价规范》(NB/T 10265—2019)。

4.1.4　评价及建议

浅层地热能开发利用评价内容包括环境影响预测、投资估算。环境影响预测的任务是评价和预测浅层地热能开发可能带来的生态环境效应和环境地质问题。投资估算的任务是论证浅层地热能开发利用工程的建设成本。

环境影响预测含大气环境效应评价和生态环境影响评价。大气环境效应评价开发浅层地热能对减少大气污染、清洁环境的效应，计算替代常规能源量，估算减少排放的燃烧产物，包括：二氧化碳减排量、二氧化硫减排量、粉尘减排量等。生态环境影响评价中，地下水地源热泵系统，应评价回灌水对地下水环境的影响，并对能否产生地面沉降、岩溶塌陷和地裂缝等地质环境问题进行评价；地埋管地源热泵系统，应评价循环介质泄漏对地下水及岩土层的影响；地表水地源热泵系统，应评价浅层地热能的开发利用对河流、湖泊、水库、海洋等地表水体的影响，评价回水对水化学特征及生态环境的影响，论证再生水取回水对下游用户的影响等。同时，应对浅层地热能开发过程中地下水、地表水和土壤中的热平衡进行评价，分析地表水体温度及地下温度场变化趋势及可能造成的影响，提出防止浅层地热能利用产生不利环境影响的措施。

投资估算应估算浅层地热能开发工程建设初投资。地埋管地源热泵系统的初投资估算主要考虑埋管深度、管材、孔径、回填材料、地层可钻性等因素。地下水地源热泵系统的初投资估算主要考虑抽灌井的数量、深度、前期勘查钻探及试验成本。地表水（含再生水）地源热泵系统的初投资估算主要考虑取退水口的远近、水质对换热管材、换热器的影响、取热方式等因素。

浅层地热能开发利用方案应以环境影响预测和投资估算为基础，满足区域浅层地热能利用规划和地源热泵系统工程设计的需要。开发利用方案应在浅层地热能资源评价和环境影响预测、投资估算的基础上制订。开发利用方案内容包括：热源侧换热方式、换热系统规模、取热和排热温差、监测方案等。当冷热负荷差别比较大，或者单纯利用地源热泵系统不能满足冷负荷或热负荷需求时，综合考虑场地周边其他可利用能源的资源条件，经技术经济分析论证合理时，可采用复合式地源热泵系统。

4.2   现场热响应试验

4.2.1   试验原理

测试设备的循环系统与所要测试的地埋管换热器相连接,形成闭式环路,通过测试设备内的循环水泵驱动环路内的循环液不断循环,测试设备提供一个能量可调节的热源,热量通过环路内的循环液释放给地埋管换热器,最终经地埋管换热系统释放到地层中。测试设备通过记录进出地埋管换热器的循环液温度、流量,计算岩土热物性参数,测试设备系统原理如图4-1所示。

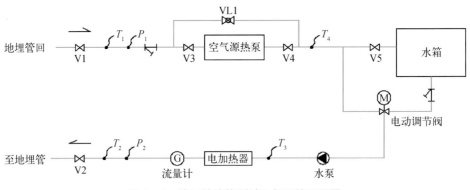

图4-1   浅层地热能测试设备系统原理图

4.2.2   试验设备

测试设备控制系统主体一般采用工控机触摸屏配合可编程控制器,实现对电加热器、空气源热泵、水泵及电动阀的实时控制。控制方式一般为比例微积分调节,使测试设备能够按照多种设定模式稳定运行,包括岩土体初始温度测试、稳定热流测试和稳定工况测试,通过工控机的模式选择和数据输入,确定运行方式和运行参数,同时在测试过程中对各项参数(包括系统进、出水温度,流量和热量输出等)进行实时测量和记录。测试设备控制系统原理如图4-2所示,其中:初始温度测试时控制器控制水泵运行,并控制电加热器、空气源热泵的运行方式为不启动,仅存储数据;稳定热流测试时控制器控制水泵运行,并控制电加热器、空气源热泵的运行方式为定功率,使输出功率稳定于设定值,并存储数据;稳定工况测试时控制器控制水泵运行,并控制电加热器、空气源热泵的运行方式为定温度,使系统出水温度稳定于设定值,并存储数据。

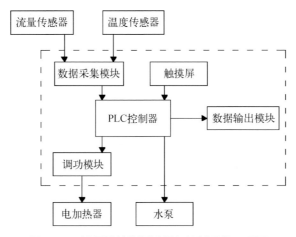

图 4-2　浅层地热能测试设备控制系统原理图

4.2.3　现场热响应试验及数据分析方法

1. 岩土初始平均温度测试

初始温度测试目前应用的有三种方法:布设传感器法、无功循环法、水温平衡法。

布设传感器法是在竖直地埋管换热器不同深度布设温度传感器,通过实时监测温度传感器的数值,确定不同深度岩土初始平均温度的方法(图 4-3)。计算每个温度传感器测量值的算术平均值作为其所在层的温度值,再计算所有地层温度值的算术平均值或地层的加权平均值,即为岩土初始平均温度。

无功循环法是不向地埋管换热器内循环水加载冷、热量,利用循环水与岩土体达到热平衡时的温度,分析岩土初始平均温度的方法(图 4-4)。无功循环法时应首先确定测试稳定点,判定标准为设备回水温度持续 12 h 变化不大于 0.5℃,或设备供回水温度持续 1 h 变化不大于 0.1℃。测试稳定点之后的数据为有效数据,计算设备回水温度有效数据的算术平均值,即为岩土初始平均温度。

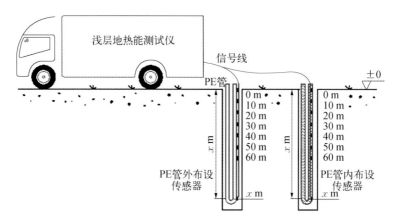

图4-3 布设传感器法测试岩土初始平均温度

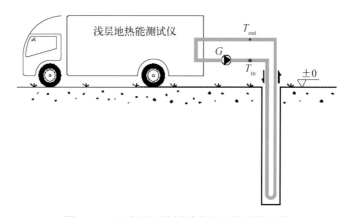

图4-4 无功循环法测试岩土初始平均温度

水温平衡法是在地埋管换热器安装完成后在管内充满水,待管内的水与岩土体达到热平衡(一般静置至少48 h)后,通过水泵循环将管内的水泵出,同时监测水温的变化,通过管内水的温度变化分析岩土初始平均温度的方法。通过累计流量计算出地埋管内不同深度的水流到测温点需要的时间,从而计算出不同深度地层的温度。在确定换热孔深度范围对应的温度数据范围的基础上,计算有效测试数据的算术平均值或按地层的加权平均值,即为岩土初始平均温度。如计算出深度为 H_1,H_2,…,H_n,…,H_{2n} 的水流到测温点需要的时间分别为 t_1,t_2,…,t_n,…,t_{2n},即 t_1,t_2,…,t_n,…,t_{2n} 时间记录的温度即为深度 H_1,H_2,…,H_n,…,H_{2n} 的地层的初始温度,从而可以计算出不同深度地层的温度(图4-5)。

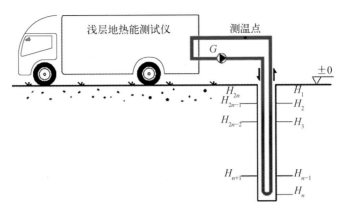

图 4 - 5　水温平衡法测试岩土初始平均温度

2. 稳定热流测试

稳定热流测试是对地埋管换热器输入恒定的热流,测量输入功率、地埋管换热器循环水流量及进出水温度参数,经过一定的数学模型处理后,可以获得钻孔热阻及岩土体平均导热系数,从而计算得到地埋管换热器的总长度。

根据稳定热流测试计算单孔换热功率可参考《浅层地热能勘查评价规范》(DZ/T 0225—2009),计算地埋管换热器钻孔长度可参考《地源热泵系统工程技术规范》(GB 50366—2009)。

3. 稳定工况测试

稳定工况测试是建立稳定的地埋管换热器夏季或冬季运行工况,测量地埋管换热器循环水流量及进、出水温度的响应情况,计算岩土体综合热物性参数或换热能力的测试方法。采用稳定工况测试的,测试工况应与系统的设计运行工况相同。

利用稳定工况测试计算岩土换热能力,首先需要确定基本稳定点,判定标准为设备回水温度持续 12 h 变化不大于 $0.5\,℃$,从基本稳定点到测试结束时间段内的数据作为有效数据,瞬时换热量根据式(4 - 1)计算,单孔换热量取有效数据瞬时换热量的算术平均值。

$$Q = cm\Delta t = 1.167G\Delta t \qquad (4 - 1)$$

式中,Q 为瞬时换热量,kW;G 为循环流量,m^3/h;Δt 为地埋管换热器进出水温差,℃。

单位长度地埋管换热器传热系数根据式(4-2)计算,在数值上单位长度地埋管换热器传热系数等于单位延米地埋管换热器的换热量与地埋管换热器进出水平均温度和岩土的初始温度的差值的比值,单位为 W/(m·℃)。该参数是综合反映地埋管换热器施工条件、管材、岩土热物性、运行工况等众多因素的综合参数,可用于计算不同工况下地埋管换热器换热量及单位延米换热量。

$$K_l = \frac{q_l}{(t_f - t_{ff})} \qquad\qquad (4-2)$$

式中,K_l 为单位长度地埋管换热器传热系数,W/(m·℃);q_l 为特定工况下地埋管换热器的延米换热量,W/m;t_f 为地埋管换热器进出水平均温度,℃;t_{ff} 为岩土初始平均温度,℃。

4.3　岩土体热物性实验室测试方法

4.3.1　实验室测试方法现状

热导率是评价岩土体热物理性质的重要参数,岩土体热导率可以通过理论和实验两种方法来确定。理论上,可以通过研究物质的导热机理,确定物质的导热模型,通过复杂的数学分析等方法来确定物质的热导率,但是分析过程复杂,所以实验法仍然是目前确定岩土体热导率的主要途径。

按照试样在测试过程中的温度分布是否随时间变化,可以将热导率测试方法分为两大类:温度不随时间变化的稳态法和温度随时间变化的非稳态法。

1. 稳态法

稳态法指待测试样上的温度分布达到稳定后(温度分布不随时间变化)再进行实验测量热导率的方法。该方法的特点是公式简单、实验时间长、需要测量导热量和若干点温度。在采用稳态法测定热导率时,其前提条件是要取得一个与所建立的物理模型假设相符合的热流图像,即满足模型所设定的热流方向。

常用的稳态法有纵向热流法、径向热流法等。

(1)纵向热流法

纵向热流法通常使用防热套使热流约束在一定方向上,主要包括单平板法和双平板法。单平板法主要用于测量热导率在 1 W/(m·℃)以下的低热导率材料,尤其是隔热材料,属于稳态法测量热导率的一种标准方法,测量时给试样提供一维纵向热流。与单平板法相比,双平板法可以减少加热板上部散热损失。其原理如图4-6所示[2]。

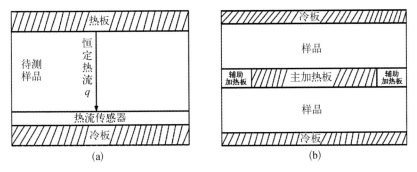

图4-6 纵向热流法原理示意图

(a)单平板法;(b)双平板法

(2)径向热流法

如果被测固体便于加工,则可以采用径向热流法。在径向热流法中,通常使用一个能完全包围住热源的试样,热流则均匀的自中心向外流出,特点是便于对热流图像做数学描述。

由于稳态法测试样品所需要的时间较长,在测量含湿介质(如含湿土壤)时容易引起介质中水分的迁移及自然对流,因而测量误差较大。

2. 非稳态法

非稳态法的测量原理是对处于热平衡状态的试样施加某种热干扰,同时测量试样对热干扰的响应(温度或热流随时间的变化),然后根据响应曲线确定热物性参数的数值。

常用的非稳态法有瞬态热线法、热探针法、热带法、激光闪光法、平面热源法、周期热流法等。

(1)瞬态热线法

瞬态热线法是一种基于测量包裹在待测试样中的线热源温升的瞬态测量方法,可以高精度、快速地测量固体、粉末、生物组织、液体、气体的热导率。瞬态热线法测试电导率的实验装置有单热线法实验装置[3]和双热线法实验装置[4](图4-7)两种。

(2)热探针法

热探针法是一种适用于松散材料,如土壤、生物组织的热导率瞬态测试方法。它

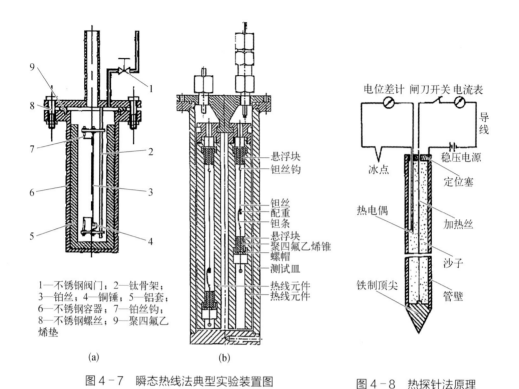

1—不锈钢阀门；2—钛骨架；
3—铂丝；4—铜锤；5—铝套；
6—不锈钢容器；7—铂丝钩；
8—不锈钢螺丝；9—聚四氟乙
烯垫

　　　　(a)　　　　　　　(b)

图4-7　瞬态热线法典型实验装置图

（a）单热线法实验装置；(b)双热线法实验装置

图4-8　热探针法原理
示意图

的物理模型和测量原理与瞬态热线法相似,热导率计算公式也相同,将线热源换成探针。探针的温升与受到的加热功率、探针自身热容和探针周围材料的热导率、比热等热物性有关(图4-8)[5]。

（3）热带法

热带法原理类似于热线法,只是用薄的金属带替代了金属线,可以实现固体、粉末、多孔介质以及液体的热物性测量。在金属热带表面布置薄的绝缘层后,还可用于金属材料的测量。与热线法相比,由于大大增大了热源和试样之间的接触面积,因而改善了与样品表面的接触状态,减小了接触热阻对测量结果造成的影响。由于在测量固体时与被测固体材料有更好的接触状态,故热带法比热线法或热探针法更适合用于测量固体材料的热物性(图4-9)。

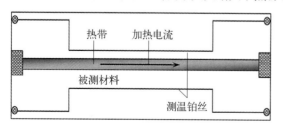

图4-9　热带法原理示意图

（4）激光闪光法

激光闪光法可以同时测量热扩散率、热导率和比热，当光源为激光光源时也称为激光脉冲法。激光脉冲法要求其能量脉冲在试样前表面的极薄层内吸收，并且该层试样不因大的温度迁移而产生任何理化变化。测试时使用激光或氙灯脉冲在极短时间（毫秒量级甚至更短）均匀照射小圆盘状试样正面，通过记录试样背面的温度响应，可得到试样的热物性参数。激光闪光法的固体试样通常做成圆盘形，热扩散率大的材料则需要做得较厚些[6]。为使试样能均匀吸收激光能量，并使激光不致透过试样，要对透光试样表面加涂一层极薄的防透光层。该方法所用试样小、测试速度快、温度范围宽、适用材料种类广，目前已经成为非稳态法中应用得最广泛的方法，并且被不少国家作为测量热扩散率的标准方法。

（5）平面热源法

平面热源法包括脉冲平面热源法、阶跃平面热源法以及目前广泛使用的瞬态平面热源法[7]。

瞬态平面热源法可以方便、快捷、精确地测量多种类型材料的热导率、热扩散率和体积热容。测试过程中探头被放置于两片表面光洁平整的相同试样中间，当电流通过探头时，产生热量使探头温度上升，同时产生的热量向探头两侧的试样进行扩散，热扩散的速度依赖于材料的热传导特性和探头的尺寸。探头的热阻系数随着温度改变而变化，通过记录温度与探头的响应时间，计算样品的热导率和热扩散率（图4-10）。在测试含水土壤时，由于热平面产生的自然对流大于热线法所产生的自然对流，因而测试误差大于热线法。

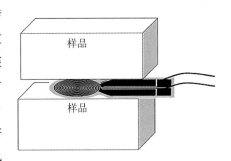

图4-10 瞬态平面热源法原理示意图

（6）周期热流法

在周期热流法中，供给试样的热量经调制后成为具有一个固定周期的热波。由热波引起的温度也具有相同的周期，温度波在试样中传播并逐渐衰减。因此，通过测定试样中某两点的温度波振幅的衰减值或者相位差，就可测出试样的导温系数。

周期热流法得到的都是热扩散率，只要知道容积、比热的数据，就能计算得出热导率。经过调制而呈一定周期性变化的热量传递给固体试样,使试样内任一点的温度都产生同样周期的变化,从而通过测量试样内某两点温度的幅值和相位关系来确定热扩散率。周期热流法按热流方向可以分为纵向热流法和径向热流法。固体通常采用纵向热流法,若采用径向热流法,则固体试样必须被做成圆柱体试样,在圆柱体试样的轴线上或在圆周壁上进行周期性加热,使得试样中产生周期的温度变化。根据测得的试样径向不同点温度随时间的变化,从温度波的幅值、相位变化可以算得热扩散率。由于周期加热法得到的数据为热扩散率,且操作复杂,对于试样有特殊要求,因而并不适合用于含水土壤的热导率测试。

4.3.2 热导率测试方法研究

1. 不同测试方法测试精度对比分析

综合多种方法对比结果,热导率测试当前应用较多的方法有瞬态热线法、瞬态平面热源法和激光闪光法。通过在同一地点现场采取 7 件粉质黏土样品和 4 件黏质粉土样品制成 33 件测试样品,分别采用以上三种方法测量样品的热导率,进行不同试验方法测试精度的对比分析。测量数据结果采用相对误差分析法[(最大值或最小值-平均值)/平均值]处理,得出各测试方法的相对误差。

如图 4-11 所示,通过不同测试方法相对误差分析图对比可以看出,瞬态热线法

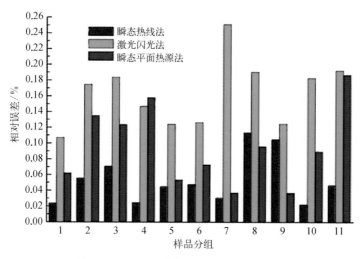

图 4-11 不同测试方法相对误差分析图

和瞬态平面热源法测试精度较高,相对误差小于 0.1%;激光闪光法相对测试误差较大,测试获得的热导率精度相对较低。

2. 样品制备规格对测试精度影响分析

参照《土工试验方法标准》(GB/T 50123—2019)[8]中样品的制备方法,选取了 Φ70 mm,Φ60 mm,Φ50 mm 三种环刀口径对现场采集的两个土样制作测试样品开展热导率测试,并对测试结果进行对比分析(图 4-12)。根据对比同一样品三种直径热导率测试结果可见,不同直径样品热导率测试误差在 5% 以内。

3. 样品储存时间对测试精度影响分析

对 4 个现场采集的土样用保鲜膜密封储存 15 天,每天取出测量其热导率,分析其热导率随时间的变化。从测试结果(图 4-13)可以看

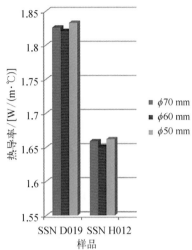

图 4-12　不同直径样品热导率测试结果对比图

出,测试样品在保存 15 天以内,热导率测试值变化小于 0.1 W/(m·℃),这说明在样品密封条件较好的情况下,较短时间放置样品对测试精度影响不大。

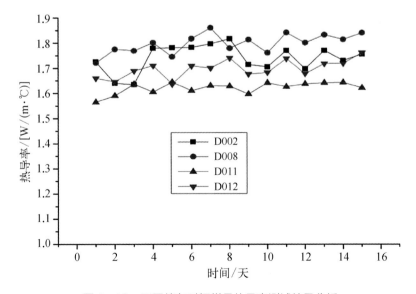

图 4-13　不同储存时间样品热导率测试结果分析

4.3.3 岩土热物性参数实验室测试技术规程

研究人员利用已采集的岩土样品开展了热物性参数测试,并编制了实验室测试技术规程。

1. 试样制备

(1)原状试样

选取环刀擦净备用,用切土刀切除试样表面 20 mm 左右,将环刀刃口向下放在试样上垂直压下,用切土刀沿环刀外侧切削试样,边切边压入环刀,直至试样高出环刀。用切砂刀先切除试样的顶端,削平后用玻璃片盖住,再切试样的底端,擦净环刀外壁附土,并做好标号(图 4-14)。完成样品制备后用保鲜膜将环刀试样包好,装入密封袋内进行存放(图 4-15)。

图 4-14 环刀制备的原状试样

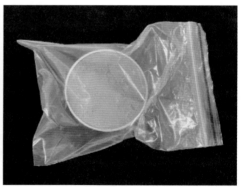

图 4-15 原状试样的存放

图 4-16 制备好的散状试样

(2)散状试样

根据实验探头的大小选取直径合适的环刀盒作为试样测量容器,向环刀盒中倒入一定量的散状试样,用刮刀刮平表面,做好标记(图 4-16)。

2. 试样安装

连接实验仪器,固定实验样品,将实验探头平放于样品上,保持探头平整。

放置具有保温效果的保温块并在上面适当加入配重物,保证将探头夹紧压实,确保样品与探头表面充分接触、无间隙。

3. 试样测试

为确保实验数据准确性,每个试样进行三次平行测试,取平均值作为试样最终测试值。

(1) 启动软件

为了使测试结果准确,测试装置至少应预热 30 min。启动数据分析软件后,应根据所测样品选择合适的测试类型并设定相关参数,再进入测试界面进行参数测量。

(2) 测量

进行固体导热系数测量时,应先对电桥进行平衡,然后记录 40 s 基线,最后开始瞬态测试。实验结束后,首先出现温度漂移记录界面,显示瞬态测试前样品与探头之间温度是否达到一致。出现水平离散分布代表两者温度基本一致;如果呈现倾斜分布的散点,即代表两者之间温度场不均匀,建议下次试验时多等待 5~10 min,以便达到均匀的温度场。

通过不同加热功率下重复测量可获得测试样品的导热系数、比热容和热扩散系数。一般测试仪器可对测量时间、重复次数、样品温度及加热功率等测量参数进行设置。

(3) 数据分析

数据采集分析完成后,进行热常数计算,并可根据最小二乘法推导出导热系数各个点与计算结果的偏差分布图。

4.3.4　岩土热物性参数不同测试方法成果对比分析

对顺义区某仓储基地和平谷区某科研实验基地的换热孔开展原位分层热响应测试,并取测试层位不同岩性样品进行实验室热物性测试。将测试各层位所取岩土样品实验室测试导热系数进行加权平均,得到目标层位岩土体的平均导热系数,再同原位热响应测试数据进行对比,结果见表 4-3 和表 4-4。

可以看出,不论是单孔平均热导率还是相应层位热导率,现场测试结果整体显示比实验室测试结果偏高,而且差异比例随深度增加而增大(图 4-17、图 4-18)。

表4-3   顺义区某仓储基地换热孔现场测试与实验室测试结果对比表

平均导热系数	孔 深			层 位	
	40 m	60 m	80 m	40~60 m	60~80 m
实验室测试结果	1.56	1.45	1.39	1.24	1.21
现场热响应试验测试结果	1.72	1.61	1.57	1.39	1.45
差值	0.16	0.16	0.18	0.15	0.24
差异比例	9.3%	9.9%	11.5%	10.8%	16.6%

注：导热系数单位为 W/(m·℃)。

表4-4   平谷区某科研实验基地换热孔现场测试与实验室测试结果对比表

平均导热系数	孔 深			层 位	
	25 m	60 m	80 m	25~60 m	60~80 m
实验室测试结果	1.62	1.47	1.36	1.36	1.01
现场热响应试验测试结果	1.69	1.47	1.55	1.31	1.79
差值	0.07	0	0.19	0.05	0.78
差异比例	4.1%	0%	12.3%	3.8%	43.6%

注：导热系数单位为 W/(m·℃)。

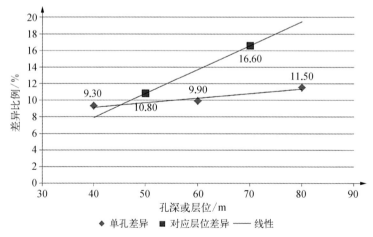

图4-17   顺义区某仓储基地换热孔现场测试与实验室测试结果差异比例散点图

实验室测试岩土样品的导热系数,由于饱水的原状试样在运输、存放和制备的过程中存在水分的部分流失,造成含水率下降,使得测试结果要比岩样的实际导热系数

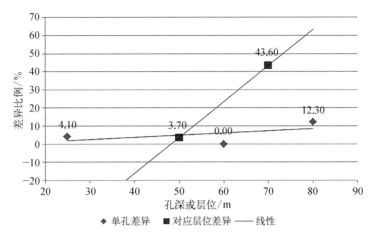

图 4-18　平谷区某科研实验基地换热孔现场测试
与实验室测试结果差异比例散点图

偏低。在顺义区某仓储中心取样测试和现场热响应测试结果对比中,差异比例随地层粒径的增大而增大,这说明在上述过程中饱水砂土样品比黏土样品的失水更加严重。另外,在现场测试中地下水径流加快了热对流换热,也对测试结果产生了一定影响。

4.4　场地勘查评价报告编写

4.4.1　场地勘查评价报告编写要求

场地勘查评价报告内容包括浅层地热能地质条件、计算浅层地热容量、浅层地热换热功率、采暖期取热量和制冷期排热量及其保证程度评价、环境影响预测、投资估算、开发利用建议等。报告提纲及编写要求如下。

（1）第一章　前言

说明任务来源及要求,建设项目的规模、功能及冷热负荷需求;勘查区以往地质工作程度及浅层地热能开发利用现状;勘查工作的进程及完成的工作量。

（2）第二章　浅层地热能资源赋存条件

概述工作区自然地理条件、气象和水文特征;详细阐述工作区地质、水文地质条件,包括地层分布特征、含水层、富水性、地下水水化学特征、水位动态特征和补径排条件、岩土体热物性参数特征等,分析浅层地热能资源赋存条件。并应结合工程场地浅层地热能资源赋存条件,分析不同开发利用方式的适宜性。

（3）第三章　浅层地热能开发工程勘查

详细论述开展的勘查孔钻探、岩土取样及测试、岩土热响应试验、抽灌试验、地表水水量及温度监测等工作,并对获取的资料和数据进行整理分析,为浅层地热能资源评价和开发利用方案制订奠定工作基础。

（4）第四章　浅层地热能资源量评价

按照《浅层地热能勘查评价规范》中附录 C 的公式计算浅层地热容量,按照附录 D 的公式计算浅层地热换热功率。

（5）第五章　浅层地热能开发利用评价

浅层地热能开发利用评价内容包括环境影响预测、投资估算和开发利用方案制订。

（6）第六章　结论及建议

给出结论及建议,提出施工中和运行后应注意的事项。

4.4.2　场地勘查评价报告编写实例

以北京市朝阳区某地源热泵系统浅层地热地质条件评估报告为例。

1. 项目概况

该项目位于北京市朝阳区,总用地面积为 155 919.765 m²,可布孔区域占地面积为 41 536.32 m²,项目总建筑面积为 371 632 m²,其中地上建筑面积为 280 076 m²。

根据方案经济技术指标,用地性质主要由住宅、住宅混合公建、托幼、小学、体育公园、绿地、道路及公共配套设施等构成,此地块拟建成高舒适、低能耗建筑,实现低噪、舒适、健康、节能的功能。经建筑设计部门测算,本项目夏季冷负荷为 13 610 kW,冬季热负荷为 11 200 kW,生活热水负荷为 5 000 kW。根据该项目建筑物分布的特点以及用途,将建筑物分为 7 个区域,每个区域单独配置空调系统,各系统单独运行,从而保证建筑物空调系统的稳定性和可靠性。

2. 勘查孔钻探及测试

根据工区内勘查(测试)孔的钻孔实录及地球物理测井结果,绘制勘查孔岩性编录及地球物理测井状图(图 4-19),如图可知,工区内勘查孔 144 m 以上地层岩性主要为第四系黏土、粉细砂、中砂以及少量的粗砂、圆砾、卵石。由于存在一定厚度的卵砾石层,地层可钻性稍差。

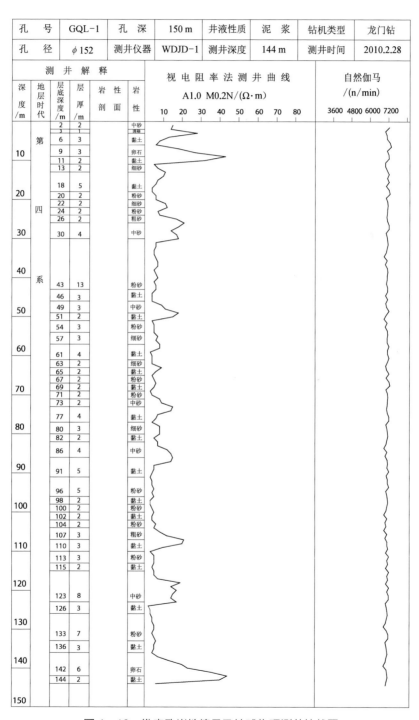

图 4-19　勘查孔岩性编录及地球物理测井柱状图

　　勘查孔成孔后静置一周以上,待地层温度稳定并恢复至原始地温后,采用无功循环法对地层原始温度进行测试,测试结果显示,进出水平均温度基本稳定在16.2℃(图4-20),即为地层初始温度。

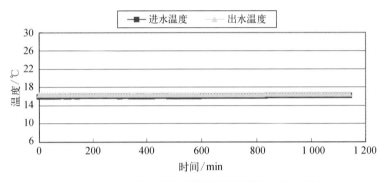

图4-20　地层初始温度测试数据曲线图(稳定后)

　　测试工况为夏季工况,1#孔测试的进、出水温度为36.5℃和30.7℃,换热温差为5.8℃,流量为1.52 m³/h;2#孔测试的进、出水温度为36.7℃和30.9℃,换热温差为5.8℃,流量为1.52 m³/h。在测试条件下,1#孔的延米换热量约为68.4 W/m,换热孔有效传热系数约为3.93 W/(m·℃),2#孔的延米换热量约为68.4 W/m,换热孔有效传热系数约为3.88 W/(m·℃)(图4-21至图4-24)。

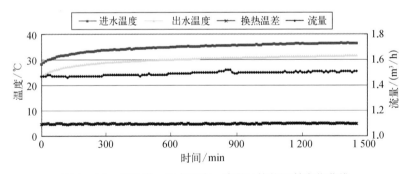

图4-21　1#孔进、出水温度,流量及换热温差变化曲线

　　一般在测试时的测试数据不能完全吻合热泵机组的实际运行工况,但可以尽可能接近设计值(1#孔测试的稳定温度约为36.5℃和30.7℃,2#孔测试的稳定温度约为36.7℃和30.9℃)。所以要根据测试数据推算热泵机组的实际运行工况,推算得出的换热量才是具有参考意义的数据依据。根据稳定后得到的有效测试数据,土壤换

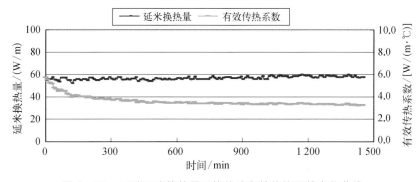

图 4-22 1#孔延米换热量及换热孔有效传热系数变化曲线

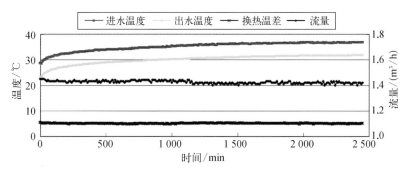

图 4-23 2#孔进、出水温度，流量及换热温差变化曲线

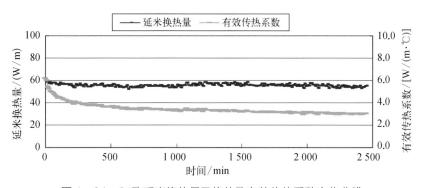

图 4-24 2#孔延米换热量及换热孔有效传热系数变化曲线

热器稳定的进出口温差都为 5.8℃。假定换热孔的传热系数在排热和取热工况下为定值，以 35℃、30℃进、出水稳定温度为夏季标准排热工况，以 4℃、7℃进、出水稳定温度为冬季取热工况，计算得到换热孔换热能力参数见表 4-5。

表 4-5　换热孔换热能力参数表

孔　号	传热系数/ [W/(m·℃)]	延米排热量/ (W/m)	延米取热量/ (W/m)
1#测试孔	3.93	64.03	42.03
2#测试孔	3.88	63.30	41.56

从计算的结果可以看出,两个勘查孔的换热量相差不大。根据《地源热泵系统工程技术规范》(GB 50366—2005)对热响应试验的要求,最终的测试结果取两组测试结果的算术平均值。因此,本项目换热孔传热系数的参考值取 3.91 W/(m·℃),设计工况下夏季延米排热量的参考值为 63.67 W/m,冬季延米取热量的参考值为 41.8 W/m。

由于热传导试验数值计算模型所要求的前置假设条件和标准的测试操作要求难以实现,加之野外测试是单孔试验,而项目实际操作是采用大面积集中布孔,可能存在孔间热干扰,导致岩土换热能力下降的问题,所以换热量取试验换热量的 85%,则夏季延米换热量取值为 54.12 W/m,冬季延米换热量取值为 35.53 W/m。

3. 浅层地热容量计算

项目总用地面积为 155 919.765 m²,可布孔区域占地面积为 41 536.32 m²。根据勘查结果,工区目前地下水位埋深约为 10 m,工区内 140 m 以上地层岩性主要为第四系黏土和砂以及少量的圆砾、卵石。其中,在包气带中黏土累计厚度为 4 m,中砂累计厚度为 2 m,圆砾累计厚度为 1 m,卵石累计厚度为 3 m;在含水层中,黏土累计厚度为 45 m,粉砂累计厚度为 43 m,细砂累计厚度为 12 m,中砂累计厚度为 21 m,粗砂累计厚度为 5 m,卵石累计厚度为 4 m。

根据岩土体热物性参数经验值和本次测试获得的岩土体热物性参数(表 4-6),采用热储法计算工区可布孔面积内,140 m 以上各区岩土体每变化 1℃时的浅层地热容量,计算结果见表 4-7。

4. 热泵系统运行对地温场热均衡影响分析

本项目 B 区、E 区、F 区采用单一地埋管地源热泵系统就可以满足建筑物空调冷热负荷需求。A 区、C 区、D 区、G 区采用地源热泵+冷水机组+燃气锅炉调峰的系统形式满足建筑物空调冷热负荷需求,建筑物所需的其余冷负荷由冷水机组提供,所需的其余热负荷由燃气锅炉提供。系统设备配置参数见表 4-8。

表 4 - 6　岩土体热物性参数表

岩　性	比热容/［kJ/（kg·℃）］		孔隙率		密度/（kg/m³）		天然含水率	
	包气带	饱水带	包气带	饱水带	包气带	饱水带	包气带	饱水带
黏土、砂黏	1.3	1.38	0.47	0.47	1.9×10^3	1.95×10^3	0.23	0.28
粉砂、细砂	1.4	1.4	0.4	0.4	1.88×10^3	1.92×10^3	0.18	0.2
中砂	1.05	1.05	0.35	0.35	1.95×10^3	1.95×10^3	0.16	0.18
粗砂	—	1.05	—	0.38	—	1.95×10^3	—	0.2
砂砾、卵石	2.2	2.2	0.31	0.31	1.95×10^3	1.95×10^3	0.12	0.14
砂砾岩	—	0.86	—	0.05	—	2.2×10^3	—	0.03

表 4 - 7　各区浅层地热容量计算结果表

布孔分区	布孔面积/m²	包气带热容量/kJ	饱水带热容量/kJ	合计热容量/kJ
A 区	10 947.82	2.95×10^8	3.50×10^9	3.80×10^9
B 区	3 589.28	9.67×10^7	1.15×10^9	1.25×10^9
C 区	13 707	3.69×10^8	4.39×10^9	4.76×10^9
D 区	2 685.32	7.23×10^7	8.59×10^8	0.93×10^9
E 区	1 244.71	3.35×10^7	3.98×10^8	0.43×10^9
F 区	3 430.74	0.09×10^9	1.1×10^9	1.19×10^9
G 区	5 931.45	0.16×10^9	1.9×10^9	2.06×10^9

表 4 - 8　系统设备配置参数表

系统分区	序号	设备名称	技　术　参　数	功率/kW	数量/台
A 区	1	热泵机组	制冷量：1 530 kW	401.8	2
			制热量：1 690.6 kW	321.3	
	2	冷水机组	2 035 kW	350.1	1
	3	冷却塔	350 m³	/	1
	4	燃气锅炉	1 670 kW	/	2
B 区	1	热泵机组	制冷量：749 kW	132.9	1
			制热量：788 kW	181.7	

系统分区	序号	设备名称	技 术 参 数	功率/kW	数量/台
C 区	1	热泵机组	制冷量: 590.2 kW	77.2	2
			制热量: 593.4 kW	111.3	
	2	冷水机组	1 371.8 kW	236.5	1
	3	冷却塔	240 m³	/	1
	4	燃气锅炉	1 225 kW	/	1
D 区	1	热泵机组	制冷量: 776.7 kW	108.9	1
			制热量: 783.2 kW	155.1	
	2	冷水机组	465.3 kW	80.2	1
	3	冷却塔	80 m³	/	1
	4	燃气锅炉	740 kW	/	1
E 区	1	热泵机组	制冷量: 651.6 kW	115.6	1
			制热量: 685.6 kW	158.1	
F 区	1	热泵机组	制冷量: 860.6 kW	160.2	1
			制热量: 912.2 kW	219.5	
G 区	1	热泵机组	制冷量: 892.2 kW	125.1	2
			制热量: 897.8 kW	176.5	
	2	冷水机组	1 331.6 kW	80.2	1
	3	冷却塔	240 m³	/	1
	4	燃气锅炉	916.5 kW	/	2

以 A 区为例进行负荷平衡策略分析。A 区空调设计峰值冷负荷为 5 095 kW,空调设计峰值热负荷为 4 234 kW。根据北京气候特点,夏季空调期一般为 5 月中旬到 9 月中旬,约 120 天。整个空调期共划分为 5 个时段: 20% 负荷段、40% 负荷段、60% 负荷段、80% 负荷段和 100% 负荷段,其中 20% 负荷段累计运行天数为 10 天,40% 负荷段累计运行天数为 30 天,60% 负荷段累计运行天数为 40 天,80% 负荷段累计运行天数为 30 天,100% 负荷段累计运行天数为 10 天,如图 4 - 25 所示。

北京的冬季采暖期为 11 月 15 日到次年 3 月 15 日,为期约 120 天。整个采暖期共划分为 5 个时段: 20% 负荷段、40% 负荷段、60% 负荷段、80% 负荷段和 100% 负荷段,其中 20% 负荷段累计运行天数为 10 天,40% 负荷段累计运行天数为 30 天,60% 负

荷段累计运行天数为 40 天,80% 负荷段累计运行天数为 30 天,100% 负荷段累计运行
天数为 10 天,如图 4 - 26 所示。

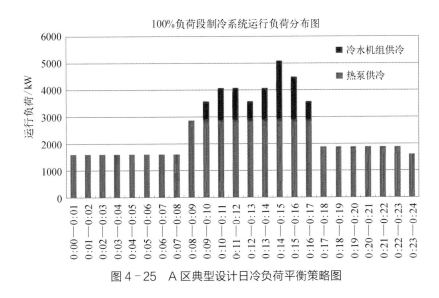

图 4 - 25　A 区典型设计日冷负荷平衡策略图

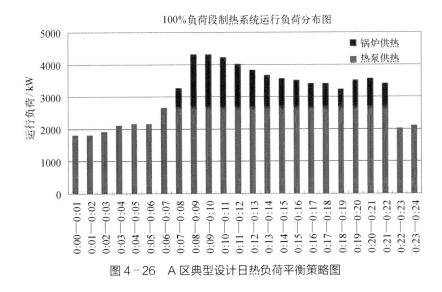

图 4 - 26　A 区典型设计日热负荷平衡策略图

经计算,本项目 A 区夏季热泵机组向岩土体排热总量为 1.30×10^{10} kJ,冬季热泵
机组向岩土体取热总量为 1.31×10^{10} kJ,即热泵机组运行一年向岩土体排取热差
为 0.01×10^{10} kJ。在 A 区可布孔区域范围内,140 m 以上岩土体的温度每变化 1℃,吸

收或排放的热量为 $3.80×10^9$ kJ,所以 A 区热泵机组运行一年,岩土体温度降低 $0.03℃$。同理可计算出其他各区热泵机组运行一年向岩土体排取热量的差值,因此得出热泵机组运行一年各个布孔分区的岩土体地温场均衡变化范围为 $0.03～0.23℃$(表 4-9)。

表 4-9　各个布孔分区地温场均衡分析

布孔分区	面积/m²	热容量/kJ	夏季排热总量/kJ	冬季取热总量/kJ	全年排取热差值/kJ	地温场均衡/℃
A	10 947.82	$3.80×10^9$	$1.30×10^{10}$	$1.31×10^{10}$	$0.1×10^9$	0.03
B	3 589.28	$1.25×10^9$	$0.17×10^{10}$	$0.18×10^{10}$	$0.1×10^9$	0.08
C	13 707	$4.76×10^9$	$0.54×10^{10}$	$0.56×10^{10}$	$0.2×10^9$	0.04
D	2 685.32	$0.93×10^9$	$0.29×10^{10}$	$0.30×10^{10}$	$0.1×10^9$	0.11
E	1 244.71	$0.43×10^9$	$0.16×10^{10}$	$0.17×10^{10}$	$0.1×10^9$	0.23
F	3 430.13	$1.20×10^9$	$0.21×10^{10}$	$0.22×10^{10}$	$0.1×10^9$	0.08
G	5 931.45	$2.06×10^9$	$0.80×10^{10}$	$0.82×10^{10}$	$0.2×10^9$	0.10

该项目在系统热源侧总供、回水管道上各设置了 1 台温度传感器,用以监测系统热源侧总供、回水的温度。2014—2019 年的监测数据显示,热源侧出水温度反映地温随项目运行呈季节性波动。系统在 11 月中旬进入供暖季运行后,地温场温度开始降低,至次年 2 月份处于低值,一般在 6℃左右;3 月中旬开始进入过渡季;6 月中旬开始制冷季运行;8 月中旬温度处于高值,一般在 35℃左右,至 9 月中旬进入过渡季。经过过渡季恢复,在每个运行季开始前,地温场基本恢复至接近原始地温,并未出现单一趋势变化。

4.5　小结

掌握浅层地热能地质条件是开发浅层地热能资源的重要基础,对浅层地热能的高效、可持续利用起着举足轻重的作用。本章结合最新的研究成果和实践经验,系统地分析了浅层地热能场地勘查评价内容、要求和方法,并通过实例分析了场地勘查评价报告的编写方法,为浅层地热能开发工程实施前的项目可行性研究及设计提供了参考。

参考文献

[1] 中华人民共和国国家质量监督检验检疫总局,中国国家标准化管理委员会.蒸气压缩循环冷水(热泵)机组第 1 部分:工业或商业用及类似用途的冷水(热泵)机组:GB/T 18430.1—2007[S].北京:中国标准出版社,2008.

[2] 吴江涛,靳晓刚,刘志刚.柴油/碳酸二甲酯混合物液相导热系数的实验研究[J].西安交通大学学报,2005,39(1):79-82.

[3] Ramires M L V, Fareleira J M N A, Nieto de Castro C A, et al. The thermal conductivity of toluene and water[J]. International Journal of Thermophysics, 1993, 14(6):1119-1130.

[4] 侯方卓.用探针法测定材料的导热系数[J].石油大学学报(自然科学版),1994,18(5):94-98.

[5] 刘雄飞,薛健.激光加热法同时测定三个热物性参数的研究[J].计量技术,1994(2):14-16.

[6] 王强.基于保护平面热源法的隔热材料热物性测量技术研究[D].哈尔滨:哈尔滨工业大学,2009.

[7] 奚同庚.无机材料热物性学[M].上海:上海科学技术出版社,1981.

[8] 中华人民共和国住房和城乡建设部,国家市场监督管理总局.土工试验方法标准:GB/T 50123-2019[S],2019.

第 5 章
地表水热能勘查评价与利用

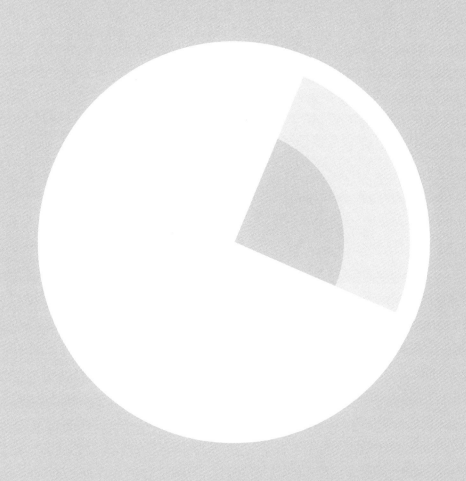

地表水资源一般是河流、湖泊、冰川等地表水体中由当地降水形成、可以逐年更新的动态水资源,也包含城市污水处理厂的原生污水和再生水。地表水热能也属浅层地热能的范畴。根据 1956—2000 年水文系列评价结果,全国多年平均地表水资源量为 27 328 亿立方米,2010 年全国地表水资源量为 29 797.6 亿立方米。

我国地表水资源的分布与降水空间分布具有较好的一致性,同样表现为南方多、北方少,东部多、西部少,山区多、平原少的特点。北方地区面积占全国的 64%,多年平均地表水资源量为 4 365 亿立方米,占全国的 16%;南方地区面积占全国的 36%,多年平均地表水资源量为 22 963 亿立方米,占全国的 84%。

我国地表水量大分布广,地表水热能利用具有良好的发展性,利用前景十分广阔。地表水热能是新型可再生清洁能源,开发利用地表水热能对城市建立市场化的优质能源体系,完成节能减排指标,实现社会经济可持续发展,建设节能型城市都具有重要意义。

地表水热能开发利用仅利用了水中的热能,并不消耗水源,不会对水源形成污染,其利用过程中"零排放",无污染,具有显著的绿色环保、高效节能等优点。地表水热能开发利用通过将大量蕴藏于地表水中的低温热能回收利用或将室内的热量通过转换排入地表水中,在为建筑供暖制冷的过程中,大大减少了煤炭等化石燃料的消耗,同时减少了化石燃料直接燃烧所排放的大量 SO_2、NO_x 等有害气体、粉尘、烟尘对大气的污染。

近年来我国地表水中尤其以再生水的热能利用呈现快速发展的趋势,在现有的技术、经济条件下,2017 年的全国城市污水日处理能力为 1.48 亿立方米,全国城镇污水排放量约为 600 亿吨,污水通过处理,蕴含的热量可以为公建和住宅供暖。随着城市的发展,利用再生水热能可实现的供暖面积将会大幅度提高,这对满足城市供热需求具有重要作用。

本章将以再生水为例,结合 2010 年由原北京市地勘局组织实施的"北京市再生水热能利用研究及规划"项目报告成果,具体介绍地表水热能勘查评价与利用的主要内容。

5.1 再生水热能利用前景分析

5.1.1 再生水源热泵系统在节能、环保、经济方面的优势

1. 再生水源热泵系统是可再生能源利用技术

再生水热能主要是通过再生水源热泵系统加以利用,具有高效节能、突出的环保

效益。再生水源热泵利用蕴藏于再生水中的低位热能作为冷热源,进行能量转移,以解决人们的供暖制冷需求,是一种新型可再生能源的利用技术。

2. 再生水源热泵系统是一种清洁的能源利用方式

再生水源热泵系统的应用过程中,不会引起区域性的地下水或地表水污染。只是利用了再生水中的热量,利用后水质没有发生变化,不会对原有水源造成污染;再生水源热泵系统不燃烧任何化石燃料,不排放任何污染,是一种清洁的能源利用方式。另外,系统的利用可以相应减少生产电能所造成的环境污染和温室气体的排放。

3. 再生水源热泵系统是一种经济有效的节能技术

再生水温度冬季比环境空气温度高,夏季比环境空气温度低,再生水夏季可作为热汇,冬季又回收了废热,是很好的热泵热源和空调冷源。再生水源热泵通过输入少量的电就可以将再生水中大量的低位热能回收并提高为高位热能,对建筑供暖,再生水源热泵的制热能效比可达 4~6,一次能源利用效率高达 132%~198%。锅炉(电锅炉、燃煤、燃油、燃气锅炉)供热只能将 95% 左右的电能或 70%~90% 的燃料内能转换为热量供用户使用,相比之下再生水源热泵的节能优势显著。

再生水源热泵系统制冷、制热能效比通常为 4~6,再生水源热泵系统的效率比传统空气源热泵(制冷、制热系数通常为 2.2~3.0)高出 40% 以上;再生水源热泵系统的效率比常规制冷方式高 20% 左右。运行费用低于采用常规能源如燃煤、燃气锅炉或市政热力采暖。

再生水热能开发利用具有较好的经济效益,开发利用再生水热能是一种可行的投资方式,具有大规模、市场化开发利用的条件。以北京市为例,北京市 2010 年的再生水热能可利用量按照可为 1 000 万平方米的新建公建及住宅供暖计算,每年冬季采暖从再生水中提取热能折合标准煤约为 8.4 万吨,折合天然气约为 0.6 亿立方米,比燃煤采暖可就地减排 CO_2 20.4 万吨,SO_2 及 NO_x 3 500 吨,粉尘 900 吨,节能减排与环境保护的作用凸显。再生水热能利用项目的实施约可实现产值 40 亿元,有利于缓解就业压力和拉动内需。

5.1.2　城市再生水热能利用前景广阔

1. 国外城镇再生水源热泵系统的应用

国外城镇再生水源热泵系统的发展已有 20 余年的历史,相关专业技术服务公司(如瑞士苏尔寿公司、日本东京电力公司和中部电力公司等)已积累了丰富的设计和运行经验,形成了一整套系统集成技术,见表 5-1。

表 5-1　国外再生水源热泵系统关键技术现状一览表

关　键　技　术	现　　　状
水源预处理技术	刷式自动清洗过滤,反冲式自动清洗过滤
利用方式(污水是否直接进入热泵机组)	直接式与间接式均有应用和发展
换热器换热形式	浸泡式、淋水式(欧洲)、壳管式、板式
换热管自动除污技术	刷式、胶球式、高压水冲洗等自动除污技术
换热器的防腐设计	防腐(材料选择):不锈钢、镍铜合金、钛

瑞典和挪威等国家从 20 世纪 80 年代开始发展城镇再生水热能回用技术,建立了一批用于建筑供暖的大型城镇再生水源热泵系统,见表 5-2。瑞典首都斯德哥尔摩有 50%的建筑物采用热泵技术供热,其中 10%是利用污水处理厂的二级出水。

表 5-2　瑞典早期典型的大型城镇再生水源热泵系统

地　点	机组数量	单机容量/MW	制造厂家	投入运行时间/年
哥德堡	1	27	Gotaverken	1983/1984
	1	29	Gotaverken	1983/1984
	2	42	Gotaverken	1986
乌穆奥	2	17	Asea－Stal	1984
耶夫勒	1	14	Stal－Laval	1984
奥斯特桑德	1	10	Sulzer	1984
厄勒布鲁	2	20	Asea－Stal	1985
伊索讷	1	80	Asea－Stal	1986
索尔纳	4	30	Asea－Stal	1986
斯德哥尔摩	2	20	Asea－Stal	1986
	2	30	Asea－Stal	1986

日本从 20 世纪 90 年代开始发展城镇再生水源热泵技术,部分已建成投产的城镇再生水源热泵系统见表 5-3。

表5-3 日本典型城镇再生水源热泵系统

地　　点	容量/MW	建成时间/年
落　合	0.29	1987
六甲岛	5.52	1988
市　川	25.6	1992
小　营	1	1993

瑞士是热泵技术的发源地之一。1993年,瑞士联邦政府开始大力推动国内城镇再生水热能回用技术的发展。至今,瑞士在城镇再生水热能回用方面已积累了较多的经验,形成了专有技术,相关工程建设和技术研究正在进行中。

2. 国内城镇再生水源热泵系统的应用

我国对热泵研究始于20世纪50年代,国外热泵发展的热潮推动了我国对热泵的研究。随着能源紧张和环境保护要求的日益提高,2000年以来,我国再生水源热泵系统开始有了较快的发展,经历了两个阶段。

第一阶段:自2000年起,北京率先建立以实验为主的再生水源热泵系统,利用污水处理厂的二级出水,用于污水处理厂内建筑的供热、供冷;而后发展至2004年,先后实施了几个小型项目,对再生水源热泵系统技术进行了系统工艺的初步探讨和可行性分析、试验,对系统的节能性、环保性、应用前景等取得了一定的认识,为我国再生水源热泵技术的发展积累了宝贵的数据和经验,见表5-4。

表5-4 国内2004年以前部分再生水源热泵项目一览表

地　　点	建筑面积/m²	投入时间/年	低位热源
高碑店污水处理厂	400	2000	二级水
北小河污水处理厂	6 310	2002	二级水
密云县污水处理厂	8 700	2003	污水原水
卢沟桥污水处理厂	约10 000	2003	中水
哈尔滨马家沟污水处理厂	10 000	2003	污水原水
秦皇岛海港区污水处理厂	3 039	2003	二级水

第二阶段：以 2008 年北京奥运会为契机，为落实"绿色奥运、科技奥运、人文奥运"的三大理念，向国际社会兑现"绿色奥运"的庄严承诺，实施了奥运村再生水源热泵冷热源项目。在政府的领导与支持下，多家产学研单位同步开展相关的科学与技术研究，取得了丰硕的科研成果，并形成了一整套拥有自主知识产权的技术。该项目的成功实施，对北京市乃至全国再生水热能的开发利用具有典型的示范作用，起到了良好的推动作用。随后一批大型再生水源（或类似水质水源）热泵系统项目相继建成并投入运行，见表 5－5。

表 5－5　国内 2004 年以来部分再生水源热泵系统项目一览表

地　　点	建筑面积/万平方米	投入（建设）时间/年	低位热源
奥运村再生水源热泵冷热源项目	41.3	2007	二级水
北京清河宝盛里住宅小区	8	2007	二级水
南通新城小区	34	2007	二级水
大连星海湾商务区一期	30	2007	二级水
上海世博会主体工程——世博轴	22	2008	江水
江苏张家港购物公园	7	2008	二级水
安阳广厦新苑	17	2009 年开始建设	二级水

北京奥运村再生水源热泵冷热源工程是国内首个大型再生水热能利用项目。奥运村位于北京奥林匹克公园西北角，总供冷、供热建筑面积约为 41.3 万平方米，其中运动员公寓（地上 6 层或 9 层）建筑面积为 38 万平方米，公建（地上 3 层）建筑面积为 3.05 万平方米（另赛后公建增加面积 2 750 平方米）。

奥运村赛时主要用于接待运动员及各国奥委会成员；赛后作为高档住宅。奥运赛时的使用方案及能源需求与赛后有较大差异，空调冷负荷赛时为 29.98 MW，赛后为 22.83 MW，赛时比赛后大 31%。赛后供暖负荷为 19.94 MW。

奥运村再生水源热泵项目采用清河污水处理厂的二级排放水作为热泵系统的冷热源。热泵系统冬季从再生水吸收热量，升温后为奥运村供暖；夏季通过热泵系统将奥运村建筑内的热量"搬运"到再生水中，为奥运村制冷，具有高效、环保、节能等优点，符合可持续发展的要求，是一种新型可再生清洁能源利用技术。

再生水源热泵系统充分利用了污水中的低品位能量，使用少量电能驱动便可达到冬季采暖、夏季制冷的目的,1 kW 的电能可产生大于 4.5 kW 的热能,是一种新型、高效的可再生清洁能源利用技术。

奥运村再生水热泵系统每年可从再生水中提取能量折合标准煤约为 4 900 吨,折合天然气约为 335 万立方米,可减排 CO_2 4 300 吨,SO_2、NO_x 213 吨,粉尘 49 吨。和常规制冷方式相比,每制冷季可减少 2.5 万吨冷却用水。

该项目技术居于国际领先水平,为我国的城市污水热能开发利用起到典型的示范作用;紧紧抓住奥运这一机遇实施该项目,加速了污水热能利用的发展,为建设可再生能源产业化、能源利用多元化,发展循环经济,建设节约型城市,实现可持续发展发挥良好的推动作用。

5.2　热能利用参数获取

城镇再生水源热泵技术在我国拥有广阔的应用前景。为了科学、高效利用再生水热能,需要开展再生水热能勘查评价工作,获取再生水热能利用参数。再生水热能参数主要包括再生水的水温参数、水质参数与水量参数。

5.2.1　水温参数获取

可采用人工定时测试和在线仪表测试两种方式采集污水处理厂排水口再生水水温参数。在线水温测试仪表可选用 DSR‐T 温度记录仪,大屏幕显示温度数据,直观明了。温度测量范围为$-45\sim105$℃,温度精度为±0.5℃,温度分辨率为 0.1℃,存储容量为 21 840 组,记录间隔为 2 s～24 h 可调。

5.2.2　水质参数获取

可采用定期取水样进行实验室水质分析和在线仪器实时测试两种方式采集水质参数。

1. 取水样进行实验室水质分析

（1）水质分析参数筛选

水质分析参数筛选的原则为:在热泵工况下,可能导致换热器内结垢和腐蚀的再生水水质参数。在上述筛选原则的指导下,参考《水和废水监测分析方法》中所列的废水水质监测指标,筛选获得两类再生水水源特性参数,即生物特性参数和非生物特性参数。生物特性参数包括异养菌浓度、异养菌优势菌群及叶绿素含量;非生物特性参数包括 COD、总磷、总氮、氨氮、Ca^{2+}、Mg^{2+}、Fe、Al^{3+}、Cl^-、SO_4^{2-}、PO_4^{3-}、BOD_5、TOC、总碱度、总悬浮固体、总溶解性固体、总硬度、电导率、SiO_3^{2-}、HCO_3^-。

（2）测试方法

实验水样为从污水处理厂排水口现场采集的再生水排水。水样采集方法为:将 100 mL 三角瓶经清洗后晾干,用封口膜封好,高压灭菌。现场取水 100 mL 左右,封好封口膜。所取水样在 2 h 内被送往微生物实验室进行检测。

2. 在线仪器实时检测

采用多参数便携水质分析仪,到污水处理厂进行现场水质测试,检测项目包括温度、pH、电导率、TDS(总溶解性固体)、浊度、Cl^-、氨氮。

5.2.3　水量参数获取

采用人工测量排水口外形尺寸、再生水排水水位、流速计算水量。

$$Q = 3\,600 \times A \times v \qquad\qquad (5-1)$$

式中,Q 为再生水水量,m^3/h;A 为排水口过水面积,m^2;v 为流速,m/s。

5.3　热能利用系统形式分析

根据再生水与制冷剂之间的换热关系将城市再生水源热泵系统分为两大类:若再生水与制冷剂之间不通过任何中介媒质而仅仅通过换热器壁面进行换热,这样的热泵系统称为直接再生水源热泵系统(简称直接式系统);若热量传递过程中存在中介媒质,则为间接再生水源热泵系统(简称间接式系统)(图5-1)。本节针对再生水源热泵系统目前常用系统形式,分析各自结构特点、适用场合,通过理论计算比较系统性能和经济性,对常用再生水换热器性能特点进行对比。

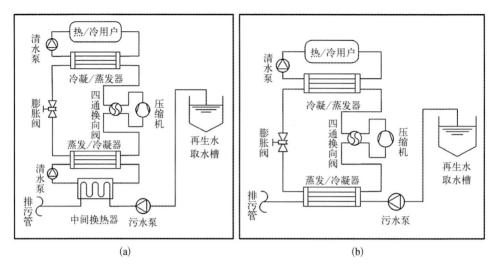

图 5-1 再生水源热泵系统图

（a）直接再生水源热泵系统；（b）间接再生水源热泵系统

5.3.1 系统结构

间接式系统与直接式系统两者各有特点,目前技术上比较成熟、工程上普遍采用的是间接式系统。间接式系统中,再生水不进入热泵机组,可有效避免热泵机组换热器的腐蚀和堵塞问题,增加系统设备运行的可靠性。与间接再生水源热泵系统相比,直接式系统具有更为简单的系统形式和理论上更高的性能系数。在间接式系统中,热量的传递路线是再生水、中介水、制冷剂。从热力学的角度分析,中介媒质的存在增加了传热热阻,导致能量在转移过程中其品质有一定的下降,因此整个热泵系统的性能系数也随之下降。同时,中介媒质的存在也使再生水的可利用温差区间减小。没有中介水系统的直接再生水源热泵系统形式得到简化,但对热泵蒸发器、冷凝器防堵、防垢、防腐性能的要求大大提高。

从经济方面比较,间接式系统增加了中间换热器、中介水循环泵等设备,增加了这些设备的投资并使相应的运行费用有所增加,但再生水不直接进热泵机组,因此对热泵机组的要求不高,可采用现有常规热泵;直接式系统再生水直接进入热泵机组,需要机组进行特殊的处理,研发、生产成本较高,后期清洗、维护等成本亦会上升。

另外,由于间接式系统的再生水与系统隔离,对于热泵机组供冷、供热没有特殊要求,更适合既供冷也供热的场合,大型直接式系统涉及管路的清洗,更适合仅供暖或仅供冷的场合。

国外的工程实例中,直接式系统的应用大部分为经过污水厂处理的二级出水或中水,水质较好,接近河水等地表水甚至优于海水,因此对机组的要求并不高,且仅用于供暖。个别运用原生污水为热源的直接式热泵系统一般都采用滤网、格栅、自动筛滤器等过滤装置对污水进行粗效处理,并经沉渣池去除再生水中的杂物,对于污水直接进入机组所形成的污垢要通过定期物理、化学冲洗以保证机组能够继续使用。大部分一级出水、城市原生污水作为热泵热源时,都要采用污水换热器,进行一次中间换热,即采用间接式系统。

目前我国污水源热泵直接式系统在使用原生污水、一级出水作为热源的实际工程较少,基本都是间接式系统,即使是使用二级出水的再生水源热泵,在实际应用时也非常谨慎,常使用间接式系统。

5.3.2　再生水换热器

再生水源热泵系统中,无论是直接式系统还是间接式系统,再生水都将进入换热器与制冷剂或清水进行换热。

1. 以再生水为介质的换热器选型时须考虑的三个原则

(1) 满足低温差传热;

(2) 减轻污垢影响,具备防腐性能;

(3) 易于清洗。

2. 常用再生水换热器形式及特点

在各种不同类型的再生水换热器中,以管壳式换热器和板式换热器应用得最为广泛,下面对这两种换热器进行比较[1-3]。

(1) 基本构造

管壳式换热器主要由壳体、管束、管板和顶盖(又称封头)等部件组成,如图 5-2 所示。

板式换热器通常由板片、密封垫片、固定压紧板、活动压紧板、压紧螺柱和螺母、上下导杆、前支柱等零部件所组成,其板片的数量可以随意增减,十分灵活,如图5-3所示。

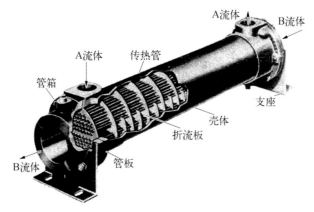

图5-2　管壳式换热器

图5-3　板式换热器

（2）传热性能

管壳式换热器的最小平均传热温差可以达到3~5℃,板式换热器则可以达到1~3℃。

（3）许用压力和温度

管壳式换热器适用于较高的压力和温度。板式换热器的适用范围不如管壳式换热器广。但是对于再生水源热泵来说,板式换热器的工作范围足以满足要求。

（4）占地面积及质量

管壳式换热器由于体积较大,除非吊出安装位置进行检修,否则还需要预留抽出管束的场地。板式换热器结构紧凑,单位体积内的传热面积为管壳式换热器的 2~5 倍。板式换热器只须卸掉压紧螺柱,即可实现板片的拆卸,检修维护容易。

（5）抗垢防堵性能

一般情况下,板式换热器的污垢系数小于管壳式换热器。由于板式换热器的板间距较窄(最小可达到 3~4 mm),当水质恶劣的时候,板式换热器比管壳式换热器更容易发生堵塞。因此,将板式换热器用于再生水源热泵系统中时,通常需要对再生水进行一定程度的处理。

相比于管壳式换热器,板式换热器具有占地小、传热系数高、对数平均温差小及单位换热量造价低等特点,经济性较为突出。污垢问题是板式换热器应用于再生水等非洁净流体介质过程中必须解决的关键问题之一。

3. 换热器材料的选择

换热器按其材质可分为金属换热器和非金属换热器。制造金属换热器的主要材料有铜及铜合金、铝合金、不锈钢和钛合金。非金属换热器则主要包括各种结构的塑料管换热器或铝塑复合管换热器等。

5.3.3　再生水源热泵系统的性能计算模型

再生水源热泵直接式系统与间接式系统因热传递路径不同,系统性能计算方法亦不相同。针对直接式系统与间接式系统,分别提出性能计算模型。

采用性能系数(COP)作为统一评价指标:

$$COP = \frac{收益}{代价} \tag{5-2}$$

式中,供暖工况下 $COP_h = \dfrac{供热量}{耗电量}$,制冷工况下 $COP_c = \dfrac{制冷量}{耗电量}$。

1. 直接式系统的性能参数计算

直接式系统为再生水直接进入蒸发器或冷凝器与制冷剂进行换热,再生水由取水设备经防阻处理、再生水泵提升后直接进入机组的蒸发器,放出热量后排回到再生水干渠中。热泵机组的制冷剂吸收再生水的热量,经压缩升温后将热量提供给用户,如图5-4所示。

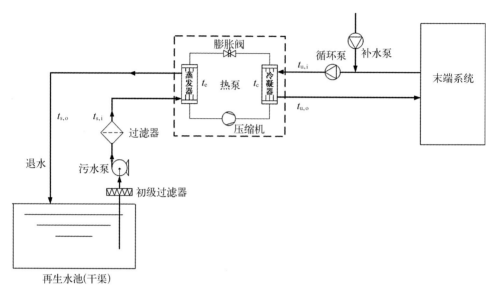

图5-4　直接式系统图（供暖工况）

（1）供暖工况

直接式热泵中常用的蒸发器、冷凝器一般为卧式壳管式,传热介质的流动方式为逆流,传热平均温差采用对数平均温差计算如式:

$$
\left.
\begin{aligned}
\Delta t_{m, e} &= \frac{t_{w, i} - t_{w, o}}{\ln \dfrac{t_{w, i} - t_e}{t_{w, o} - t_e}} \\[4mm]
\Delta t_{m, c} &= \frac{t_{u, i} - t_{u, o}}{\ln \dfrac{t_c - t_{u, o}}{t_c - t_{u, i}}}
\end{aligned}
\right\}
\tag{5-3}
$$

式中,$\Delta t_{m, e}$、$\Delta t_{m, c}$分别为蒸发器、冷凝器中的对数平均传热温差,℃;$t_{w, i}$、$t_{w, o}$分别为再生水进入、流出蒸发器温度,℃;$t_{u, i}$、$t_{u, o}$分别为热泵供热水出水、回水温度,℃;t_e为热泵蒸发温度,℃;t_c为热泵冷凝温度,℃。

再生水温降即再生水进、出蒸发器温度差,记为

$$\Delta t_{\mathrm{w}} = \Delta t_{\mathrm{w, i}} - \Delta t_{\mathrm{w, o}} \tag{5-4}$$

用户采暖供回水温度差记为

$$\Delta t_{\mathrm{u}} = \Delta t_{\mathrm{u, i}} - \Delta t_{\mathrm{w, o}} \tag{5-5}$$

将各式代入方程组可解出冷凝温度和蒸发温度为

$$t_{\mathrm{c}} = \frac{t_{\mathrm{u, i}} \, \mathrm{e}^{\frac{\Delta t_{\mathrm{u}}}{\Delta t_{\mathrm{m, c}}}} - t_{\mathrm{u, i}} + \Delta t_{\mathrm{u}}}{\mathrm{e}^{\frac{\Delta t_{\mathrm{u}}}{\Delta t_{\mathrm{m, c}}}} - 1} \tag{5-6}$$

$$t_{e} = \frac{t_{\mathrm{w, o}} \, \mathrm{e}^{\frac{\Delta t_{\mathrm{w}}}{\Delta t_{\mathrm{m, e}}}} - t_{\mathrm{w, i}}}{\mathrm{e}^{\frac{\Delta t_{\mathrm{w}}}{\Delta t_{\mathrm{m, e}}}} - 1} \tag{5-7}$$

再生水温降、用户采暖供回水温差、冷凝器、蒸发器传热的对数平均温差可根据所选用的设备种类、制冷剂种类来确定。

（2）制冷工况

热泵系统一般须具备冬季供暖及夏季制冷功能，切换方法包括内切换和外切换两种，内切换为在机组内部使用四通阀等方法进行切换，外切换为在机组外通过阀门的启闭进行切换。实际中热泵系统经常是大、中型采暖、制冷系统，内切换方法简便但可靠性较低，外切换方法较为普遍。

制冷工况下，再生水直接进入热泵冷凝器带走热量。

与供暖工况不同，此时再生水进入热泵冷凝器，因而蒸发温度与冷凝温度为

$$t_{e} = \frac{t_{\mathrm{u, i}} \, \mathrm{e}^{\frac{\Delta t_{\mathrm{u}}}{\Delta t_{\mathrm{m, e}}}} - t_{\mathrm{u, i}} - \Delta t_{\mathrm{u}}}{\mathrm{e}^{\frac{\Delta t_{\mathrm{u}}}{\Delta t_{\mathrm{m, e}}}} - 1} \tag{5-8}$$

$$t_{\mathrm{c}} = \frac{(\Delta t_{\mathrm{w}} + t_{\mathrm{w, i}}) \, \mathrm{e}^{\frac{\Delta t_{\mathrm{w}}}{\Delta t_{\mathrm{m, c}}}} - t_{\mathrm{w, i}}}{\mathrm{e}^{\frac{\Delta t_{\mathrm{w}}}{\Delta t_{\mathrm{m, c}}}} - 1} \tag{5-9}$$

2. 间接式系统的性能参数计算

间接式系统的再生水先进入中间换热器，将热量传递给中间循环水，再由中间水将热量传递给制冷剂，再生水不直接进入热泵机组，如图 5-5 所示。

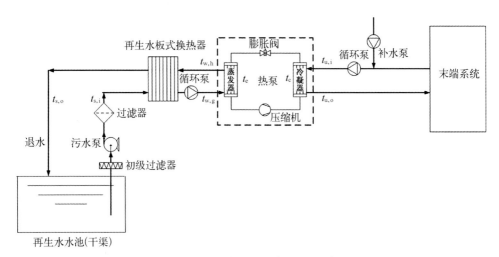

图 5-5　间接式系统（供暖工况）

（1）供暖工况

间接式系统与直接式系统相比，增加了再生水换热器，在求解蒸发温度和冷凝温度时需要借助中间换热器的对数平均温差。因此将系统中各点的温度代入逆流对数平均温差计算式，可得如下方程组：

$$
\left.
\begin{aligned}
\Delta t_{\mathrm{m,e}} &= \frac{t_{\mathrm{z,i}} - t_{\mathrm{z,o}}}{\ln \dfrac{t_{\mathrm{z,i}} - t_{\mathrm{e}}}{t_{\mathrm{z,o}} - t_{\mathrm{e}}}} \\[3mm]
\Delta t_{\mathrm{m,c}} &= \frac{t_{\mathrm{u,i}} - t_{\mathrm{u,o}}}{\ln \dfrac{t_{\mathrm{c}} - t_{\mathrm{u,o}}}{t_{\mathrm{c}} - t_{\mathrm{u,i}}}} \\[3mm]
\Delta t_{\mathrm{m,z}} &= \frac{(t_{\mathrm{w,i}} - t_{\mathrm{z,i}}) - (t_{\mathrm{w,o}} - t_{\mathrm{z,o}})}{\ln \dfrac{t_{\mathrm{w,i}} - t_{\mathrm{z,i}}}{t_{\mathrm{w,o}} - t_{\mathrm{z,o}}}}
\end{aligned}
\right\}
\tag{5-10}
$$

式中，$t_{\mathrm{z,i}}$，$t_{\mathrm{z,o}}$ 分别为中间循环水进入、流出蒸发器温度，℃；$\Delta t_{\mathrm{m,z}}$ 为再生水换热器平均传热温差，℃。

循环水温降记为

$$
\Delta t_{\mathrm{z}} = t_{\mathrm{z,i}} - t_{\mathrm{z,o}}
$$

其他符号同上。

计算可得

$$t_e = \frac{t_{z,o} e^{\frac{\Delta t_z}{\Delta t_{m,e}}} - t_{z,o} - \Delta t_z}{e^{\frac{\Delta t_z}{\Delta t_{m,e}}} - 1} \quad (5-11)$$

$$t_c = \frac{t_{u,i} e^{\frac{\Delta t_u}{\Delta t_{m,c}}} - t_{u,i} + \Delta t_{u,i}}{e^{\frac{\Delta t_u}{\Delta t_{m,c}}} - 1} \quad (5-12)$$

$$t_{z,o} = \frac{(\Delta t_{w,i} - \Delta t_w) e^{\frac{\Delta t_w - \Delta t_z}{\Delta t_{m,z}}} - (t_{w,i} - \Delta t_z)}{e^{\frac{\Delta t_w - \Delta t_z}{\Delta t_{m,z}}} - 1} \quad (5-13)$$

根据传热关系有

$$\Psi = c_w Q_w \Delta t_w = c_z Q_z \Delta t_z \quad (5-14)$$

式中，c_w 为再生水比热，$kJ/(kg \cdot K)$；c_z 为中间循环水比热，$kJ/(kg \cdot K)$。

进而可确定系统各点温度，另外蒸发器蒸发温度比中间循环水出口温度低 2～4℃，可作为核算条件。

（2）制冷工况

制冷工况下，再生水作为冷源带走热量，各温度计算如下。

$$\left.\begin{array}{l} \Delta t_{m,c} = \dfrac{t_{z,o} - t_{z,i}}{\ln \dfrac{t_c - t_{z,i}}{t_c - t_{z,o}}} \\[4mm] \Delta t_{m,e} = \dfrac{t_{u,o} - t_{u,i}}{\ln \dfrac{t_{u,o} - t_e}{t_{u,i} - t_e}} \\[4mm] \Delta t_{m,z} = \dfrac{(t_{z,o} - t_{w,o}) - (t_{z,i} - t_{w,i})}{\ln \dfrac{t_{z,o} - t_{w,o}}{t_{z,i} - t_{w,i}}} \end{array}\right\} \quad (5-15)$$

5.4　热能利用环境影响评价

5.4.1　再生水水量逐时分布

再生水水量是决定再生水取用规模的基础条件,而再生水水量逐时分布是决定再生水取用规模的限制条件。

不同季节,再生水水量逐时分布存在一定规律性。以某污水处理厂为例,对二级出水进行流量监测,结果表明再生水水量存在季节分布和日分布特性,1月1日该污水处理厂再生水排水水位日变化情况如图5-6所示。

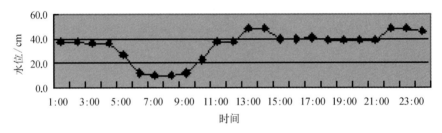

图5-6　1月1日某污水处理厂再生水排水水位日变化

季节分布方面,冬季再生水水量少、波动较大,最小流量出现在1月底、2月初;夏季再生水水量较大、波动较平缓。

日分布方面:

(1) 二级出水日平均排放量为 1.67×10^4 m³/h。

(2) 日最低排放量为 0.75×10^4 m³/h,仅为日平均排放量的45%,一般出现在凌晨 6:00 左右,持续 1~2 h。

(3) 日最高排放量超过 2×10^4 m³/h,一般出现在每日午后 12:00~14:00 和晚上 18:00~20:00。

同时应考虑再生水水量逐时分布与冷、热负荷逐时分布的关系。冬季,供热负荷与再生水量呈现相反的趋势,夜间是系统供热负荷高峰期,同时也是再生水排放低谷期;夏季,空调负荷与再生水量呈现相同的趋势,夜间是空调的低峰负荷时间段,也是再生水排放低谷期;再生水空调高峰时间段出现在中午 12 点至晚间 10 点,具体时间随不同建筑气候条件改变,相应地,此时间段也是再生水厂排水量高峰期。

掌握城镇再生水处理厂二级出水温度及日排放量变化规律,有助于统筹考虑冷热源特性及用户端冷热需求,为再生水源热泵系统的方案设计提供必要依据。应该指出的是,再生水厂二级出水的供热或空调能力是根据最不利日的最不利时段确定的。在不设置蓄水池的情况下,日相对低流量高负荷时间段流量决定了系统的建设规模;其流量决定的供热空调面积即为再生水源热泵系统可实现的最大供热空调面积。

为了充分利用再生水资源,扩大热泵系统建设规模,可以设置蓄水池,对再生水逐时流量进行移峰填谷。同时可适当设置调峰热源,与再生水源热泵系统形成互补,可在充分利用再生水资源的基础上,优化配置,并具备较高的安全可靠性。

5.4.2　再生水取热温差

再生水水温决定着再生水设计可利用温差的范围及系统效率。应用中应掌握水资源温度资料,比如特征日的再生水温度日变化曲线、日最高温度、日最低温度、日平均温度及最冷月、最热月的温度特征曲线等。

计算再生水可利用热能资源量公式为

$$Q = c_p m \Delta t \tag{5-16}$$

式中,Q 为再生水可利用热能资源量,kW;c_p 为再生水比热容,kJ/(kg · K);m 为再生水质量流量,kg/s;Δt 为再生水取热温差,K。

确定取热温差须考虑三个方面:

(1)再生水水温,是决定取热温差的基础条件;

(2)增大换热温差,可以减小再生水流量,从而减小输送再生水管的管径和泵的能耗,但是会增加机组的能耗;

(3)小温差、大流量形式,增大再生水流量,可以提高机组蒸发温度,对提高机组的 COP 有利,但是会增加再生水水泵的输送能耗。

5.4.3　温度改变影响分析

再生水源热泵排水时会释放热量,给受纳水体会造成一定程度和一定范围的人为温度上升或温度下降,进而给自然状态下的水生态系统带来各种各样的影响。为保护自然界水域生态环境的动态平衡,合理开发利用水资源,我国在近几年制定并颁布了相应标准,对热污染源做出一定的限制,《地表水环境质量标准》(GB 3838—2002)[4]规定:中华人民共和国领域内江、河、湖泊、水库等具有适用功能的地面水水域,人为造成的环境水温变化应限制在夏季周平均最大温升≤1℃,冬季周平均最大温降≤2℃。

1. 排水水温对受纳水体的水质影响

水体温度的变化对水体的密度、饱和水气压、黏滞系数、气体在水中的扩散系数以及气体溶解度等水的物理性质都有影响,水体温度升高对水体最显著的变化是导致水体中溶解氧的减少。通常我们认为,水体温度的升高会使水体的密度减小、黏度降低、水中沉积物的数量和空间位置也会发生变化,从而导致污泥沉积量的增多。此外,水体温度的增加,还会引起水中溶解氧含量下降以及溶解氧饱和度减小,温度升高的水体的总硬度、含盐量、化学需氧量、氨氮等水质指标同时也会发生相应的变化。

2. 排水温度对水生生物的影响

排水过程中即使发生很小的温度变化,如果它影响到生态系统的大部分,或者温度变化的持续时间比较长,也会使水生生物的生态系统的物种组成发生变化。一个生态系统的自净能力如何,可以耐受的水温有多高与水体的环境容量有关。排水温度对水生生物的影响,主要体现在对鱼类和底栖动物的影响以及对浮游植物生长的影响[5]。

5.4.4　再生水取排水系统

再生水取排水系统是指热泵机组从再生水取水口获得水资源,通过输送管线送至机房,经过利用后再送回排放的管道系统及附属设施,包括取水口、水泵、管线、过滤设备、排水口等。热泵系统排水所带来的收纳水体温变对取、排水位置的影响是实际工程面临的难点,另外取排水系统的设计,不仅关系到系统需水量的满足与系统的稳定可靠性,并且涉及市政、交通等方面的一系列规章制度,以及投资费用,控制管理与维护,因此再生水取排水系统的设计应该根据项目的实际情况与工程需要对其进行合理的选择与设计。

　　热泵夏季工况具有一定温升的再生水由排水口进入水体后,受纳水域在一定时间后达到热平衡状态,其所带的废热有三个去向:一是由排水口回归进入取水口(所谓"短路",当取、排水口距离较近,或流向有变化时发生);二是由水域的自由水面逸散进入大气;三是由环境水体带走,进入下游水域,扩大影响区域。从热泵系统的角度考虑,为了最大效率地发挥经济效益,在热泵系统工程设计时,要全力避免第一种情况发生;从水生态环境保护的角度考虑,则需要尽量减少第三种热量转移的发生。

　　1. 取排水口设置方式

　　工程水系统取水口和排水口的设计主要分为分列式、差位式和重叠式三种[6],不同的设置各有优异,适用范围也不相同。其设计布置总的思路是尽量避免排水口出水直接进入取水口,利用取、排水口的空间距离,利用水域的自然功能和水流动能特性带走使用过的系统排水,尽量减少冷热流道的掺混干扰,达到系统稳定安全取得水的目的,并降低排水对周围环境的负面影响。

　　分列式　如图5-7所示,系统取水口和排水口在平面上要保持一个相当大的距离,目的是避免使用过的系统排水进入取水水域影响取水水质,在我国及世界其他各国,绝大部分电厂的水循环冷却系统都采用这种布局。其特点是设计施工简便,适用范围广,可靠性高;通过增加取、排管道或渠道扩大取、排水口的横向距离,从而避免取、排水的相互掺混影响。

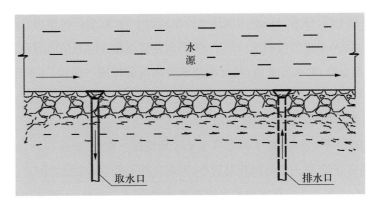

图5-7　分列式取、排水口布置图

　　重叠式　如图5-8所示,即在排水口下面一定深度处布置取水口,取、排水口的平面距离为零,它利用不同温度水体分层的现象,从底部抽取冷水,从表层排出

温水。有学者提出取水口倾向上游,排水口倾向下游的取、排水口布置,称其为 Y
形取、排水口布置,也属于重叠式的取、排口设计,这样的布置能够达到更好的安全
取水效果。重叠式取排系统的特点是:打破了排、取水口一定要有较大平面间距的
传统观点,不但节省管道及渠道建设投资、方便管理,而且它的水力、热力特性也优
于分列式;但采用重叠式取、排水口,要求水域必须具备一定的水深和一定的容积
等前提条件。

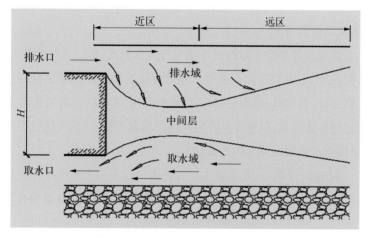

图 5-8　重叠式取、排水口布置图

差位式　指取、排水口之间的距离主要在同一河道断面垂直水流方向的横间距,
取水口在河道中间,排水口在岸边或排水口在河道中间,取水口在岸边。这种方式把
取、排水口间距从水流方向的法向间距,转移到垂直水流方向的横向间距上来。其特
点是:排水有去路,取水有来源;同时取排水管线可采用同一渠道,不但节省建设投
资、方便管理,而且它的水力、热力特性也优于分列式及重叠式,但是差位式运用的前
提条件是水域有较大的横向、纵向空间。

当采用城市再生水时,由于城市再生水干渠宽度一般在 10 m 以内,且水深不超
过 1 m,其横向空间、纵向空间都相对较小,因此在再生水干渠中设置同一垂直面的再
生水取、排口,必然会造成排水与取水的掺混,降低取水冷热量,因而必须采用分列式
的取、排水口设置,充分考虑取水口与排水口之间的相互影响,选择合理的间距将取、
排水口设置在污干渠同一连通水域的不同区域,以保证取、排水域相互独立,互不
掺混。

2. 取水方式

再生水源热泵系统的主要取水方式归结为全淹没湿式取水、干式水泵取水、自吸水泵取水[6]。每种取水方式都有其各自的特点,根据工程实际情况,我们可以选择相应的取水方式。

5.4.5　收纳河道水温分布研究

取用后温度升高或降低的再生水排入收纳河道,一方面需要关注混合后的水温变化,另一方面则要关注温度分布情况,这对决定再生水取水口、排水口位置有重要价值。

再生水自排放口向附近水域三维空间扩散,其影响范围主要取决于温差、流量和受纳水域水文地质特征。本节仅从河流热环境角度考虑再生水排放到河流后对河道的热影响。下文主要采用数值计算的方法对该问题进行初步分析。

1. 计算条件

再生水的河道的热影响因素有很多,例如注入流量与河道流量的比例、注入温度、河道两侧情况、气候条件等。

为了分析基本变化规律,建立二维模型,如图 5-9 所示。

图 5-9　再生水的河道二维模型

河道宽度与再生水入口比例是本节研究的变量之一,为了简化分析,本次计算考虑夏季与冬季工况的对比,假定河水流动均匀且水流保持 1 m/s 的流速,在计算传热时,假定河道为绝热状态。

对于不同宽度的河道,简化为大、中、小三种宽度类型。

在计算中,河道内水体流动认为是湍流流动,计算过程采用标准 k-e 模型。

2. 水温分布的计算分析

（1）小型河道工况

计算设定小型河道的宽度与出水口的比例为 5∶1。

夏季工况时,排放的再生水温度高于河道内水体温度,假定一般正常河水的夏季温度为30℃,再生水排放的温度为36℃。

如图5-10所示,再生水排水口温度对于河流的温度分布情况影响较大,再生水排水口处水体温度分布情况如图5-11所示。

图5-10 夏季工况下小型河道水体温度变化情况

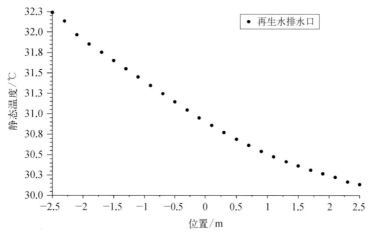

图5-11 再生水排水口处水体温度分布图

通过水体温度变化曲线可以明显看出,收纳河道在靠近再生水排放口一侧的温度波动较大,随着水体流动的进行,河道温度逐渐趋于一致,温度提升约为1℃。

　　冬季工况下分析得到的水体温度变化情况如图 5 - 12 所示,河道水体温度分布与夏季工况基本类似,排放口侧的河流水体温度所受到的影响较大。

图 5 - 12　冬季工况下小型河道水体温度变化情况

　　夏季工况下,改变再生水排水口流速为 0.2 m/s 和 5 m/s,观察水体温度的变化情况。

　　在排水口处水体流速为 0.2 m/s 时,此时的流量比为 25∶1,此时小型河道水体温度变化情况如图 5 - 13 所示。

图 5 - 13　流速为 0.2 m/s 时夏季工况下小型河道水体温度变化情况

　　此时的水体流量比例较为符合实际情况,得到的结果就是在排水口处附近水温有一定影响,随着水体的流动,对温度的影响也逐渐减弱,此时排水口处在下游的水体温度变化为 0.3~0.6℃。

　　改变再生水排水口处流速为 5 m/s,得到的结果如图 5-14 所示。

图 5-14　流速为 5 m/s 时夏季工况下小型河道水体温度变化情况

　　此时的水体温度变化十分明显,主要是因为此时再生水和河道水体的两股流量恰好相等,可以作为上限情况。

　　(2)中型河道工况

　　中型河道的宽度与出水口的比例为 20:1。

　　如图 5-15 所示,夏季工况下,河流水体的温度变化所受到的影响较大,通过温度变化情况可以明显看出,收纳河道靠近排放口一侧的温度波动较大,随着流动的进行,河道温度逐渐趋于一致,但是由于此时两者的流量比例较小,所以温度得到明显的提高,本例中温升约为 1℃,如图 5-16 所示。

　　冬季工况下,中型河道水体温度变化与夏季工况情况类似,如图 5-17 所示。

　　(3)大型河道工况

　　大型河道的宽度与出水口的比例为 50:1。夏季工况下大型河道水体温度变化情况如图 5-18 所示。

图 5-15　夏季工况下中型河道水体温度变化情况

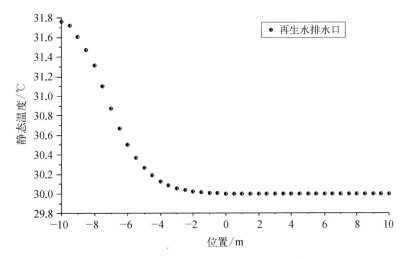

图 5-16　再生水排水口处水体温度变化曲线图

　　此时排水口侧下游依然受到注入再生水的影响,温升约为 1℃,这从排水口温度分布就可以明显看出来,其局部放大图如图 5-19 所示。

　　通过计算可以明显看出,在流量比很小的情况下,再生水排水口虽然对整体河道流动没有太大的影响,但是能够影响再生水排水口侧的河水,使其温度上升约 1℃,冬季工况下大型河道水体温度变化情况如图 5-20 和图 5-21 所示。

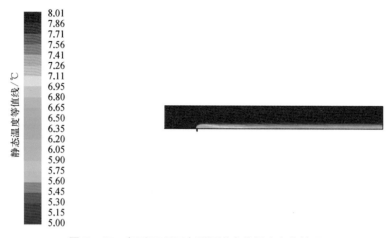

图5-17　冬季工况下中型河道水体温度变化情况

图5-18　夏季工况下大型河道水体温度变化情况

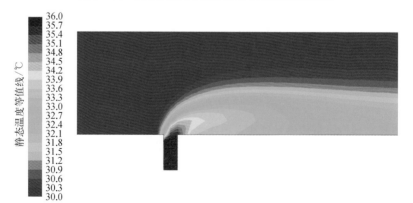

图5-19　排水口温度分布局部放大图

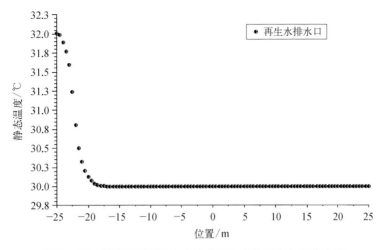

图 5-20　冬季工况下再生水排水口处水体温度变化曲线图

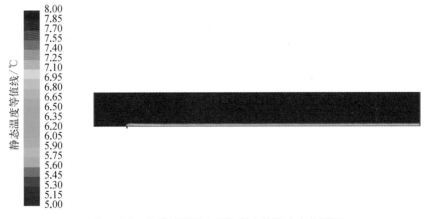

图 5-21　冬季工况下大型河道水体温度变化情况

5.5　热能利用输送距离研究

再生水源热泵系统的运行模式是小温差、大流量,输送管线投资大,输送能耗直接影响系统的节能潜力与经济性。

热源或水源(机房或再生水厂)与建筑物的距离越大,输送管网的投资及水泵的运行能耗越高。当距离较远时,投资与能耗过大,可能不适宜输送或建设热泵系统。因此适宜的热源或水源距离是有界限的,将适宜的最大距离称为距离界限。本节建立再生水热能输送距离模型,包括温变距离界限、能耗距离界限和经济距离极限三个限制条件,对应影响再生水热能输送距离三个关键因素:一是再生水输送过程中的温度变化,为技术性限制因素,影响到热泵系统效率及可利用的再生水温差;二是输送能耗,影响系统整体的节能性;三是输送成本,为经济性限制因素,须考虑管道铺设成本、运行费用。

5.5.1　输送模型的建立

1. 再生水热能利用的五种输送模式

(1) 热泵站房建在再生水处理厂的直接式系统,需要将内部管网热水远传。

(2) 热泵站房建在再生水处理厂的间接式系统,需要将内部管网热水远传。

(3) 热泵站房建在用户侧的直接式系统,需要将外部再生水远传。

(4) 热泵站房建在用户侧的间接式系统(换热站建在水源侧),需要将循环清水远传。

(5) 分户间接式水环热泵系统(换热站建在水源侧),需要将循环清水远传。

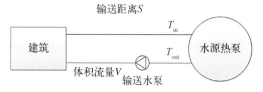

图 5‐22　热源或水源的输送物理模型图

图 5‐22 是一种热源或水源的输送物理模型图,依此建立输送距离与能耗、温降关系模型。

2. 输送计算

输送过程的能耗满足下列关系:

$$V = \frac{Q_q}{\rho c \Delta t} \tag{5-17}$$

$$\Delta P = 2RS(1 + \alpha) + \Delta H \tag{5-18}$$

$$N_s = \frac{V \Delta P \psi}{\eta} \tag{5-19}$$

式中,V 为体积流量,m^3/s;Q_q 为从再生水中提取的热量或冷量,或者供应的热量或冷量,W;Δt 为再生水取热温差,℃;ΔP 为循环水系统的总阻力,Pa;R 为输送管网单位长度的沿程阻力(或比摩阻),Pa/m;S 为输送距离,m;α 为局部阻力占沿程阻力的百分比,%;ΔH 为换热设备的阻力,Pa;N_s 为输送水泵的能耗,W;ψ 为水泵选型余量因数,一般取 1.1 左右; η 为输送水泵的效率。

介质输送能耗占整个热泵系统能耗的比例定义为输送能耗比,可表示为

$$\Delta = \frac{\text{介质输送能耗}}{\text{系统总能耗}} = \frac{\text{输送泵能耗}}{\text{热泵机组能耗} + \text{输送泵能耗}}$$

$$= \frac{N_s}{Q_q f(\varepsilon) + N_s} \tag{5-20}$$

式中,Δ 为输送能耗占热泵系统的能耗比重,%; ε 为热泵机组的性能系数; $f(\varepsilon)$ 为热泵能耗系数,其与热泵机组的性能系数 ε 相关, $Q_q f(\varepsilon)$ 为热泵机组对应能耗值。

在不同输送模式下,$f(\varepsilon)$ 的具体表达式分别如下。

(1) 输送水源水(再生水或中介净水)

热泵系统自水源水取热时:

$$f_1(\varepsilon) = \frac{1}{\varepsilon_r - 1} \tag{5-21}$$

热泵系统向水源水放热时:

$$f_1(\varepsilon) = \frac{1}{\varepsilon_c + 1} \tag{5-22}$$

(2) 输送供热热水、供冷冷水

当输送热水时:

$$f_1(\varepsilon) = \frac{1}{\varepsilon_r} \tag{5-23}$$

当输送冷水时:

$$f_1(\varepsilon) = \frac{1}{\varepsilon_c} \tag{5-24}$$

式中,ε_r 为系统制热性能系数; ε_c 为系统制冷性能系数。

输送过程温度沿程变化公式为

$$T_L = T_0 + (T_i - T_0) \exp\left(\frac{-K\pi DL}{c_p \dot{m}}\right) \tag{5-25}$$

式中，T_L 为长度 L 之后管内流体温度，K；T_0 为环境温度即土壤温度，K；T_i 为管道入口温度，K；K 为管内流体向周围介质的总传热系数；D 为管道直径；c_p 为管内流体比热，kJ/(kg·K)；$\dot{m}$ 为管内流体的流量；L 为管路铺设长度。

基于以上物理模型，分别讨论限制输送距离的各项因素。

5.5.2　再生水输送管道技术的选择

1. 管道材质

参考各类工程经验，列举常用管道材质的种类与特点如下。

（1）焊接无缝钢管：焊接无缝钢管带有防腐层，施工过程中需要进行开挖埋管，同时对焊接工艺的要求较高。直径较小，焊接量大，一般可独立完成管线铺设。

（2）球磨铸铁管：直径较大，内壁采用水泥砂浆防腐层，外层普通防腐，接口采用橡胶圈柔性接口；球磨铸铁管与 PE 管连接时，接口采用法兰连接；与闸阀、伸缩接头连接，采用法兰接口。一般与 PE 管配合使用。

（3）PE 类管材：直径较大，价格便宜，可以进行拉管式铺设，无须开挖，无须防腐处理，PE 管之间连接，接口采用热熔接口；一般与球磨铸铁管联合使用。

（4）水泥管材：水泥管材是利用水泥制成的一种管道，部分管材中包含钢筋，部分不包含钢筋。价格较低，管径较大。管材保温性能一般，存在渗漏，常作为大流量水运输管道，施工过程中需要进行开挖埋管。

（5）玻璃钢夹砂管：一种新型管材，主要作为球磨铸铁管和水泥管材的替代管材。耐腐蚀性能较好，保温性能较好，输送流量大，安装较方便，工期短。管道的长度一般为 6~12 m/根，单根管道长，接口数量少。

一些工程实例中，根据不同的需求选取了不同的管道材质。北京奥运村制冷工程，再生水引水管管径为 DN16000，材质水泥管，管底到地表面的距离为 4~5 m；换热水循环管线管径为 DN800，材质为夹砂玻璃钢管，管底到地表面的距离为 3~4 m，进入奥运村后局部管线多的地方埋深可达 7~8 m。

2. 管径选择

根据不同流量和换热量情况来选择输送管径大小。在间接式系统的整个工程中，主要包括三类管径：

（1）换热器再生水侧进、出水管管径。

（2）换热器到热泵间循环清水侧进、出水管管径。

（3）内部管网管径。

根据以上三者计算出再生水出换热器时的水温,以出口目标水温进行调整,并反馈调整流量和换热量。以上参数都确定后,流量也随之确定,可以参照各类工程经验,选择管道中的流速。

5.5.3　再生水输送过程的温变特性分析

再生水的输运管道埋于浅层土壤中,再生水和周围土壤的温度存在一定差异,输送的再生水和土壤温度的相互影响会引起再生水管输送温度变化及土壤温度的改变。接下来从再生水输送管道对土壤的温度影响以及土壤对输送介质的温度影响两方面进行分析。本节的研究对地表水的输送同样适用。

1. 管道温度变化对土壤温度分布的影响

埋于浅层土壤的再生水输送管道对土壤温度场的影响是一个多参数耦合的结果,主要受到土壤热物性、太阳辐射、水流温度和速度、管道材料和尺寸的综合影响。综合考虑各种因素的影响,通过建立土壤温度场的物理模型,量化再生水源热泵运行对自然环境的影响,衡量输送管道对土壤浅层植物生长的影响程度,为设计不同条件下再生水输送管道的合理埋深提供科学依据。

取再生水输送管道沿程长度方向的土壤截面,其示意图见图 5 - 23,分析输送管道周围土壤温度分布情况。

在以下的分析中采用如下假设。

（1）土壤以及埋置的管道为各向同性的均质固体,各项物性参数为常数。

（2）忽略土壤中由于水分迁移而造成的热量迁移。

（3）为便于计算对流换热系数,忽略沿再生水输送管道管长方向的传热,假定埋管周围的土壤温度场为二维不稳定固体导热。

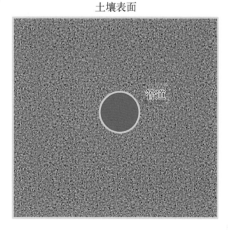

图 5 - 23　再生水输送管道沿程长度方向的土壤截面示意图

（4）在土壤深度达到一定程度的地方,土壤的温度基本保持在某一定值。

由于土壤温度的年变化在深度 10 m 处基本消失,因此可以将假定的下边界看成是恒温的第一类边界条件。北京地区在这一恒温层的温度约为 13.5℃[7]。

基于以上假设的问题可以用数学语言描述为

导热方程:

$$\frac{\partial t}{\partial \tau} = \alpha \left(\frac{\partial^2 T}{\partial x^2} + \frac{\partial^2 T}{\partial y^2} \right), \ \tau > 0 \qquad (5-26)$$

上边界第一类边界条件

$$t_w = f_1(\tau), \ \tau > 0 \qquad (5-27)$$

下边界第一类边界条件

$$t_0 = 13.6℃ \qquad (5-28)$$

左、右边界第二类边界条件

$$\frac{\partial t}{\partial n} = 0 \qquad (5-29)$$

管内壁第三类边界条件

$$-\lambda \left(\frac{\partial t}{\partial n} \right)_w = h(t_w - t_f) \qquad (5-30)$$

地表温度是随时间变化的函数[8],假设其函数关系为

$$T = 25 + 5 \times \cos\left(\frac{2\pi}{86\,400} \times \tau \right) \qquad (5-31)$$

式中,时间 T 单位为秒,以 24 h 为一个周期。

由式(5-26)的导热方程可知,土壤热物性对于方程的求解至关重要。一旦土壤热物性有偏差,会导致模拟结果与实际产生巨大的偏差。实际由于土壤热物性与土壤湿度、土壤温度以及土壤种类等多种因素有关,因而不同情况的差别较大,须实地测量相关数据。在不能实现实测的情况下,可以用经验公式估算。

用经验公式[9]计算:

$$\lambda_s = 0.144\ 166 \times \left[0.9 \times \lg(w \times 100) - 0.2\right] \times 10^{0.000\ 624g} \qquad (5-32)$$

式中，w 为土壤湿度，%；g 为干土壤密度，kg/m³。在一般情况下，土壤湿度约为 30%。

$$\lambda = 0.7\ \text{W}/(\text{m}^2 \cdot \text{K}),\ c = 1\ 100\ \text{J}/(\text{kg} \cdot \text{K}),\ \rho = 1\ 600\ \text{kg/m}^3 \qquad (5-33)$$

为了更好地反映实际情况，还需要考虑两种极端情况下土壤的热物性。当含水量约 5%时，通过经验公式可计算土壤热物性为

$$\left.\begin{array}{l} \lambda = 0.45\ \text{W}/(\text{m} \cdot \text{K}),\ \rho = 1\ 300\ \text{kg/m}^3, \\ c_p = 1\ 200\ \text{J}/(\text{kg} \cdot \text{K}),\ a = 2.88 \times 10^{-7}\ \text{m}^2/\text{s} \end{array}\right\} \qquad (5-34)$$

当含水量很大，如 50%时，可得

$$\left.\begin{array}{l} \lambda = 2.64\ \text{W}/(\text{m} \cdot \text{K}),\ \rho = 1\ 800\ \text{kg/m}^3, \\ c_p = 2\ 500\ \text{J}/(\text{kg} \cdot \text{K}),\ a = 5.86 \times 10^{-7}\ \text{m}^2/\text{s} \end{array}\right\} \qquad (5-35)$$

我们利用 ANSYS 软件建立土壤与输送管道耦合的温度场模型。首先计算输送管道中没有介质情况下土壤温度的分布，与文献[9]中实测数据较为符合；然后计算管道输送介质在 36℃时的土壤温度场分布，如图 5-24 所示。

通过对比土壤温度场的变化情况，可以得到以下结论。

（1）对于浅层土壤而言，土壤温度场是太阳辐射和管道热效应相耦合的结果。

（2）得到了管道内流体沿管长方向的温度变化规律，工质流量是最重要的影响因素。

（3）再生水源热泵的运行对于浅层土壤的主要影响是显著提高了附近土壤的温度，最终温度场的主要特征就是以输送管道为中心的同心圆的等温线。

2. 管道输送介质的温度变化特性

在再生水源热泵运行的工况下，需要考虑经过土壤由管道输运的再生水是否会受到土壤周围温度场的影响，引起回水的温度变化超出预期，从而影响再生水源热泵的正常运行。

我们在分析这类问题时，假定土壤温度恒定，问题的实质是管道中介质的温度变化。考虑在夏季工况，输送管道中再生水温度会高于周围土壤，因此会向管道周围的土壤进行散热。温度沿程的变化情况满足苏霍夫温降公式：

$$T_L = T_0 + (T_i - T_0)\exp\left(\frac{-K\pi DL}{c_p \dot{m}}\right) \qquad (5-36)$$

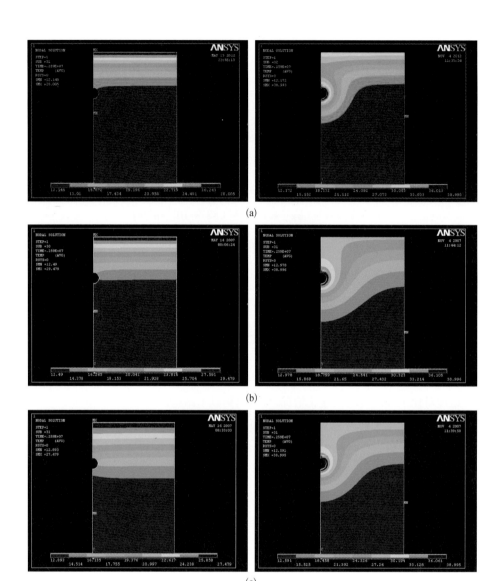

图5-24 土壤温度场分布对比图（左图为输送管道内无介质，右图为输送管道内有介质）

(a) 6月份土壤温度场分布对比图；(b) 7月份土壤温度场分布对比图；(c) 8月份土壤温度场分布对比图

式中，T_L 为长度 L 的管内流体温度，℃；T_0 为环境温度，即土壤温度，℃；T_i 为管道入口温度，℃；K 为管内流体向周围介质的传热系数，W/(m·℃)；D 为管道直径，m；c_p 为管内流体比热，kJ/(kg·K)；$\dot{m}$ 为管内流体的流量，m³/h；L 为管路铺设长度，m。

苏霍夫温降公式[式(5-36)]是计算该类问题的理论公式，为定量分析再生水输送管路沿程温降提供了理论依据。由式(5-36)可以看出,温度的降低同许多因素有关,例如管路长度、入口温度、流量、土壤性质等。在这些因素中,核心问题是如何确定总传热系数 K。K 是总传热热阻的倒数。

对于无保温的再生水输送管路,其总传热系数可表示为

$$K = \frac{1}{h_1 + \dfrac{\delta}{\lambda} + h_2} \tag{5-37}$$

式中, h_1 是管路内流体向管壁的对流换热系数;对于简单、无保温的管路,式(5-37)中 δ 为管壁的厚度;λ 为管壁材料的导热系数。

处于不同流体状态的流动,可以采用不同的拟合公式来计算,例如处于湍流状态($Re>10\,000$),可采用 Dittus-Boelter 公式计算:

$$Nu = 0.023Re^{0.8}Pr^{0.3} \tag{5-38}$$

式中, $Re = \dfrac{u_m d}{\nu}$, u_m 是管道平均流速,由体积流量确定:$u_m = \dfrac{4V}{\pi d^2}$。

管壁热阻取决于管壁的厚度及其材料物性。

式(5-38)中的所有物性所需温度取进口温度。

输送再生水的管道通过管壁向周围土壤散热,对流换热系数 h_2 的求取比较复杂。传热学中将埋地管道管路的稳定传热过程简化为在半无限大、均匀介质中连续作用的线热源的热传导问题,假设初始土壤温度均匀分布,土壤表面温度恒定,土壤与空气接触面的传热良好,由汇源法可得出理论推导式。

当管路埋管较深(埋深 $h/D > 2$) 时,可将计算式简化为

$$h_2 = \frac{2\lambda_s}{D\ln\dfrac{4h}{D}} \tag{5-39}$$

式中, λ_s 为土壤导热系数,W/(m·℃);h 为管路中心埋深,m。

在分析工程条件之后,通过以上步骤,可预测一定管长的输送管路的温度变化情况。

以上的计算模型仅能满足工程应用,若要得到更为精确的结果,还要考虑土壤温

度分布的不均匀性、土壤温度分布的年变化以及地表植被等诸多因素的影响,具体问题需要具体分析。

根据实际情况,可讨论不同流量和不同入口温度对温度变化的影响。

5.5.4　再生水热能输送距离界限模型

从管输温变、管输能耗、管输经济性三方面提出输送距离限制条件,作为输送距离限制模型的基础。

1. 温变距离界限

基于温度变化限制条件的再生水输送距离计算模型:

$$T_{\mathrm{L}} = T_0 + (T_{\mathrm{i}} - T_0)\exp\left(\frac{-K\pi DL}{c_{\mathrm{p}}\dot{m}}\right) \qquad (5-40)$$

$$T_{\mathrm{L}} \leqslant T_{\mathrm{L,max}} = T_0 + (T_{\mathrm{i}} - T_0)\exp\left(\frac{-K\pi D \cdot L_{\mathrm{max}}}{c_{\mathrm{p}}\dot{m}}\right) \qquad (5-41)$$

式中,T_{L} 为长度 L 的管内流体温度,℃;T_0 为环境温度,即土壤温度,℃;T_{i} 为输送管道入口温度,℃;K 为输送管内流体向周围介质的传热系数;D 为输送管道直径;c_{p} 为输送管内流体比热,kJ/(kg·K);$\dot{m}$ 为输送管内流体的流量;L 为输送管路铺设长度。

典型再生水源热泵系统在冬、夏季正常运行工况下,再生水沿程温度变化曲线如图 5-25 所示。

计算条件为:输送管径 DN800,管道埋深为 2 m;夏季工况时再生水进入管道温度为 26℃,地层土壤温度为 17℃;冬季工况时再生水进入管道温度为 12.5℃,地层土壤温度为 6℃。在管道输送距离为 10 km 时,夏季工况下,输送管内再生水流速分别为 2.0 m/s、1.5 m/s、1.0 m/s 时,对应温降分别为 0.05℃、0.1℃、0.25℃;冬季工况下,输送管内流速分别为 2.0 m/s、1.5 m/s、1.0 m/s 时,对应温降分别为 0.03℃、0.05℃、0.15℃。

对于再生水源热泵系统,输运再生水流量一般较大,管道输送介质的温度与环境温差较小,因而管输的温降普遍较小,常见范围内一般不会超过 0.3℃,引起的热泵性能系数变化有限。

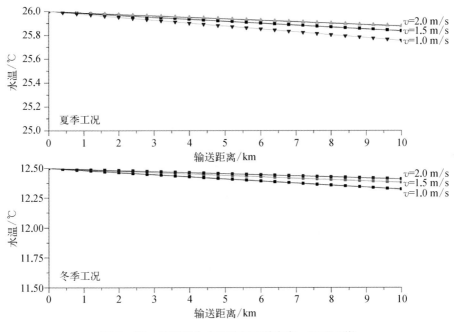

图 5-25　典型再生水源热泵系统在冬、夏季正常
运行工况下，再生水沿程温度变化曲线

　　实际工程中由于管输温变引起的再生水的水温变化可以不视为限制管输距离的
主要因素。

2. 能耗距离界限

　　基于能耗的输送距离计算模型：

$$S = \left[\rho c \Delta t \frac{\eta}{\psi} f(\varepsilon) n_\mathrm{s} - \Delta H \right] \frac{1}{2R(1+\alpha)} \qquad (5-42)$$

$$S \leqslant S_\mathrm{max} = \left[\rho c \Delta t \frac{\eta}{\psi} f(\varepsilon) n_\mathrm{s, max} - \Delta H \right] \frac{1}{2R(1+\alpha)} \qquad (5-43)$$

　　输送距离存在最大值 S_max，由最大输送能耗比例 $n_\mathrm{s, max}$ 决定。热网的经济比摩阻
R 常取 20~80 Pa/m，若比摩阻取定值，则系统能耗取决于取热温差。

　　输送距离界限模型是一个判定模型，是根据允许最大的能耗比例 $n_\mathrm{s, max}$ 和可能设
计的比摩阻 R 对最大输送距离的一个判定[6]。

　　根据经验，当热泵系统冬季平均制热系数为 4，夏季平均制冷系数为 4.5，水泵效

率为 0.8,选型裕量为 1.1,换热设备压降为 80 kPa,管道比摩阻为 40 Pa/m,局部阻力系数为 0.2,取热温差为 5℃,最大的能耗比例 $n_{s,max}$ 取 0.1 时,对应最大输送距离 S_{max} 在供暖工况下为 5 km,制冷工况下为 2.6 km。

变化取热温差,则热泵性能系数也发生变化,最大输送距离也随之变化。随着取热温差增大,热泵制热系数 COP_h 减小,而最大输送距离 S_{max} 增大,最大输送距离 S_{max} 增大幅度远大于热泵制热系数 COP_h 减小程度,这说明实际工程中可依靠增大取热温差方法较大幅度提供系统供暖、制冷距离。

3. 经济距离界限

以静态回收期、动态回收期及内部收益率为指标,建立经济距离界限模型,用于评价输送距离对整体系统经济性的影响。

静态回收期公式:

$$P_t = \frac{I}{F_t} \tag{5-44}$$

动态回收期方程:

$$\sum_{t=0}^{N} F_t (1+i)^t = (1+i)^N \cdot I \tag{5-45}$$

式中,P_t 为静态投资回收期,年;I 为投资总额,元;F_t 为年现金净流量,元/年;N 为动态投资回收期,年;i 为贴现率,%。

以奥运村项目为例,采用间接式再生水源热泵系统,再生水及循环水输运距离为 3.5 km(单程),管道相关投资费用约为 2 000 万元,约占投资总额的 20%。

综合温变距离界限、能耗距离界限和经济距离极限三个限制条件,可得到如下结论。

(1)再生水管输温变较小,常用距离内温度变化一般不超过 0.3℃,对热泵系统效率影响有限,实际应用中可视为非决定性限制条件。

(2)再生水管输能耗对热泵系统整体节能性影响较大。计算实例中输送过程能耗占系统总能耗比不大于 10% 时,则最大管输距离为 3~5 km。同时可采用大温差、小流量方法降低输送过程能耗。

(3)再生水管道铺设及运行成本对热泵系统整体投资影响显著,是影响投资回收期的系统主要变量,应用中须根据实际工程条件进行比较分析计算以确定合适的输送距离。

4. 再生水热能输送距离界限模型

综上提出再生水热能输送距离界限模型,利用本模型结合给定温度变化值、能耗值、经济指标,可求得适合条件的最大再生水输送距离。

再生水热能最大输送距离

$$L_{\max} = \min(L_{T,\,\max}, L_{n,\,\max}, L_{P_t,\,\max}, L_{IRR,\,\max}) \qquad (5-46)$$

温变距离界限

$$T_L \leqslant T_{L,\,\max} = T_0 + (T_i - T_0)\exp\left(\frac{-K\pi D \cdot L_{\max}}{c_p \dot{m}}\right) \qquad (5-47)$$

能耗距离界限

$$n \leqslant n_{\max} = \frac{L_{n,\,\max}}{f(\varepsilon)}\,\frac{\phi G^2}{\rho c \Delta t}\,\frac{1 + \alpha + \beta}{\eta} \qquad (5-48)$$

经济距离界限

$$P_t \leqslant P_{t,\,\max}, \quad \sum_{t=0}^{P_{t,\,\max}} F_t(L_{P_t,\,\max})(1 + i)^{-t} = 0 \qquad (5-49)$$

$$IRR \leqslant IRR_{\max}, \quad \sum_{t=0}^{N} F_t(L_{IRR,\,\max})(1 + IRR_{\max})^{-t} = 0 \qquad (5-50)$$

5.6　热泵系统与建筑适应性研究

建筑温度要求决定热泵工况,建筑负荷决定热泵规模,这些都影响热泵系统的运行效率。热泵可提供负荷与热泵可供暖空调面积非直接对应关系,除建筑负荷大小影响外,建筑负荷分布也须着重考虑。本节提出了与不同建筑类型及负荷规模、空调末端相匹配的再生水源热泵形式。

5.6.1　各种类型建筑负荷分析

在我国,建筑主要分为民用建筑和工业建筑。民用建筑又包括居住建筑和公共建筑,居住建筑主要指住宅建筑。公共建筑则包含办公建筑(写字楼、政府办公楼等),商业建筑(商场、旅馆饭店等)、科教文卫建筑、通信建筑以及交通运输用房等。在民用建筑中,住宅、普通公共建筑和大型公共建筑的用能特点、冷热负荷各不相同。接下来以北京市为例,对各种建筑负荷进行具体分析。

1. 住宅建筑负荷特点[10]

北京市住宅供热能耗为 $25 \sim 40$ W/m²,按照建筑节能标准建造的房屋,建筑耗热量为 24 W/m²。目前住宅供热有城市热网集中供热、燃煤或燃气区域锅炉房供热、各类热泵供热、分户燃气炉供热、电热膜供热等多种方式。从承担的供热面积上讲,以集中供热和区域锅炉房供热为主。

北京地区住宅冷负荷指标工程经验值为 $60 \sim 100$ W/m²,一般采用单户空调制冷,高档社区采用区域供冷。数据显示,北京城镇住宅全年平均耗电量约为 20 kW · h/m²,其中夏季空调平均用电量约为 5 kW · h/m²,占全年家庭总用电量的 25% 左右。按照一次能源折算,住宅用能中 60% ~ 70% 用于供暖,其余 30% ~ 40% 用于空调及照明、家用电器。

2. 公共建筑负荷特点

北京地区《公共建筑节能设计标准》(DBJ 01—621—2005)根据建筑物规模以及围护结构能耗占全年建筑总能耗的比例特征将公共建筑划分为甲类和乙类两类建筑,单幢建筑面积大于 20 000 m²,且全面设置空气调节系统的建筑为甲类建筑,其他为乙类建筑,见表5-6。

表5-6　公共建筑划分

建 筑 类 型		公 共 建 筑	
		甲 类 建 筑	乙 类 建 筑
参考标准		北京市地方标准《公共建筑节能设计标准》DBJ 01—621—2005	
建筑物体形系数 S		≤0.4	≤0.4
窗墙面积比		≤0.7	≤0.7
外墙围护结构传热系数 $K/[W/(m^2 \cdot K)]$		≤0.8	≤0.6
空气调节系统室内计算参数	冬季	20(一般房间),18(大堂、过厅)	
	夏季	25(一般房间),26(大堂、过厅)	
采暖期耗热量指标/(W/m²)		—	—

同为公共建筑,其规模、设施标准、使用性质等会有很大差别。例如在北京地区,大型的办公、商业或综合楼等公共建筑,单幢建筑面积可能多达数万甚至数十万平方米,且大多为高层,体形系数较小、内区面积和内部发热量较大,并设置全年舒适性空调系统;而同时,也有单幢建筑面积较小、层数较少、体形系数较大、内部发热量较小的公共建筑。另外,有些公共建筑虽然面积较大,但不全面设置空调系统,如学校教学楼等。显然,上述多种情况会使能耗特征有较大的差异。有调查资料证明,大型公共建筑供暖耗热量指标较住宅小,但耗电量指标是住宅的 10~15 倍;普通公共建筑的供暖耗热量指标与住宅基本持平,而耗电量指标是大型公建的 1/6~1/4。因此,需要针对能耗的不同特点,即按照建筑物围护结构能耗占全年建筑总能耗的比例特征,提出建筑节能指标和具体要求。

普通公共建筑的供热能耗与住宅基本相同,电耗指标则是普通居民住宅的 2~3 倍。按照一次能源折算,普通公共建筑的用能中 30%~40% 用于供暖,其余 60%~70% 用于照明、办公设备及空调。

大型公共建筑由于其内部发热量大,冬季供热能耗不大,供暖季平均供热量仅为 10~30 W/m^2。

北京地区公共建筑冷负荷指标工程经验值为 100~200 W/m^2,北京市大型公共建筑的全年平均电耗为 150 kW·h/m^2,是普通城市住宅单位面积用电量的 5~10 倍。大型公共建筑的电耗中空调用电占 30%~60%。

5.6.2　再生水源热泵系统与建筑负荷匹配性分析

建筑供热、空调负荷随季节气候及人们生活规律变化,在相同季节,人们的生活规律基本相同,这就使得建筑采暖空调实际负荷曲线在同年同季的日负荷曲线形状接近,不同年份、相同月份的日负荷曲线形状相似。同时污水处理厂处理后出水取决于人们的生活规律,具有明显的逐时分布特征。建筑负荷与再生水水量的时间匹配性是决定再生水源热泵系统制冷、供暖规模的关键限制性条件。

北方地区住宅在典型空调日 24 小时中,系统运行高峰时段为 11:00~15:00(白天)、18:00~22:00(夜间);写字楼在典型空调日 24 小时中负荷从 7:00 开始上升,一直保持至 18:00 开始下降,其间中午 11:00~13:00 出现小幅回落,与写字楼内人员作息时间有关。将其与再生水流量逐时分布进行比较,可为再生水源热泵系统设计提供依据。

依据生活习惯,人们频繁用水主要集中在下午 16:00~20:00、中午 11:00~13:00,而再生水处理厂排水高峰期主要为下午 18:00~22:00,其次是 12:00~14:00;污水处理厂出水的高峰时段比人们频繁用水时段晚 1~2 h,这与再生水流至污水处理厂经过各种处理后再排放所造成的时间滞后是相符合的。采用逐时再生水流量及系统负荷进行评估:

(1)在不设蓄水池的情况下,再生水相对低流量高负荷时段所对应再生水量及可供热空调面积决定了再生水源热泵系统规模。

(2)在设蓄水池的情况下,由日最低总流量及蓄水池规模决定再生水源热泵系统可实现供热空调面积。

值得指出的是,再生水流量最低的时段不一定是设计最不利时段,此时空调或供热的负荷不一定最高;同理,供热或空调负荷最高的时段也不一定是最不利时段,因为此时水量并不一定最低。实际工程设计中应以再生水源热泵相对高负荷低流量段作为设计依据,对再生水进行资源评估。工程实例显示,夏季热泵系统相对高负荷低流量时间段为 16:00 左右,冬季为早上 6:00 左右。

5.7 小结

本章介绍了地表水热能利用的意义,分析了开发利用地表水热能的前景,以再生水热能利用为例,介绍了国际以及国内再生水源热泵的发展历程以及现状。引入城镇再生水热能勘查评价的关键参数——水温、水质、水量。再生水热能勘查评价中首先叙述了再生水热能利用参数的获取,进行再生水源热泵系统形式分析,介绍系统结构、再生水换热器以及再生水源热泵系统性能计算模型的搭建;通过分析再生水逐时水量分布、取热温差、温度改变影响、取排水系统以及收纳河道水温分布等因素,对再生水热能利用进行了环境影响性评价;开展了再生水热能利用输送距离研究,探讨了不同宽度类型的收纳河道受排放再生水的影响情况下的温度变化情况,分析了管道对土壤层温度的影响。以静态回收期、动态回收期及内部收益率为指标建立管道输送经济距离界限模型。研究表明,建筑负荷与再生水水量的时间匹配性是决定再生水源热泵系统制冷、供暖规模的关键限制性条件。建立了再生水热能输送距离模型,包括温变距离界限、能耗距离界限和经济距离界限三个限制条件;通过分析各种类型的建筑负荷,提出了与不同建筑类型及负荷规模、空调末端相匹配的再生水源热泵形式。

参考文献

[1] 中华人民共和国国家质量监督检验检疫总局.城市污水再生利用城市杂用水水质: GB/T 18920－2002.北京: 中国标准出版社,2002.

[2] 国家市场监督管理总局,中国国家标准化管理委员会.城市污水再生利用景观环境用水水质: GB/T 18921－2019.北京: 中国标准出版社,2019.

[3] Al-Majhouni A D, Russer H R, Jaffer A, et al. Controlling microbiological fouling in a refinery cooling water system using sewage treatment plant effluent as makeup.//Nancy C M, eds. Official Proceedings of the 57st Annual Meeting of the International Water Conference. Pittsburgh, 1996.

[4] 国家环境保护总局,国家质量监督检验检疫总局.地表水环境质量标准: GB 3838—2002,2002.

[5] 周彤.城市污水回用的技术研究与工程实践[J].给水排水,1994(1): 21－23.

[6] 曾德勇.二级排放水经深度处理回用作循环冷却水[J].中国给水排水,2001,17(3): 61－63.

[7] 庄瑛,任馨,吴伟祥,等.城市生活垃圾综合管理决策模型研究进展[J].环境污染与防治,2008,30(1): 72－75.

[8] 吴季松.循环经济综论[M].北京: 新华出版社,2006.

[9] 尹军.城市污水中的热能回收与利用[J].中国给水排水,1998,14(2): 53－54.

[10] 苏金坡,尹连庆,李刚,等.电厂污水经处理后回用作循环冷却水的工程应用[J].华北电力技术,2005(4): 39－42.

第 6 章

浅层地热能地下换热系统设计

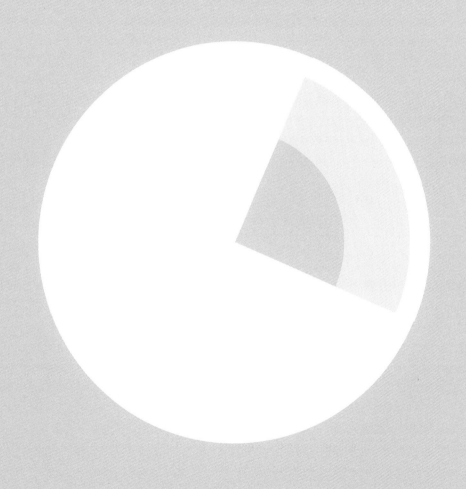

浅层地热能的高效利用,可以优化能源消费结构,有效减少建筑能耗,尤其是降低城镇建筑供热/制冷能耗的增长趋势。2017 年,中华人民共和国住房和城乡建设部发布的《建筑节能与绿色建筑发展"十三五"规划》提出,因地制宜推广使用各类热泵系统,满足建筑采暖制冷及生活热水需求。提高浅层地热能设计和运营水平,需要充分考虑资源条件和浅层地热能应用的冬夏平衡问题,合理匹配机组[1]。

地下换热系统是浅层地热能应用系统的源,也是全系统高效运行的关键。根据相关资料,目前绝大多数浅层地热能开发利用失败项目都是由前期勘查、设计不到位造成的。没有体现出可再生能源利用的优势,甚至造成负面影响。为避免出现此类问题,应充分重视项目建设前期工作,以区域地质勘查和项目场地浅层地热能勘查成果为基础,结合建筑用能需求,合理设计、匹配地源侧换热系统。高水平的系统设计不仅能提高系统运行的节能性和经济性,更能保障浅层地热能的可持续开发利用。

6.1 地埋管换热系统设计

地埋管换热系统的设计主要指对地埋管换热器的形式、管材,换热孔的孔深、孔间距以及管接方式等进行设计。不同的场地条件、地质条件下,设计方式具有差异性。在设计时应遵循以下几个基本原则。

(1)为提高地下冷热量传递,应尽可能避免团块状布孔,宜采用条带状布孔;

(2)在平面上宜垂直地下水径流方向布孔,尽量减少上游地埋管换热影响半径范围对下游布孔的影响;

(3)地埋管布置区域应尽量靠近机房,减少输送损耗;

(4)根据地质情况,地埋管布置区应避开地质构造、地裂缝等地质灾害影响区域;

(5)应考虑投运后,地埋管换热器的分区分时使用问题;

(6)在有限布孔区域内,参照相关规范,充分考虑地埋管深度及施工技术,尽可能设计安全孔间距,避免施工时产生串孔。

参照以上基本原则,优化地埋管换热器设计。

6.1.1 埋管方式

目前埋管方式主要为水平埋管和竖直埋管两种[2],如图 6-1 所示。

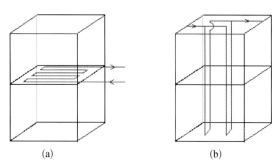

图 6-1　水平埋管和竖直埋管示意图
（a）水平埋管；（b）竖直埋管

（1）水平埋管

水平埋管是在地表以下挖掘水平沟槽,将地埋管换热器水平布置在沟槽中的埋置方式,适用于可利用场地面积较大的建设项目。其优点是建造方便,施工成本低,对钻探水平要求不高,管材承压要求低,可使用普通承压(0.6~1.0 MPa)的塑料管。但地层较浅,埋管换热环境易受气候环境影响,换热效率低。在实际应用中,水平埋管应用得较少,如使用则往往布置多层埋管。

（2）竖直埋管

竖直埋管是目前国内应用得最为广泛的埋管方式,作为本节重点描述的方式。与水平埋管相比,竖直埋管的优点是占用场地面积小,恒温层以下岩土体温度稳定且换热效率高,单位管长换热量大。其缺点是建设成本高,对钻探水平及管材要求高。另外,如果地下水径流条件较差、岩土体导热系数低,还要考虑地下热平衡的问题。

根据管型不同,竖直埋管又分为 U 形管(单 U 或双 U)、螺旋盘管、立式柱状、蜘蛛状、套管式等形式。按埋设深度不同分为浅埋(≤30 m)、中埋(31~80 m)和深埋(>80 m)。由于 U 形管施工简单,换热性能较好,承压高,管路接头少,不易泄漏,目前应用得最多。U 形管型竖直埋管是在钻孔内安装 U 形管,一般钻孔直径为 100~150 mm。孔深为 10~200 m,U 形管径一般在 50 mm 以下。

6.1.2　接管方式

1. 串联方式和并联方式

如图 6-2 所示,在串联系统中,多个换热孔之间只有一个流通通道;并联方式是每个换热孔有一个流通通道,数个孔有数个流通通道。

串联方式的优点是:① 一个回路具有单一流体通道,管内积存的空气容易排出;② 串联方式一般须采用较大管径的管子。因此对于单位长度埋管换热量来讲,串联方式换热性能略高于并联方式。其缺点是:① 串联方式须采用较大管径的管子,因而成本较高;② 由于系统管径大,在冬季气温较低的地区易发生冻管现象;③ 安装劳动成本增大;④ 管路系统不能太长,否则系统阻力损失太大。

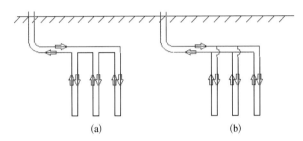

图6-2 地埋管串联、并联接管方式示意图

(a)串联;(b)并联

并联方式的优点是:① 由于可用较小管径的管子,因此成本较串联方式低;② 防冻效果好;③ 安装劳动成本低。其缺点是:① 设计安装中必须特别注意确保管内流体流速较高,以充分排出空气;② 各并联管道的长度尽量一致,以保证每个并联回路有相同的流量;③ 确保每个并联回路的进口与出口有相同的压力,使用较大管径的管子做集管,可达到此目的。从部分地区工程实践来看,并联方式居多。

2. 同程式和异程式

如图6-3所示,根据分配管和总管的布置方式,地埋管接管方式可分为同程式和

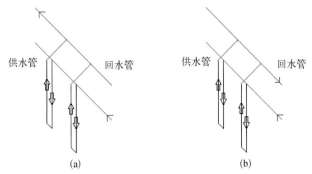

图6-3 地埋管同程式和异程式接管方式示意图

(a)同程式;(b)异程式

异程式。在同程式系统中,流体流过各竖直埋管的流程相同,因此各埋管的流动阻力、流体流量和换热量比较均匀。异程式系统是通过每个竖直埋管的路程不同,因此各个竖直埋管的阻力不相同,导致分配给每个埋管的流体流量也不均衡,各埋管的换热量不均匀,不利于发挥各埋管的换热效果。

由于地下埋管多环路难以设置调节阀或平衡阀,难以做到系统各环路的水力平衡,因此在部分地区工程中均采用并联同程式。

6.1.3　埋管间距

埋管间距的设置要考虑系统长时间运行状况下,地埋管间换热影响因素,包括浅层地热能开发强度、岩土热物性及地下水状况等。通常情况下,在同一区域,埋管间距越大,埋管间热干扰越小,系统运行的换热效果越好。同时,占用空间也越大。

一般竖直埋管可沿建筑物周围布置成任意形状,如线形、方形、矩形、圆弧形等。为了防止埋管间的热干扰,必须保证埋管之间有一定的间距。该间距的大小与运行状况(如连续运行还是间歇运行;间歇运行的开、停机比等),埋管的布置形式(如单行布置,只有两边有热干扰;多排布置,四面均有热干扰)等因素有关。鉴于工程实际经验和相关模拟研究,建议 U 形埋管间距保持在 4～6 m。

6.1.4　埋管管径及换热介质

在选择和设计时应考虑如下问题。

(1)从运行费角度考虑,管径大好,可降低泵的输送功率,减少平时的运行费;从初投资角度考虑,管径不能太大,必须保证管内流体处于紊流区($Re \geq 2\ 100$),以增加流体与塑料管壁的换热系数;系统环路长度不宜太长。

(2)埋管内换热介质:地埋管换热系统的换热介质应使用不低于《地下水质量标准》(GB/T 14848—2017)中规定的Ⅲ类地下水质量标准的水,水中不应加注乙二醇等对环境产生危害的添加剂。在国内中南部地区,由于地温高,冬季地下埋管进水温度在 0℃以上,因此多采用水作为工作流体。

(3)管内流速:为保证管内流体紊流,考虑经济性及管内压力安全性,单 U 型流速不宜小于 0.4 m/s,双 U 型流速不宜小于 0.2 m/s。

6.1.5　埋管负荷的确定

在地下换热系统设计时,首先要确定地埋管换热系统须承担的最大排/取热量,即建筑物最大冷热负荷、辅助冷热源承担负荷、热泵机组能效比、水泵散热量、输送得/失热量的综合计算结果。其中还要考虑建筑类型特点、使用方式等,如学校建筑在寒暑假期间负荷较低,不应以全年建筑最大负荷计算。具体计算公式为[3]

$$最大排热量=地源热泵系统承担冷负荷×(1+1/EER)$$
$$+输送得热量+水泵散热量$$
$$最大取热量=地源热泵系统承担热负荷×(1-1/COP)$$
$$+输送失热量-水泵散热量$$

EER 为热泵机组制冷性能系数,COP 为热泵机组制热性能系数;通常在简化计算时,忽略输送得/失热量和水泵散热量,因而简化了水平埋管的得/失热量。

地埋管承担的负荷可以作为地下岩土体冷热平衡的静态计算依据。可以结合现场测试获得的单位钻孔深度的换热量,估算地埋管的总长度,但仅限于工程方案的初步设计阶段。

6.1.6　埋管数量计算

在确定地埋管承担负荷及埋管形式后,利用岩土热响应测试结果(包括地层初始温度、地埋管实际换热性能等),利用专业软件计算所需地埋管长度、地埋孔深度及数量。计算方法有工程概算法、半经验公式法、计算机动态模拟法等。其中,以计算机动态模拟法计算精度最高,但需要精确的传热模型,计算量巨大,耗时长;而工程概算法最为简单,工程上应用得较多,但计算精度较差;我国国标推荐半经验公式法,是前两者的折中计算方式,具体计算方法可参照《地源热泵系统工程技术规范》(GB 50366—2005)。该模型在一定程度上简化了地埋管换热计算模型,但是基于假定地下岩土体和水为单一换热介质。在这种假定条件下,当项目区域地质条件发生变化时,地埋管换热系统的换热能力会产生变化。如地下水径流条件的改变(水位、水流速在人为或季节性影响因素下改变等)。因而在设计阶段,也要充分考虑其地质条件变化因素。

在计算地下岩土体热平衡时,目前应用得较多的是静态储量法,利用全年系统向地下排/取热量和地层比热等参数计算全年系统运行的地层温度变化情况。这种计算方法需要注意两个问题:

(1)地层温度自恢复能力。本书已提到,浅层地热能具有多重属性,地下岩土体并不是封闭的储能空间,向地下输送的冷/热量在一定时间内会耗散,即地层温度的自恢复,尤其是有地下水流动影响的情况下,增进了地下热量传递速率。

(2)在计算全年系统向地下排/取热量时,也要注意浅层地热能短期开发利用强度问题,单季、单月、单日地层温变也不宜过大,否则会影响系统效率。

6.1.7 地埋管设计案例

1. 项目基本概况

北京某别墅区位于北京市顺义区赵全营镇,地处潮白河冲洪积扇中部,地层结构为黏性土层、砂层和砂砾石互层,含水层性质为潜水弱承压水,地层渗透性较好,富水性较强,地下水径流方向为由北向南,为地埋管地源热泵适宜区。项目建筑总面积为 29 691 m²,其中东区面积为 9 592 m²,西区面积为 20 099 m²。

建筑总冷负荷为 2 969 kW,总热负荷为 2 375 kW;在计算地源热泵系统实际承担负荷时,考虑到别墅的使用性质,夏季采用 0.8 的同时使用系数,冬季采用 1 的同时使用系数,得到系统制冷量和制热量均为 2 375 kW。

2. 项目设计思路

项目区所在村镇周边的城市供暖基础设施薄弱,集中供暖条件不足。且别墅建筑对供冷也有需求。考虑区内浅层地热能资源条件较好,地源热泵系统效率较高,可冷、热双供,应优先利用浅层地热能为建筑供冷、热。

首先确定项目区浅层地热能的供给能力。根据现场热响应测试,项目区岩土体 150 m 以浅,夏季地埋管延米换热量为 60 W/m(30/35℃),冬季延米换热量为 32 W/m(8/4℃)。结合机组设备工况,经计算,满足建筑冬季供暖所需地埋管总长度为 60 846 m,夏季制冷所需地埋管总长度为 48 005 m。

供能季绝大多数时间热泵系统承担负荷低于最大设计负荷,且结合建筑实际使用特点,考虑系统的经济性,拟将地埋管数量设计为承担部分建筑最大负荷,配置水蓄能设施,夜间利用谷电价启动热泵系统向蓄能水箱蓄能,日间热泵与蓄能水箱联合供能,减少了热泵装机容量和室外地埋管数量,弥补了地埋管设计数量不足的缺陷。

项目可布孔区域主要为建筑间的路面侧,布孔区域有限,考虑系统的经济性和安全性,设置 150 m 深双 U 型地埋管换热器 362 个,总计 54 300 延米;孔间距为4.5 m×4.5 m 和 4.0 m×4.5 m,如图 6-4 所示。

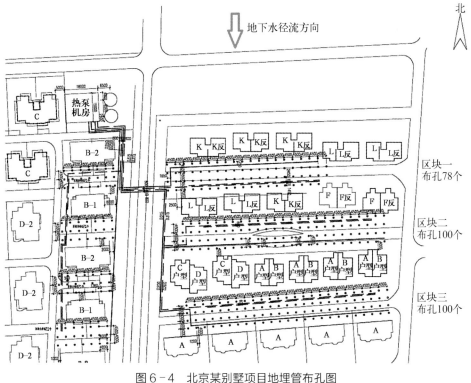

图 6-4　北京某别墅项目地埋管布孔图

由布孔图可以看出,机房设置在东区靠近供能建筑物北侧,可以降低系统建设投资以及输送损耗;在平面上,地埋管换热器布置呈条带状,垂直于地下水径流方向且布孔区域面积不大,有利于地下热扩散,提高地埋管换热效率。

3. 冷热源方案

(1) 总体方案:夏季冷源为地埋管地源热泵+水蓄冷的复合式热泵系统,同时可以实现地源直接供冷;冬季热源为地埋管地源热泵+水蓄热的复合式热泵系统,如图6-5所示。

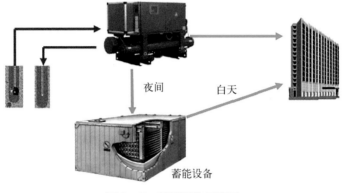

图6-5 蓄能系统示意图

(2) 设备配置:设置3台地源热泵机组,2个蓄能水罐(每个容量为375 m^3)。夏季,日间由热泵机组、蓄能水罐联合供冷;夜间由2台热泵机组向蓄能罐进行蓄冷,蓄冷时间为5 h。冬季,日间由热泵机组、蓄能水罐联合供热;夜间由2台热泵机组向蓄能罐进行蓄热,蓄热时间为8 h。蓄能罐设计总容量为750 m^3。

夏季制冷工况,单台机组制冷量为612.9 kW,总制冷量为1 838.7 kW,占设计总冷负荷的77%,建筑侧供回水温度为6/13℃,地源侧供回水温度为35/30℃;夏季蓄冷工况,单台机组制冷量为558 kW,蓄能侧供回水温度为4/11℃,地源侧供回水温度为35/30℃。蓄能水罐制冷量为536.3 kW,占设计总冷负荷的23%。

冬季制热工况,单台机组制热量为669.8 kW,总制热量为2 009 kW,占设计总热负荷的85%,建筑侧供回水温度为46/39℃,地源侧供回水温度为4/8℃;冬季蓄热工况,单台机组制热量为600 kW,蓄能侧供回水温度为55/48℃,地源侧供回水温度为4/8℃。蓄能水罐制热量为366 kW,占设计总热负荷的15%。

根据实际运行测算,该系统比传统供冷、热方式节约运行费用约35%。

6.2 地下水换热系统设计

地下水换热系统设计主要包括地下水的抽、灌方式,热源井(抽水井和回灌井)的数量、布置、结构等设计。其设计方法参照现行国家标准《管井技术规范》

（GB 50296—2014）和《地源热泵系统工程技术规范》（GB 50366—2005）等。

6.2.1　地下水水量的确定

在制冷工况下，系统所需地下水水量为

$$m_{gw} = \frac{Q_c \times \dfrac{EER + 1}{EER} + Q_d + Q_p}{c_{gw}(t_{out} - t_{in})} \qquad (6-1)$$

在制热工况下，系统所需地下水水量为

$$m_{gw} = \frac{Q_h \times \dfrac{COP - 1}{COP} + Q_s - Q_p}{c_{gw}(t_{in} - t_{out})} \qquad (6-2)$$

式中，m_{gw} 为系统（制冷/制热）所需地下水总水量，kg/s；Q_c 为建筑物冷负荷，kW；Q_h 为建筑物热负荷，kW；Q_d 为输送过程得热量，kW；Q_s 为输送过程失热量，kW；Q_p 为水泵释热量，kW；c_{gw} 为水的定压比热，kJ/（kg · K）；t_{in} 为地下水水温，即热泵机组进水水温，℃；t_{out} 为回灌水水温，即热泵机组出水水温，℃；EER 为热泵机组制冷性能系数；COP 为热泵机组制热性能系数[3]。

建筑物既有制冷需求也有制热需求时，系统设计需水量取两者较大值。不同的热泵机组的能效比（COP/EER）以及设计工况不同，单位水量换热量不同，如有的机组地下水取、灌水温差为 5℃，有的则为 10℃，在计算需水量时应充分考虑上述因素。

不同建筑类型使用方式和功能不同，不一定按建筑物年最大冷、热负荷计算需水量及配备机组，应以系统运行时承担的最大冷、热负荷计算，如建筑分时段使用、蓄能设施辅助等，能够降低需水量。

6.2.2　热源井的设计原则及注意事项

除相关规范、标准里说明的事项外，根据相关实践经验，热源井的设计要考虑的一些基本原则和注意事项如下。

（1）热源井应避开水源地及建筑红线。

（2）以灌定采。在设计热源井数量时，应充分考虑项目区目标含水层的地下水回灌能力，系统最大抽水量不宜超过最大回灌量。

（3）同层回灌。减少地下水串层污染。

（4）上游抽，下游灌。减少回灌井对抽水井水温的影响，并形成较好的水力坡度。

（5）井口大口径，井管小口径。保证井管与井壁间隙，减少出砂，增加水井的使用寿命。

（6）封闭运行。地下水自抽取到回灌应在封闭管路中运行，减少对地下水的污染及空气侵入。

（7）交替布置。在保证热源井间距的情况下，抽、灌水井宜交替布置，有利于地下水位的稳定及恢复。

（8）地下水监测。抽、灌井水温、水质、水位等应保持长期且持续监测。

（9）井下水泵应避开滤水管的位置，且水泵以上位置不宜排布滤水管。

（10）回灌井回水管应管口向下，不可直对井壁，并在井底铺设鹅卵石等护井措施。

（11）抽水井和回灌井宜能互相转换使用，以利于开采、洗井以及岩土体和含水层的热平衡。[4-5]

6.2.3　地下水回灌

可靠的回灌是地下水地源热泵系统正常运行的重要条件。因此，为了保护地下水资源，避免出现地质灾害，改善和提高地下水地源热泵系统的利用效率，采取回灌措施保持含水层的压力，维护浅层地能热的开采条件。

回灌包括重力回灌和压力回灌。水文地质条件的不同，常常影响到回灌量。特别是在细砂含水层中，回灌的速度小于抽水速度。对于砂粒较粗的含水层，由于孔隙较大，相对而言，回灌比较容易。

（1）一些项目在长时间运行后，其地下水回灌能力出现下降甚至回灌失效现象。原因是井孔、岩石表面和地层结构发生堵塞。通常引起堵塞的主要有以下因素。

① 悬浮物堵塞，防止悬浮物的具体措施是加装过滤器，除去水中的悬浮物再

回灌。

② 气泡堵塞,防止回灌水夹气泡的具体措施是在回灌井口水系统的最高点设置集气罐,集气罐上设置排气阀;且回灌点应低于静水位。

③ 化学反应堵塞,比较常见的原因是水中的离子和含水层中黏土颗粒上的阳离子发生交换,会导致黏粒的膨胀和扩散。

④ 微生物生长。

⑤ 含水层细颗粒介质重组。

(2)为了良好的系统运行,掌握回灌效果,需要做到以下几点。

① 回灌效果监测:主要监测回灌水量、水温、水质及压力,并做好记录。

② 回扬清洗,这是预防和处理回灌井堵塞的有效办法之一。

③ 回灌井定期维护和管理,清洗过滤网和井管。

④ 尽量采取物理方式预防堵塞问题,如加大回灌井井径,增大井壁面积;或者加强地下水密封措施,用氮气隔绝空气等。减少使用化学方式处理地下水。

⑤ 洗井宜采用对地下水质影响较小的方式进行,如活塞洗井、压缩空气洗井、二氧化碳洗井等[6]。

6.3　复合式热泵系统设计

在地源热泵系统基础上,配建辅助冷、热源及蓄能设施,称为复合式热泵系统。对于大型复合式热泵系统来说,通常辅助冷源采用冷却塔等,辅助热源采用锅炉、电加热、余热、太阳能等,蓄能介质采用水、无机盐、地下岩土等。

复合式热泵系统能够突破单一地源热泵系统的局限,解决系统的经济性和稳定性。在解决以下问题时,可以考虑应用复合式热泵系统。

1. 解决地下冷、热平衡问题

地源热泵系统应用时,在地下水径流条件一般或较差区域,地下岩土体热扩散能力较弱,在换热孔周边易产生冷、热堆积现象,使得岩土体温度持续下降或上升,从而会降低地源侧的换热效率,甚至会产生失效。冷、热不平衡问题产生的原因有以下两点。第一,部分建筑气候区空调冷、热负荷存在较大差异。如夏热冬暖地区夏季制冷需求较大,冬季供暖需求较小;夏凉冬冷地区则相反。系统年运行下来,向地下排、取热量极不平衡,在地质条件一般或较差时,冷、热积累较为明显。第二,特殊建筑需求导致向地下排、取热量的不平衡。如在部分地区温室种植或养殖中应用,年供暖期往往长于普通民用建筑,长达半年甚至更久,而夏季制冷却无需求,导致常年运行的取热量远大于排热量。

2. 解决开发区域内浅层地热能资源量不足问题

如严寒地区往往浅地层温度较低,供暖时换热孔换热功率较小,不足以满足建筑供暖需求,利用辅助热源弥补缺陷。再如在建筑密集的城镇地区,开发浅层地热能可利用的土地面积有限,导致区内可利用的浅层地热能资源量不足。还如地表水资源季节性变化导致的资源量不足等。

3. 解决系统经济性问题

在系统建设初投资方面,地源热泵系统造价往往高于传统的空调冷热源系统造价,单位平方米建设成本多在 200 元以上(未来随着技术发展,成本会逐渐降低),对投资建设方来说有较大的经济负担;配建辅助冷、热源,减少地源热泵系统比例,可有效降低初投资。在系统运行方面,辅助冷、热源只在运行季的极寒、极热气候条件下启动,其余运行时间段内只启动地源热泵系统,可以使热泵系统保持较多时间的高负荷率,利于机组持续稳定地输出,提高系统效率,从而降低了电能消耗和运行成本。对于在运行季可间歇运行的热泵系统,可在热泵停歇期蓄能,如办公、商业等建筑日间运行,夜间停歇或负荷较小,可以在夜间利用热泵系统向蓄能设施蓄能,日间建筑负荷需求较大时,优先利用蓄能设施供能。这样的运行方式,从能源利用的角度来看,并不节能,但是可以利用电力的峰谷价格节省运行成本,并且可以减小热泵系统的配置容量。

4. 解决资源优化配置问题

通常解决建筑的冷、热负荷需求有多种方式,尤其是供热方式多样。除了浅层地热能外,太阳能、风能、余热等都是优质的能源资源。本着"清洁低碳、安全高效"的原则,在项目建设前期,勘查要全面,充分考虑各种可利用的能源资源条件,统筹资源合理利用,使系统的节能性、经济性、安全保障性更好。如利用电厂余热作为调峰或者向地下补热,都是合理利用资源的方式。

6.3.1 辅助冷源复合式热泵系统

辅助冷源复合式热泵系统在冬、夏均有供能需求的建筑应用中,一般以冬季热负荷配置地源热泵机组,并进行地源热泵地下换热系统设计,地源热泵承担 100% 热负荷;夏季由地源热泵+辅助冷源承担 100% 冷负荷。辅助冷源可以是冷水机组或与冷却塔直接结合等。若建筑只有夏季制冷需求,无冬季供暖需求,则在系统设计时,综合区域地质条件,应考虑适当增加辅助冷源的装机容量比例。

1. 地源热泵与冷水机组复合

通常情况下,地源热泵机组具备双工况(制冷、制热)运行功能,冷源侧为浅层地热能换热系统;而冷水机组只能在制冷工况运行,冷源侧多为冷却塔,且循环水温度与地源热泵有差别,受气候环境(蒸发条件)影响较大。在建筑物侧,地源热泵机组与冷水机组多采用并联的方式,联合向建筑供冷。

地源热泵与冷水机组装机比例是系统设计的重要内容,其不仅与设计工况有关,也与系统在供冷季的逐时运行特性密切相关,是一个关乎节能性和经济性的问题。整体上来讲,地源热泵系统效率优于冷水机组系统,但投资建设费用高,需要平衡考虑。在我国华北地区,通过一些模拟研究和项目实践,地源热泵承担系统负荷的 60%~70%,就能很好地解决地下热不平衡和经济性问题[7]。

2. 地源热泵与冷却塔复合

目前,地源热泵与冷却塔直接复合的形式多为地埋管换热器与冷却塔结合,可以采用并联或串联的组织形式。并联时,热泵机组的冷却水按照特定的分配方案,分别流经冷却塔和地埋管换热器散热后,回到热泵机组,应用时须特别注意两个环路之间的水力平衡;串联时,热泵机组的所有冷却水经过冷却塔换热后,须再经过地埋管换热,这种形式下会出现设计的冷却水流量无法达到最大冷负荷时需要的冷却水流量的情况。通常情况下,为了保证机组对于冷却水水质的要求,冷却塔宜选用闭式冷却塔,或者利用板式换热器将冷却塔环路隔离,维护时仅须清洗板式换热器。

(1) 并联复合时,冷却塔与地埋管换热器分别按自身承担的部分散热量设计,冷却塔与地埋管换热器宜采用并联复合系统。一般埋管数量按照工程供暖面积进行埋设,制冷不够的部分采用冷却塔制冷。供冷季期间,冷却水经过分流阀的作用,分别进入冷却塔和埋管换热器进行散热。从冷却塔和埋管换热器出来的冷却水混合后,回到机组冷凝器,完成循环。此时,水泵 A 与水泵 B 均开启。供热季期间,通过分流阀关闭冷却塔环路。从机组蒸发器出来的循环水直接进入埋管换热器吸热,然后返回机组蒸发器,完成循环,如图 6-6 所示。

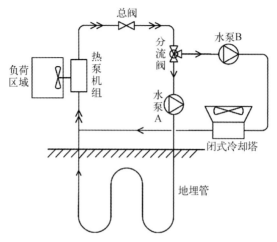

图 6-6 冷却塔与地埋管换热器并联复合系统

（2）串联复合时,冷却塔为额外的辅助散热设备,地埋管换热器的总长度仍然按机组最大排热量设计。这种情况下,不会出现机组冷却水流量无法满足最大冷负荷时冷却水流量的情况,因此宜采用串联形式。同时加入板式换热器,还可以选择冷却塔的额定容量,如图 6-7 所示。

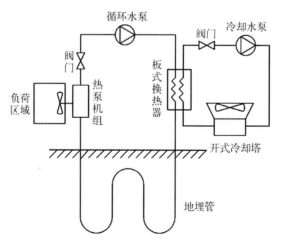

图 6-7 冷却塔与地埋管换热器串联复合系统

机组供冷季运行时,机组的冷却水首先通过板式换热器与冷却塔环路进行换热,然后进入地埋管换热器散热,最后回到机组完成循环。

（3）通过相应的控制策略,进一步挖掘地源热泵与冷却塔复合式系统的节能潜力。

常用策略：对于冷却塔辅助的复合地源热泵系统,控制对象一般均为冷却塔,通过设定控制策略,控制冷却塔的启停,以达到节能的目的。当冷却塔与地埋管换热器采用并联形式时,也可以通过控制地埋管换热器的启停,达到节能和缓解土壤"热堆积"的目的。一般地,复合地源热泵系统的控制策略包括以下方式：

① 水温控制策略。当地埋管换热器的出口水温大于设定值时,启动冷却塔,直至出口水温小于另一设定值后,关闭冷却塔。② 温差控制策略。当地埋管换热器出口水温与环境湿球温度的差值大于设定值时,启动冷却塔,直至差值小于另一设定值后,关闭冷却塔。③ 运行时间控制策略。在规定的时间段启动冷却塔,其他时间段关闭冷却塔。④ 负荷率控制策略。当负荷率超过设定值时,启动冷却塔;负荷率小于设定值时,关闭冷却塔。

地埋管出口温度的设定有相应的限制条件。首先,出口温度不应小于冷却塔和地埋管换热器始终共同运行时的最高温度。其次,出口温度不宜超过 33℃,如果地埋管出口温度高于 33℃,地源热泵系统的运行工况与常规的冷却塔相当,无法充分体现地源热泵系统的节能性。

6.3.2　辅助热源复合式热泵系统

对于热负荷远大于冷负荷的项目,可以添加辅助热源,组成复合式地源热泵系统。辅助热源可以是太阳能、市政热力、燃气锅炉等。

1. 辅助热源在系统两侧的补充

从地源侧来看,辅助热源与地埋管地源热泵系统结合得较多,在地温场温度较低时,辅助热源可向地下补热,地温场温度回升的同时热泵机组效率也会提高;尤其是太阳能和电厂余热,在非供暖季,可将多余的热量跨季节向地下补热;补热时间应尽量靠近供暖季。同时,也可以与地源侧回水进行混水,然后进入热泵机组蒸发器换热,提高机组进、出水温度和换热效率。

从建筑末端需求来看,地源热泵机组供热水温一般为 45~50℃,适用的末端一般多为风机盘管、散流器、敷管式等;部分多级压缩热泵机组或高温热泵机组的供水温度可达 50~60℃,但相应的是以付出降低整体效率为代价。市政热力、电厂余热、燃气锅炉等辅助热源,可以制备更高的供水温度。因而,辅助热源可以在地源热泵供水温度不足时,辅助系统补充建筑用能量和满足不同水温需求,如图 6-8 所示。

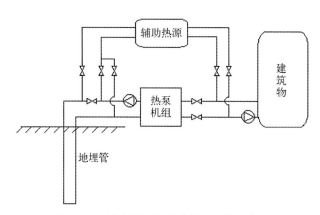

图 6-8　辅助热源复合式热泵系统示意图

辅助热源的系统控制思路可参照辅助冷源,但须注意,在设计时,应充分考虑辅助热源的供水温度是否与地源热泵运行工况相吻合,尤其是在与地源侧结合应用时,不可将热泵机组蒸发器进水温度设置太高(可参照机组运行工况范围),以免机组制冷剂过热度及蒸汽压力太高而导致停机。辅助热源与地埋管换热器间可以设置板式换热器,避免辅助热源水的直接影响。通过阀门调节系统的水力平衡。

2. 辅助热源供给生活热水

在一些品质需求较高的建筑应用中,复合式热泵系统还承担着生活热水的供给。在制冷季运行时,一些热泵机组配置热回收功能,将部分排入地下的热量转为制备热水;成本低廉,为用户节约大量热水费用。在供暖季运行时,多利用辅助热源(如锅炉)制备生活热水,能够解决用户的不同用能品质需求。

6.3.3　蓄能系统设计

除跨季节蓄能系统外,供能季内的蓄能系统,多应用于间歇运行的地源热泵系统中。建筑无供能需求时,地源热泵系统蓄能;建筑供能需求较大时,蓄能系统释能。蓄热介质多采用水、无机盐等。根据不同的蓄热介质,建造不同的蓄能设施。蓄能温差的计算方法为

$$蓄能温差=热泵机组出水温度-建筑末端回水温度$$

对于电力系统来说,在电力需求低谷时启动热泵系统制冷、制热,将产生的冷或

热储存在某种媒介中;在电力需求高峰时,将储存的冷或热释放出来使用,从而减少高峰用电量,又称为"移峰填谷"。可以减少电网的峰谷差和容量,提高电网的运行效率。为提高用户转移高峰用电的积极性,各地都有分时电价的优惠政策。以北京商业用电为例,分时电价政策为：高峰 0.983 元/度,8:00~11:00,18:00~23:00;平峰 0.623 元/度,11:00~18:00,7:00~8:00;低谷 0.285 元/度,23:00~7:00。峰谷电价差达 0.698 元/度。夜蓄日用的方式可以节约很大的运行成本。根据建筑使用特点,多数商业、办公及工业用房等公共建筑能够很好地匹配夜蓄日用的供能模式。另外,对于不能及时消纳的绿电,如弃风电,也可以将电能转化为热能储存利用。

在蓄能系统设计时,应根据场地建设条件,针对不同的蓄能介质特点,选择适宜的蓄能方式。

1. 显热式蓄能

以水蓄能为代表,主要利用的是水的显热(液态无相变);储存一定冷、热量时,通常需要较大的蓄能设施体积;但水的价格低廉,且与热泵系统供能介质相同,因此,热泵机组制备的冷、热水可直接存入储水罐,无须单独增加换热器,无换热损失;通常为开式系统,系统较为简单。蓄水罐的种类较多,有分层蓄水罐、迷宫式蓄水罐、隔膜式蓄水罐等。

2. 潜热式蓄能

以冰蓄冷为代表,主要利用的是水的相变潜热。常压下,由于水的凝固点为 0℃,因此蓄冷温度多在-9~-3℃,多采用乙二醇等中间介质传递热泵机组冷量。蓄冰槽的体积只有水槽的 1/6 左右,蓄能设施占用体积大大减小。蓄冰装置可以提供较低的冷冻水供空调系统使用,有利于提高空调供回水温差,同时可与低温送风技术结合,进一步降低空调末端尺寸和输送电耗。

以共晶盐蓄冷为代表,是无机盐与水的混合物,在不同配比状态下,相变所需的温度不同。其相变潜热一般比冰小,且溶解时易分层。价格较高,稳定性较差。

另外,近些年还有利用金属等材料高温蓄热,蓄热温度达几百摄氏度;但超出热泵系统的蓄能温度范围,需要辅助热源蓄热,如电锅炉等。

6.3.4　复合式系统设计案例

1. 项目基本概况

北京某软件园区位于北京市海淀区永丰路,地处温榆河冲积扇的中上部。该区 180 m 以上的地层岩性主要为黏土、砂质黏土、粉质砂土、粉细砂、细砂等。主要含水层深度分别约为 55 m、85 m、100 m、133 m、155 m、170 m 等,其静水位约为 20 m 深。地下水径流方向为西北—东南向。场地的标准冻结深度为 0.8 m。

项目本期建设总面积为 28.75 万平方米,建筑类型为企业办公、研发基地。根据设计院提供的数据,冷、热负荷和生活热水负荷见表 6 - 1。

表 6 - 1　北京某软件园本期冷、热负荷和生活热水负荷　　　　（单位: kW）

序号	建 筑 名 称	冷负荷	热负荷	散热器采暖负荷	生活热水加热负荷
1	1#研发基地	4 420	2 378	/	913
2	2#研发基地	2 163	1 856	/	/
3	3#研发基地	720	600	715	615
4	4#研发基地	1 788	805	/	/
5	企业管理软件 1#研发基地	2 823	2 411	/	/
6	企业管理软件 2#研发基地	5 313	4 543	/	/
7	ERP - NC 管理软件研发基地	6 661	5 689	/	/
合计		23 888	18 282	715	1 528

由表 6 - 1 可知: 该软件园本期的空调制冷总负荷为 23 888 kW,空调供热总负荷为 18 282 kW,散热器采暖负荷为 715 kW,生活热水加热负荷为 1 528 kW。

2. 项目设计思路

该软件园的建设目标为国际一流的生态环保软件园,建筑物的冷、暖空调系统是园区的重要设施之一,也是影响园区生态环境的重要因素。所以清洁、低能耗源是软件园的规划需求。其空调系统既要节能、环保,又要安全、可靠,同时系统初投资和后期运行费用要合理。

根据区域地质条件及资源条件,在冷、热源的选择上,优先选择利用地埋管地源热泵系统为建筑供能。在地埋管布孔区域的选择上,根据园区规划,拟利用建筑周边的绿化带用地作为布孔区,在平面上与地下水径流方向垂直,利于地下热传递;并就近设置热泵机房,如图 6 - 9 所示。

园区内为办公建筑,夜间空调负荷较小,商业用电夜间的谷电价较低,应考虑加建蓄能设施。供能建筑总面积较大,用能较多,在提升系统效率方面,热源侧应考虑

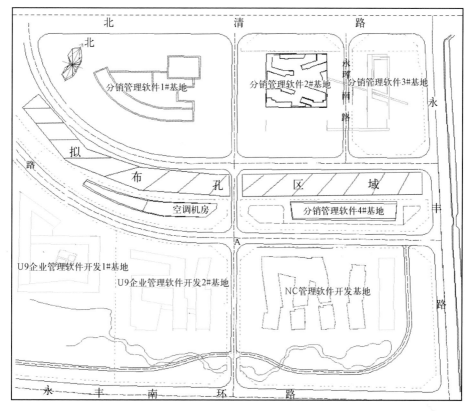

图 6-9　北京某软件园区规划图

加建调峰设施,提高热泵机组负载率,提升机组效率;同时,控制地埋管总数量,降低初投资。用户侧应考虑采用节能末端,减小机组能耗。

经过多次讨论与研究,最终形成了一套合理的综合性能源利用系统方案:采用地源热泵+水蓄冷、蓄热+冷水机组+燃气锅炉+逆流高效节能风机盘管的复合式热泵系统。热泵机组为双工况机组,冬季由热泵机组在夜间向蓄热水池蓄热,白天由热泵机组、蓄热水池和燃气锅炉共同供热,燃气锅炉作为冬季供热的调峰设备。夏季由热泵机组在夜间向蓄冷水池蓄冷,白天由热泵机组、蓄冷水池和离心式冷水机组共同供冷,离心式冷水机组作为夏季供冷的调峰设备。

3. 技术特点

地源热泵、水蓄能、逆流风机盘管这三种技术(设备)都是目前较为领先的,各自都有不同的优势,将这三者联合在一起,优势会更加突出:① 三者都为冷、热双供设备,无闲置设备,利用率和供能保障率高。② 采用逆流风机盘管可以提高夏季供水温度和降低冬季供水温度,提升热泵机组的运行效率,制冷 EER 可提高 12%左右,制热 COP 可提高 15%左右。③ 蓄能时采用拉大蓄水温差的方式,减小了蓄水池(罐)的体积。蓄冷工况可减小 30%左右,蓄热工况可减小 28%左右。

（1）水蓄能技术

与冰蓄冷相比,水蓄能具有如下的特点。

① 以水为蓄冷(热)介质,不需要其他中间介质,可以节省蓄冷介质费用,减少介质泄漏风险。如冰蓄冷用乙二醇等中间介质。

② 可以使用常规的双工况热泵机组,机组的效率大幅度地提高,更节能;水蓄冷系统机组的效率远远高于冰蓄冷系统,系统的运行费用更低。冰蓄冷系统中机组在蓄冷工况时蒸发器最低出水温度为-6℃,水蓄冷系统中机组在蓄冷工况时蒸发器最低出水温度为 4℃,出水温度要高 10℃左右,机组的效率比冰蓄冷系统高 25%以上。

③ 实现蓄冷和蓄热的双重用途,与冰蓄冷系统比较,系统利用率更高,节能效果更加显著。

④ 成本低,技术要求低,维修方便,无须特殊的技术培训。

水蓄能系统是一种较为经济的储存大量冷(热)量的方式。蓄能水池体积越大,单位蓄能量的投资越低。蓄存的能量尽量用在电力高峰段,使系统的运行费用更低。由于冰蓄冷在释放冷量时受融冰率的限制不能将冷量集中地用在电价最高的时段,如冰盘管的最大融冰率为 15%左右,也就是说蓄冰设备在每个小时段最多能提供总蓄冷量的 15%左右,蓄存的冷量只能慢慢地分摊在各个小时段提供;而水蓄能系统没有这个限制,可以通过板换"提取"所需要的冷量,能够将蓄存的冷(热)量尽可能用在电价最高的时段,这样就可以最大限度地降低系统的运行费用。

当然,水蓄能系统与冰蓄能系统比较也有劣势,就是蓄水罐的体积要远远大于蓄冰罐,不过,对于本项目而言,有比较合适的区域布置足够的蓄水罐。

综上所述,无论是前期投资方面,还是后期运行费用方面,采用水蓄能系统都比冰蓄能系统具有更大的优势,所以,本方案中采用水蓄冷、蓄热的方式。

（2）逆流风机盘管技术

常规风机盘管冷、热水的流向均采取下进上出的方式,冷、热水的流动方向与风的方向垂直,称为叉流换热,而逆流风机盘管冷、热水的流向为前进后出的方式,冷冻水的流动方向与风的方向逆向,称为逆流换热。

逆流高效风机盘管夏季使用 11/16℃的冷冻水,处理后的空气温、湿度达到常规风机盘管使用 7/12℃冷冻水同样的效果;冬季使用 40/35℃的热水,处理后室内空气参数达到常规风机盘管使用 45/40℃热水同样的效果。因而,逆流风机盘管具有如下特点。

① 可提高热泵机组的效率。由于逆流高效风机盘管在夏季和冬季使用的水温与常规风机盘管不同,分别提高了 4℃和降低了 5℃,使热泵机组的制冷效率提高了 12%左右、制热效率提高了 15%左右。这样就可以使配置的热泵机组数量或型号减少,整个系统的能耗大幅度地降低,减少了系统的初期投资和后期的运行费用。

② 减少了蓄能水池的体积。采用水蓄冷时,常规风机盘管系统的蓄冷温度为 4/11℃,逆流风机盘管系统的蓄冷温度为 4/14℃,温差提高了 3℃,在完成同样蓄冷量时蓄冷水池的体积可以降低 30%左右。

采用水蓄热时,常规风机盘管系统的蓄热温度为 42/55℃,逆流风机盘管系统的蓄热温度为 37/55℃,温差提高了 5℃,在完成同样蓄热量时蓄热水池的体积可以降低 28%左右。

(3) 大温差供水技术

常规空调系统供回水设计温差一般为 5℃。根据相关研究统计,很多项目空调系统中各种循环泵的能耗占系统总能耗的 30%以上,有的甚至达到了 40%左右,造成了能源的极大浪费。

本方案设计的供回水温差为 8℃,减小了循环水流量。这样一方面降低了系统循环泵的电力消耗,节省了系统的后期运行费用;另一方面也使得循环管路的管径减小,降低系统的初期投资。

4. 系统运行方案

冬季供热:夜间谷电价期由热泵机组向水池蓄存热量,夜间负荷由燃气锅炉承担,日间由热泵机组、蓄热水池和燃气锅炉共同供热,燃气锅炉作为调峰设备,如图 6‐10 所示。

夏季供冷:夜间谷电价期由热泵机组向水池蓄存冷量,日间由热泵机组、离心式冷水机组和蓄冷水池根据负荷的大小情况共同供冷。热泵机组由土壤换热器散热,离心式冷水机组由冷却塔散热,如图 6‐11 所示。

生活热水:夏季由热泵机组在早晨上班前的两个小时电力平段内加热生活用水的同时回收空调系统管路中循环水的热量,既加热了生活用水,又为空调系统进行了

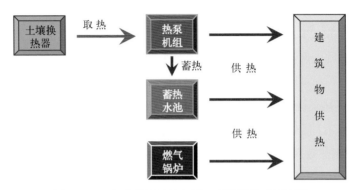

图6‑10 复合热泵系统冬季工况运行模式示意图

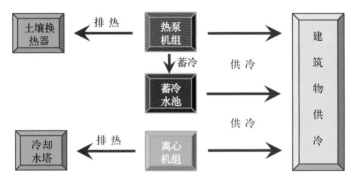

图6‑11 复合热泵系统夏季工况运行模式示意图

预冷,此方式在一期工程中已经成功运用,节能效果显著。

冬季和过渡季节在夜间电力低谷段内由热泵机组加热生活热水。

5. 地埋管换热系统设计

根据本项目冬、夏季的设计负荷,现场热响应测试结果计算,设计地埋管的最大数量为131 600延米;单个地埋换热孔深选用140 m,换热孔数量核算为940个,孔径φ150 mm。换热孔口位于地面3.5 m深以下,换热孔间距为5 m×5 m,单孔占地面积为25 m²,布孔占地总面积为23 500 m²。

室外共布置换热孔940个,分为Ⅰ、Ⅱ、Ⅲ、Ⅳ四个区,其中Ⅰ区布孔468个,Ⅱ区布孔113个,Ⅲ区布孔109个,Ⅳ区布孔250个,如图6‑12所示。

6. 运行能耗测算

本项目冬、夏季系统运行能耗计算的部分参数见表6‑2。

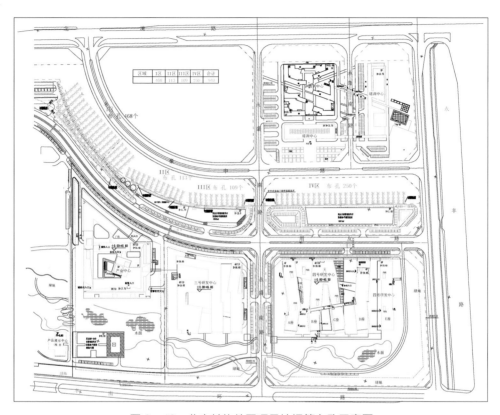

图 6-12 北京某软件园项目地埋管布孔示意图

表 6-2 复合热泵系统运行能耗计算部分参数表

	空调负荷/kW	生活热水负荷/kW	散热器负荷/kW	最冷、热天数/d	一般冷、热天数/d	耗电设备总功率/kW
夏季制冷	23 888	1 528	—	45	75	5 240
冬季供热	18 282	1 528	715	35	90	4 004

（1）夏季能耗计算

夏季空调冷负荷为 23 888 kW,生活热水加热负荷为 1 528 kW,最大负荷时段由热泵机组、冷水机组和蓄水罐共同提供,生活热水通过回收管路中循环水的热量来制取。制冷天数按照 120 天估算,其中最热季按 45 天估算,制冷负荷为设计最大供冷负荷,其余 75 天为一般炎热季,制冷负荷按设计最大供冷负荷的 80% 估算。

系统一天的使用时间为 8 h,同时使用系数取 0.6,则夏季制冷耗电量的计算公

式为

夏季制冷耗电量=设备总功率×平均每天的运行时间×制冷天数×同时使用系数

最热季耗电量：

$$5\ 240 \times 8 \times 45 \times 0.6 = 1\ 131\ 840(\text{kW} \cdot \text{h})$$

一般炎热季耗电量：

$$5\ 240 \times 80\% \times 8 \times 75 \times 0.6 = 1\ 509\ 120\ (\text{kW} \cdot \text{h})$$

夏季系统制冷总耗电量：

$$1\ 131\ 840 + 1\ 509\ 120 = 2\ 640\ 960\ (\text{kW} \cdot \text{h})$$

（2）冬季能耗计算

冬季供暖总热负荷为 20 525 kW，其中空调热负荷为 18 282 kW，散热器热负荷为 715 kW，生活热水加热负荷为 1 528 kW。供热方案为燃气锅炉调峰 30%，其余由地源热泵+水蓄热设备提供。各设备承担负荷情况见表 6-3。

表 6-3　冬季供暖各设备承担负荷情况表

	70%空调供暖负荷/kW	30%空调供暖负荷/kW	散热器供暖负荷/kW	生活热水负荷/kW	总负荷/kW
地源热泵+水蓄能	12 700	/	/	/	
大燃气锅炉	/	5 582	/	1 528	20 525
小燃气锅炉	/	/	715	/	

供暖天数为 125 天（参考《严寒和寒冷地区居住建筑节能设计标准》JGJ 26—2018），其中最冷季按 35 天估算，供热负荷为设计最大供热负荷；其余 90 天为一般寒冷季，供热负荷按设计最大热负荷的 80% 估算。

配置三台大燃气锅炉提供 7 110 kW 热负荷（单台制热量 2 791 kW，耗气量为 239 Nm³/h），一台小锅炉提供散热器 715 kW 热负荷（单台制热量 756 kW，耗气量为 64.8 Nm³/h）。锅炉耗气量为

$$7\ 110 \div 2\ 791 \times 239 + 715 \div 756 \times 64.8 = 670(\text{Nm}^3/\text{h})\ 。$$

系统一天的使用时间为 8 h，同时使用系数取 0.6，则冬季供热耗电（气）量的计算

公式为

$$冬季供热耗电(气) 量 = 设备总功率(锅炉耗气量) \times 平均每天的运行时间$$
$$\times 供暖天数 \times 同时使用系数$$

最冷季耗电量：

$$4\ 004 \times 8 \times 35 \times 0.6 = 672\ 672(kW \cdot h)$$

一般寒冷季耗电量：

$$4\ 004 \times 0.8 \times 8 \times 90 \times 0.6 = 1\ 383\ 782(kW \cdot h)$$

冬季系统供热总耗电量：

$$672\ 672 + 1\ 383\ 782 = 2\ 056\ 454(kW \cdot h)$$

最冷季耗气量：

$$670 \times 8 \times 35 \times 0.6 = 112\ 560(Nm^3)$$

一般寒冷季耗气量：

$$670 \times 0.8 \times 8 \times 90 \times 0.6 = 231\ 551(Nm^3)$$

冬季系统供热总耗气量：

$$112\ 560 + 231\ 551 = 344\ 111(Nm^3)$$

（3）全年能耗计算

系统全年总的耗电量：

$$2\ 640\ 960 + 2\ 056\ 454 = 4\ 697\ 414(kW \cdot h)$$

系统全年总的耗气量：

$$112\ 560 + 231\ 551 = 344\ 111(Nm^3)$$

按照《综合能耗计算通则》(GB/T 2589—2020)可知各种能源折算标准煤系数：
1 kW·h 电折算标准煤为 122.9 g,1 Nm³ 天然气折算标准煤为 1 214 g。

系统全年能耗(吨标准煤)为：

$$4\ 697\ 414 \times 122.9 + 344\ 111 \times 1\ 214 = 995(tec)$$

（4）常规能源系统能耗

以夏季采用水冷机组制冷，系统能效比取 3.0；冬季采用燃气锅炉供暖的常规能源系统测算本项目能耗。

常规系统夏季制冷耗电量：

$$23\ 888 \div 3 \times 8 \times 45 \times 0.6 + 23\ 888 \div 3 \times 0.8 \times 8 \times 75 \times 0.6$$
$$= 4\ 013\ 184(\text{kW} \cdot \text{h})$$

常规系统冬季耗气量：

小时最大耗气量：

$$(18\ 282 + 1\ 528) \div 2\ 791 \times 239 + 715 \div 756 \times 64.8$$
$$= 1\ 757.66(\text{Nm}^3/\text{h})$$

总耗气量：

$$1\ 757.66 \times 8 \times 35 \times 0.6 + 1\ 757.66 \times 0.8 \times 8 \times 90 \times 0.6$$
$$= 902\ 734(\text{Nm}^3)$$

常规系统全年能耗量（吨标准煤）：

$$4\ 013\ 184 \times 122.9 + 902\ 734 \times 1\ 214 = 1\ 589.14(\text{tec})$$

（5）本系统全年节能量

本项目采用的复合式热泵系统全年可节约标准煤

$$1\ 589.14 - 995 = 594.14(\text{tec})$$

由此可见，本系统起到了很好的节能效果。

6.4 小结

本章在总结工程实践经验的基础上，提出浅层地热能地下换热系统的设计要点。本章着重阐述在不同地区资源条件、不同技术的项目实操中，应如何考虑建筑供能形式和技术的选择，如何优化配置浅层地热能开发利用形式，以及在设计阶段应把控的基本原则和注意事项。以案为例，针对项目规划及条件，提出设计思路，分析不同技术特点，发挥不同技术优势，形成合理的设计方案。

参考文献

[1] 中华人民共和国住房和城乡建设部.建筑节能与绿色建筑发展"十三五"规划,2017.

[2] 中华人民共和国建设部,中华人民共和国国家质量监督检验检疫总局.地源热泵系统工程技术规范: GB 50366—2005[S].北京: 中国建筑工业出版社,2005.

[3] 潘玉勤.水/土壤源热泵地下换热系统施工技术手册[M].郑州: 黄河水利出版社,2016.

[4] 中华人民共和国国家质量监督检验检疫总局,中华人民共和国建设部.供水水文地质勘察规范: GB 50027—2001[S].北京: 中国计划出版社,2001.

[5] 中华人民共和国住房和城乡建设部,中华人民共和国国家质量监督检验检疫总局.管井技术规范: GB 50296—2014[S].北京: 中国计划出版社,2014.

[6] 张昌.热泵技术与应用[M].3 版.北京: 机械工业出版社,2019.

[7] 李蕾,崔萍,高媛,等.复合地源热泵系统在酒店中的优化设计[J].建筑热能通风空调,2017,36(6): 70‑72.

第 7 章

浅层地热能地下换热系统施工

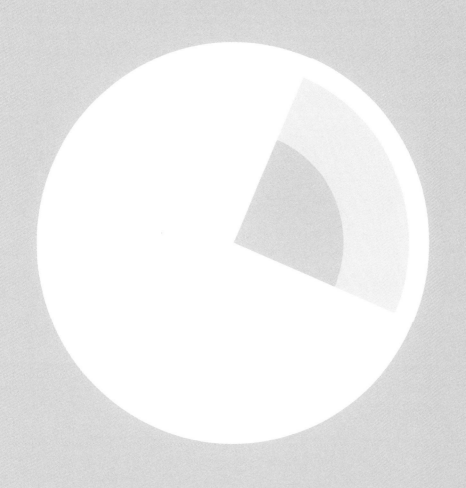

本章的内容是依据国家标准、行业标准以及一些地方标准,在浅层地热能开发利用项目的地下换热系统施工方面的总体描述。地下换热系统是整个地源热泵系统的关键部分,由于其施工大多属于隐蔽工程,因此严格规范、科学合理的施工质量对系统可持续、高效运行发挥着至关重要的作用。本章将主要介绍竖直地埋管换热系统、地下水换热系统、地表水换热系统三种形式的施工工法及相关技术要求,供行业内从业者参考。

地埋管、地下水、地表水换热系统的施工准备工作有相似之处。施工前应掌握工作区范围内的相关场地浅层地热能的工程勘查报告或评估材料、相应换热系统的设计方案以及配套的施工图件等。根据这些材料,编制完成可落实的施工组织方案。

施工前要现场了解项目工作区内已有的地下工程内容和具体位置,可能因施工影响到的其他地下构筑物的真实情况和附近的水井、水文地质和地表水水文资料。对可能影响施工的重大因素提前做好预案,避开敏感区域。同时,施工可能引起的扰民等社会问题也值得关注,应有专门人员处理扰民和民扰问题。施工前相关审批要落实落地,各类施工设备、材料保持完好和"临战"状态,水、电等施工条件准备就绪。

7.1 地埋管换热系统施工工法及技术要求

地埋管换热系统施工主要包括点位测量、地埋孔钻探、聚乙烯(PE)管试压、PE管下放、孔内回填、水平沟槽开挖、PE水平管连接及试压、水平沟槽回填等工序。竖直地埋管换热系统主要施工工艺流程如图7-1所示。

7.1.1 点位测量放线和钻探成孔

结合坐标控制点,按照施工图,可采用全站仪或RTK(实时动态差分技术)将竖直地埋管钻孔位置放至实地,采用撒白灰点并结合木桩、钢筋头等插入孔位中心位置,并及时标记孔口高程。平面位置允许偏差为±0.25 m,高程允许偏差为±0.05 m。沟槽坡度找平采用水准仪控制,精度要求建议达到二级。

将钻机分别置于已标定的位置处开始钻探。根据埋孔的口径选择相应钻头,不

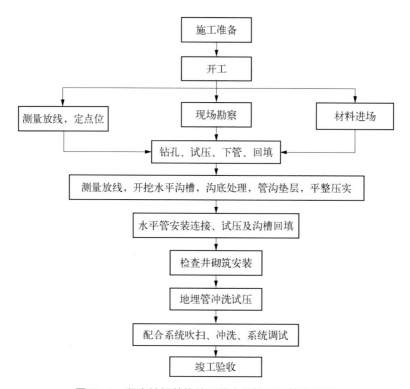

图7-1 竖直地埋管换热系统主要施工工艺流程图

同的土壤结构选用不同材质的钻头。钻探完成后立即下垂直U形管并回填,同时从
埋孔中取出下管器,如图7-2所示。实践证明,若这些工序不连续进行,埋孔内的泥

图7-2 一种下管器

浆会润湿土壤,时间间隙过长,埋孔周围的土壤会淤积包裹在下管器的周围,严重情况会导致取不出下管器,此井只能作废。

同理,若不及时下管,埋孔内的泥浆会淤积在一起,有可能出现管孔局部的堵塞,孔底泥浆沉淀以至U形管无法下到设计深度。钻井达到要求的深度后,对于容易缩径的地层,应反复进行通孔,为顺利下管创造条件。

根据场地地层条件,采用泥浆护壁正循环方法成井或气压冲击方法成井,具体换热孔钻孔方法选择可参考表7-1。施工机械可采用回转式钻机或潜孔锤钻机(SL‐400)等。钻井过程应保证孔壁完整、钻孔垂直,上部遇松散地层采用泥浆护壁或下套管跟管钻进,在钻井过程中,对各岩土层进行分层描述,及时记录钻进速度、泥浆液的损耗情况。

表7‐1　不同地质条件宜选用的换热孔钻孔方法[1]

编号	地　质　条　件	钻　孔　方　法
1	第四系细颗粒地层	回转钻进
2	第四系粗颗粒地层	回转钻进或冲击钻进
3	基岩地层	潜孔锤钻进
4	若基岩地层上覆第四系地层	钻井第四系地层时应采用跟管钻进,但跟管深度不宜大于40 m

钻机坐落场地地面应满足承载力要求,松散处应夯实处理,机塔安装时四脚应水平、周正、稳固。开钻应低压慢进并逐步加压,待钻头全部进入岩土层1.0 m左右,泥浆液开始循环,钻机进尺稳定后方可正常钻进。钻井过程中,每进尺控制在1.0~2.0 m,应检查钻孔直径和垂直度,确保钻孔直径和垂直度符合要求。如遇软硬不同地层,应低压慢进避免高压快速钻进。每50 m测量一次垂直度,每100 m允许偏差为1%,偏差大于设计要求时及时纠偏或扩孔纠斜、纠正顶角、方位角。钻机孔斜保证措施:钻机安装应稳固可靠;开孔时应低速低压钻进,钻前必须用水平尺校正钻机。

钻井过程中详细记录增加每节钻杆长度,通过钻机平台高度、钻杆总长、外露钻孔长度及时计算钻孔深度。当钻孔达到设计深度时继续向下钻进0.5 m左右用于沉渣。然后停止钻进,将钻头提高至孔底0.2~0.5 m,泥浆液继续循环清除孔底沉渣,并及时起钻避免钻头触碰孔壁,同时保持孔内液位面高于地下水水位面。

7.1.2　U形管弯头选择及第一次试压

建议选用成品U形管弯头。管材应在运至工地后即用空气试压。这将有助于检验管材是否因加工不良而存在有可能渗漏的气孔或运输过程造成的破损。

根据设计及规范要求,竖直地埋管换热器应保压置入钻孔,放入前应做第一次水压试验。竖直管试压一般采用试压泵慢升压,升压过程中随时观察与检查PE管情况,观察其是否有漏气、漏水现象,如发生泄漏,应更换相应管路。

第一次试压在试验压力下,稳定不少于 15 min,稳压后压力降幅不应大于 3%,且无泄漏现象。将其密封后,在有压状态插入钻孔,完成孔内回填后保压不小于 1 h[2]。

7.1.3　下管及钻孔回填

PE 管路顺利下放是地源热泵工程中的关键技术,管路的下放长度决定了换热器换热量的多少,因此施工过程必须保证管路下放到设计深度。

下管的方法有人工下管、机械下管和重物下管。下管施工宜采用专用的地埋管盘管架架起,避免 PE 管在地面被拖拽损伤管壁。换热器为保压下管,下管过程应保持匀速,注意观察压力表数值是否变化,如压力下降,应停止下管,尽量取出并更换换热器,否则须补孔。

回填工序也称为注浆封井,按设计要求采用回填材料将换热器与孔壁之间的空隙回填密实,保障管材与钻孔壁之间的传热效果以及避免地下含水层受到地表水渗透而导致的污染影响。回填材料的选择取决于地下条件、注浆材料的特性等。回填可使用导管(注浆管)注浆。回填材料一般使用膨润土和细砂(或水泥)的混合浆。都应在钻井完成和安装了 U 形管后立即进行。为尽可能减少每一批注浆配料之间的准备时间,应使用大容量的注浆搅拌池。工程上用一种最经济的做法是在埋孔附近挖一个大坑,在这个坑中搅拌泥浆或膨润土,让注浆泵从大坑内吸取回填材料从导管中向孔内注浆。并要求导管的内径不小于 20 mm,其前端带有一个光滑的叉子,叉住 U 形弯头,与 U 形管一同下到井底。

将回填材料在搅拌池中按配方混合均匀,使其细小、松散、均匀,且不应含石块及土块。经泥浆泵由注浆管将回填物料注入孔内,利用泥浆泵的压力和物料自重达到孔底,由孔底部自下而上填充,洞口见回填料时再匀速抽出注浆管。待注浆管出孔后停泥浆泵。等填充物沉淀密实后,在孔内铲入钻孔产生的粉末或细砂进行封孔。

注浆的原则与注意事项如下。

(1)监督检测注浆的运行操作,保证注浆以正确的比例被充分混合,并有足够的黏性以便用泵将其注入孔内。

(2)注浆要充分利用工地上能容易使用的设备,如下管的钢管做导管、挖坑代替泥浆储存罐等。

（3）正位移泵最适宜注浆。

（4）注浆泵的吸入管内径在 75~100 mm 比较合适。

7.1.4　水平管测量放线及管沟开挖

管沟测量应根据现场已有临时水准点和建筑轴线控制桩的位置，同时根据实际换热孔位置的分布作为控制过程测量放线的基准。

根据设计图纸先确定管道转弯点、分支点和坡度变化点，可采用全站仪或 RTK 测放点位置，在确定的点上打坐标桩，标出管沟中心及挖沟深度，沿桩用线绳拉直，撒上白灰，即为边沿线。

开挖管沟前，应首先了解开挖的岩土体的性质及地下水的情况。管沟开挖时注意保护好其他管道，管道与建筑物、基础或相邻管道之间的水平、垂直净距必须符合规范要求。为便于管道安装，挖沟时应将挖出来的土堆放在沟的一侧，土堆底边应与沟边保持 0.6~1 m 的距离。沟底要求找平夯实，以防止管道弯曲受力不均。水平管沟是沿着每组埋管进行开挖，距地面不得小于 1.5 m，宽为 1 m。

管沟开挖采取以机械开挖为主，挖掘机可采用 PC-200 反铲挖掘机进行开挖，人工配合清底修理边坡。换热孔至水平管沟部分宜采用人工开挖进行施工。

按照施工图纸的要求，每组钻孔之间为同程式。把每个孔内的 U 形管接入主管道上。再把每组钻孔的主管道接入分水器与集水器上。装配完毕后回填前应进行水压试验。

管沟开挖的注意事项如下。

（1）管沟开挖必须在定位放线验收合格后进行。

（2）管沟的开挖质量应符合下列规定：不扰动天然地基或地基处理符合设计要求；沟壁平整，边坡坡度符合施工设计的规定；管沟中心线每侧的净宽不小于管沟底部开挖宽度的一半；沟底高程的允许偏差为±20 mm。

（3）土方开挖应根据施工现场条件、管路埋设深度、土质、地下水等因素选用不同的开沟断面，确定各施工段的沟底、边坡等施工措施。当施工现场条件不能满足管沟上口宽度时，应采取相应边坡支护措施。

（4）土方开挖至沟底后，应完成检查验收。在管路接头处应设工作坑，工作坑比正常断面加深、加宽 250~300 mm。

（5）水平联络管管沟挖好后，应将管沟内清理干净，沟底土质应为自然老土层，均匀密实。如遇窨井、暗沟、突出石块等应清理到底后用好土回填夯实。

（6）管路敷设前，管沟底部夯实后应铺设 150 mm 细砂垫层。

管沟每侧临时堆土或施加其他荷载时，应符合下列规定：距离沟槽 0.6 m 范围内不得堆土，0.6 m 外堆土高度不大于 1.5 m；管沟外侧堆土不得影响建筑物、各种管线和其他设施的施工或安全；不得掩埋集水井、管道闸阀、雨水口、测量标志以及各种地下管道的井盖，且不得妨碍其正常使用。

7.1.5　管路安装

水平地埋管集管不应有折断、扭结等问题，转弯处应光滑，且应采取固定措施。水平埋管在挖沟转弯处，须施工成圆角，避免呈 90° 直角转弯，或安装合适的弯管接头。

1. 管道预制

水平管、地埋管换热系统至地源热泵机房的供回水管道的安装管道一般采用高密度聚乙烯管材。根据图纸尺寸，进行管道放样预制。断管采用砂轮锯进行切割，断口应光滑平整，防止出现管头不齐、有飞刺等现象。

2. 干管安装

将预制好的管道运到开挖好的管沟，按事先编码顺序摆放。对于小于 DN 200 mm 的管道可以手工拖入管沟内，对所有大管道、管件、阀门及配件，应采用适当的工具仔细将它们放到管沟内，对于长距离的管道吊装，应采用非金属绳索。水平联络干管连接宜采用热熔对接连接。四通甩口要求垂直于相应井位支管，偏差不得大于 15°。水平联络管供回水管路间距不小于 0.6 m。在每个检查井内供回水总管上均设放气阀。

3. 支管连接

每根干管连接好后，开始连接支管。支管宜采用热熔承插连接，将换热孔分支管引到干管四通处，按顺序逐个连接。换热孔内 PE 管管路和联络管之间尽量保证直接相接，不采用弯头，减少阻力和漏点。

热熔承插连接管材的连接端应切割垂直，并应用洁净棉布擦净管材及管件连接面上的污物,标出插入深度;承插连接时,应校直两对应的待连接件,使其在同一轴线;管材外表面和管件承插口内表面应用热熔承插连接工具加热;加热完毕后待连接件应迅速脱离加热工具,并应用均匀外力插至标记深度,形成均匀凸缘;连接工序结束应扶持一段时间,充分冷却后方可进入下一步施工。

4. 主干管安装

干管位于水平联络管的两端部位;待水平联络管安装完成后再进行水平干管的安装。水平干管采用高密度聚乙烯管材,连接方式为热熔对接连接。

管路应在管沟开挖后,沟底标高管沟尺寸验收合格后进行安装。管件及附属设备在安装前应按设计要求核对无误,并应进行外观检查,符合要求方可使用。安装前应将管件及阀门等内部清理干净,不得存有杂物。

在管路运输过程中注意端口的保护,防止沙土进入管内。连接时注意供、回水管分开施工,防止混接;在管道连接时,首先用干净的毛巾将管头内外擦拭干净,确保管道连接的严密性,防止杂物进入管内。每个环路连接完成后,在管口进行环路第二次打压,在 0.6 MPa 试验压力下,稳压 30 min,压力降不应大于 3%,且无泄漏现象为合格。

地埋管水平换热器管路应保持一定的坡度,确保排气通畅。要求水平管向垂直管方向倾斜,机房处管路向水平管倾斜,坡度一般不小于 2‰。

冬季施工时环境温度宜为 0℃ 以上。

管路连接应严格按照热熔对接连接工艺要求进行,并对焊缝位置逐一检查,质量应满足设计要求,并在竖直地埋管换热器与环路集管装配完成后,沟槽回填前应进行第二次水压试验。

管道穿越地下室底板或外墙时应采用不得小于管道外径加 100 mm 的套管。

水平管路应沿着水平方向设置防推脱、受力的混凝土支墩或金属卡箍拉杆等技术措施进行固定。

7.1.6　管沟回填

回填材料可采用原土、细砂回填。水平管、地埋管换热系统至地源热泵机房的供回水管道的两侧及管顶、管底 0.15 m 范围以内采用细砂回填,细砂上部采用开挖的原土回填。回填土料要求无垃圾、砖块等杂物,先回填管道底部和管道两侧,以及换热管与水平管道连接的掖部,采用人工夯实的方法,逐层夯实。管道顶部 0.3 m 内不能直接打夯,回填第二步时可采用平板振捣器夯实。每步回填土不超过 0.3 m 厚,分层振捣密实后再回填下一层。回填采用机械回填机械振捣,每层回填厚度不大于 0.3 m,可采用蛙式打夯机进行循环振动夯实,每层夯实遍数不小于 3 遍。水平管上部离地面 0.5 m 处做标志带,如图 7-3 所示。

图 7-3　管沟回填

7.1.7　检查井砌筑

阀门井采用砖砌检查井,材料可选用 240 mm×120 mm×53 mm 的水泥灰砂砖和 M5.0 预拌水泥砂浆砌筑而成。阀门井土方开挖至设计标高后,采用 C15 预拌混凝土浇筑井室垫层。垫层混凝土凝固后,开始砌筑井体。井体砌筑采用"一铲灰一块砖一挤揉"的三一砌法,保证灰浆的饱满度。

地源侧管道穿越井室部位设置刚性穿墙套管,套管在墙体位置周围 0.3 m 范围采用 C20 混凝土浇筑成型。水平管道在套管内要居中安放。地源侧管道的井室安装闸阀时,井底距承口或法兰盘的下缘不得小于 0.1 m。井壁与承口或法兰盘外缘的距离,当管径小于或等于 0.4 m 时,不应小于 0.25 m;当管径大于或等于 0.5 m 时,不应小于 0.35 m。

砌筑圆形检查井时,应随时检测直径尺寸,当四面收口时,每层收进不应大于 30 mm;当偏心收口时,每层收进不应大于 50 mm。砌筑检查井的内壁应采用水泥砂浆勾缝,勾缝采用原浆勾缝做法,随砌随勾并清扫干净。检查井砌筑至井口位置时,要预留出铸铁井盖和混凝土垫层的位置。

　　检查井及其他井室周围的回填,应符合下列规定:砌体水泥砂浆强度应达到设计规定;路面范围内的井室周围,应采用石灰土、砂、砂砾等材料回填,其宽度不宜小于 0.4 m;井室周围的回填,应与管道沟槽的回填同时进行;当不便同时进行时,应留台阶形接茬;井室周围回填压实时应沿井室中心对称进行,且不得漏夯;回填材料压实后应与井壁紧贴。设在路面的检查井井盖采用重型井盖,井盖上表面与路面平齐;设在绿地的检查井井盖采用轻型井盖,井盖上表面高出地面 50 mm,并在井口周围以 2% 的坡度向外做水泥砂浆护坡。

7.2　地下水换热系统施工工法及技术要求

　　水井施工分为钻前准备、钻凿井孔、井管安装、洗井、抽水试验阶段。地下水换热系统施工工艺流程如图 7-4 所示。

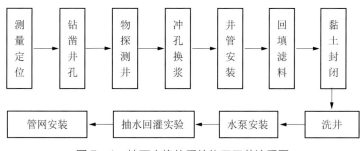

图 7-4　地下水换热系统施工工艺流程图

7.2.1　钻凿井孔

　　根据所掌握的水文地质资料以及该工程的成井质量标准以及成井的技术要求,采用合适的钻机钻凿成孔。钻进方法上可选择冲击钻进泥浆护壁一径成孔的方法进行施工。

　　开钻前首先挖出工作坑,将井口护筒壁管放置妥当,保证钻进过程中井口不会发生坍塌。同时做好泥浆池,选用优质的黏土调好所需的泥浆。开孔施工应由有经验的技术工人操作,必须使开孔段保持圆整、正直及稳固。在钻具未全部进入护口管内之前,可采用小冲程做单次冲击,以防止钻杆摆动造成孔斜。掏泥桶应配合钻进及时捞取岩屑,使掏泥桶底部深度达到钻头进尺深度。钻进时松钢丝绳应适当,做到勤松绳,少松绳,保持钻头始终处于垂直状态,使全部冲击力量作用于孔底。当孔内钢丝绳摆动太大时,应停止冲击,调整好钢丝绳后方可继续钻进。

钻孔直径应根据井管外径和主要含水层的种类确定:在砾石、粗砂层中,孔径比井管径外径大 150 mm;在中、细、粉砂层中,应大于 200 mm。

热源井施工应符合现行国家标准《管井技术规范》(GB 50296—2014)的规定。施工过程中应同时绘制地层钻孔柱状剖面图。

7.2.2 物探测井

热源井钻凿到设计深度后,应马上进行物探测井,查明地层结构、含水层与隔水层的深度、厚度等,为井管安装、填砾和黏土封闭提供可靠的资料。根据测井结果,划分取水层和非取水层,编制排管图,非取水层安装井壁管(白管),取水层安装滤水管。

7.2.3 冲孔换浆

完成钻井后,由于井内泥浆黏度大、含沙量高,会造成滤水管的缝隙和网眼容易被封堵,应及时开展冲孔换浆工作,将井内含有岩屑的浓泥浆进行置换,在井管安装前将井孔中的泥浆及沉淀物排出井孔外。即用钻机将不带钻头的钻杆放入井底,用泥浆泵吸取清水打入井中,将泥浆换出,直至井孔全为清水为止。

7.2.4 井管安装

下管前应做好以下准备工作:试孔、扫孔、换浆、井管排列、测孔。试孔采用外径小于井孔直径 20~30 mm 的试孔器,下入井底。换浆时用抽桶将孔底稠泥浆掏出,换入稀泥浆。换浆过程中应使泥浆逐渐由稠变稀,不得突变。全部井管按照测井报告后的结果进行排列编号。井管在距底部 3 m 以及每间隔 20 m 设置一道找中器。下管采用直接提吊法进行施工。下管的顺序一般为沉淀管、过滤管、井壁管。提吊井管时要轻拉慢放,下管受阻时不得强行压入。井管接头采用焊接连接,焊接前检查管道的接口平直接缝均匀,保持井管同心。焊口要求全部满焊,下管过程中应始终保持孔中水位不低于地面以下 0.5 m,以防止孔壁坍塌。

用钻机的卷扬装置,采用井托法逐节吊放,要保持井管的顺直,在井孔内居中。井管下设时,将预先制作好的井管用吊车或钻机卷扬机分段下设,分段焊接牢固,如图 7−5 所示。井管安放应力求垂直,并位于井孔中间;管顶部比自然地面高 200 mm 左右。井孔施工完毕后,井管采用焊接或法兰形式连接后垂直放入孔内。

图 7−5　下设井管

7.2.5　填料封井

回填滤料前,应将井孔中换浆时的泥浆密度降低。滤料使用 2~4 mm 粒径的砾石滤料,沿井孔周围均匀连续填砾的速度适当,随时检查填砾深度,核对滤料数量。发现砾石中途堵塞,须及时排除。

抽/灌井上部采用黏土封堵至井口,进行夯实。封井采用优质黏土球,黏土球直径为 20~30 mm,黏土球必须揉实,投入黏土球时,速度不宜过快,以免中途堵塞。封井深度为 20 m 以上。

井管过滤部分应放置在含水层适当的范围内,井管下入后,及时在井管与土壁间分层填充砂砾滤料。滤料的粒径应大于滤网的孔径,一般使用 10~15 mm 的细砾石。填滤料要一次连续完成,从含水层底部填到含水层顶部以上 1 m 左右,含水层上部采用不含砂石的黏土封口。

7.2.6　洗井抽水试验

热源井施工结束后应尽快进行清洗。洗井的目的主要是清除井壁上的泥皮,并把深入含水层的泥浆抽吸出来,恢复含水层的孔隙要求。

　　洗井方法：采用三聚磷酸钠、拉活塞、空压机和潜水泵抽水等综合方法洗井，使之达到水清砂净，水量充足。首先将三聚磷酸钠倒入井管中浸泡 24 h 以上，然后用自制的活塞开始洗井。洗井开始时，不得一下把活塞放至井底，洗井应自上而下逐层进行，拉活塞时，下放应平稳，提升速度均匀。拉活塞完成后，将空气压缩机的风管和水管同时下入井中进行冲洗，水由水管排出。

　　洗井后进行抽水试验，通过抽水试验获得水井的实际出水量和水位下降与涌水量的变化关系，求得含水层渗透系数，查明水质、水温、单孔影响半径等资料，为合理开发地下水提供可靠的依据。同时，通过抽水试验还可以进一步检查出水质量和洗井效果。抽水试验时使用潜水泵抽水，水表测流量，电测水位计测水位，温度计测水温。

　　下管填砾后，应及时洗井，以防井壁泥皮加厚、硬化。视井中水力特性及含泥砂情况，合理选择洗井方法。

图 7-6　活塞洗井

　　根据含水层特性、管井结构和钻探工艺等因素采用活塞法洗井。洗井活塞采用木制外包胶皮制成，活塞外径比井内滤管内径小 10 mm 左右，木制活塞使用前在水中浸泡 8 h。

　　拉活塞时，下放应平稳，提升速度应均匀，宜控制在 0.6~1.2 m/s，中途受阻不得硬拉或猛墩，活塞洗井时间一般大于 4 h，如图 7-6 所示。

　　如活塞洗井效果不佳时，可采用空压机洗井，二氧化碳、盐酸洗井，以及应用六偏磷酸钠浸泡洗井。各种方法洗井后，应达至水清，含砂量在 $1/10^6$ 以下。

　　沉砂管管底清砂，宜使用空压机进行清砂处理。

　　水泵的泵管安装时应仔细检查电缆和接头有无碰伤或损坏，发现问题及时包扎。视水泵大小采用钢丝绳或夹板下泵，每次法兰连接时要加胶垫，对角螺丝同时上紧，防止歪斜漏水。下泵过程中，有卡住现象要想办法克服卡点，不能强行下泵，以免卡死。

　　抽水试验前必须进行洗井及试抽，以检查抽水设备及观测设备的完善性。抽水试验按《水文地质手册》(第二版)中的相关内容及要求进行。

7.2.7　验收

热源井应单独进行验收,且应符合现行国家标准《管井技术规范》(GB 50296—2014)、《供水水文地质钻探与管井施工操作规程》(CJJ/T 13—2013)、《供水管井设计、施工及验收规范》(CJJ 10—86)的规定。

热源井持续出水量和回灌量应稳定,并应满足设计要求。抽水试验结束前应采集水样,进行水质测定和含砂量测定,水质符合空调用水标准。经处理后的水质应满足系统设备的使用要求。地下水换热系统验收后,施工单位应提交热源井成井报告。报告应包括管井综合柱状图,洗井、抽水和回灌试验、水质检验及验收资料。

井斜:全井井斜≤1°;含砂量≤1/200 000;全孔深偏差≤2‰。投料及止水封井要求:下部填入 2~4 mm 砾石滤料,上部采用优质黏土封井,防止地表水渗入换热井中,污染水质。

7.2.8　管网安装

输水管网施工及验收应符合现行国家标准《室外给水设计标准》(GB 50013—2018)及《给水排水管道工程施工及验收规范》(GB 50268—2008)的规定。

7.3　地表水换热系统施工工法及技术要求

应根据项目的前期勘察资料、设计文件和施工图纸,结合实际完成施工组织设计。

7.3.1　地表水换热系统(闭式)施工

地表水换热系统(闭式)施工工艺流程如图 7-7 所示。

可选择近水旁作为盘管制作及熔接的加工场地,将盘管及附属的轮胎或水泥沉

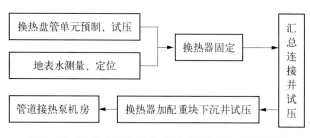

图 7-7 地表水换热系统（闭式）施工工艺流程图

块运输到位。选择 PVC 管或柔韧的排水管作为靠近水域的那段水平集管的保护套管。在靠近水岸处,水平集管的长度应预留一定余量。

1. 地表水盘管换热器的预制

换热盘管管材及管件应符合设计要求,且具有质量检验报告和生产厂的合格证。换热盘管宜按照标准长度由厂家做成所需的预制件,且不应有扭曲。

2. 换热器固定

将装配好的集管和换热盘管转运至现场(浅水区),先将换热盘管固定位置,利用船等工具搭建施工平台,进行换热盘管和集管装配连接。换热盘管安装前应排净水,保证施工时换热盘管利用自身的浮力浮在水面上。

换热盘管的排管是在岸上实施,在施工中要注意盘管的排列顺序。操作如下:顺次排列,采用木条固定,每隔一定距离用木条固定,以使每根盘管均能够整齐排列开,另将盘管端口进行编号以防止盘管管头过多最终无法对应施工。

排管完毕应用专用堵头将管口密封,用绳将每组换热器拉到水面,按设计位置固定,待汇总管制成后再进行连接编组。

换热盘管固定在水体底部时,换热盘管下应安装衬垫物。安装时,将旧轮胎或混凝土石块捆绑在盘管下面,以起到支撑(防止水底淤泥淹没盘管)及帮助下沉(作为重物)的作用。因水中的浮游生物会吸附在管道外壁形成水垢影响盘管的换热,因此盘管须每隔一段时间进行必要的清洗工作。在设计施工时,除了采用必要的技术手段使得地表水换热器通水下沉,还要能保证换热器系统排水后还能上浮。

3. 汇总连接及试压

盘管熔接应以管道和热熔焊机的技术要求为基础进行,小口径的盘管一般采用热熔承插连接,较大口径的盘管采用热熔对接。

按设计图样将换热盘管集管装配完毕并且每个换热盘管都绑扎完毕后,应按照要求进行第一次水压试验。试验压力:当工作压力不大于 1.0 MPa 时,应为工作压力的 1.5 倍,且不应小于 0.6 MPa;当工作压力大于 1.0 MPa 时,应为工作压力加 0.5 MPa。在试验压力下,稳压至少 15 min,稳压后压力降不应大于 3%,且无泄漏现象。

4. 换热器加配重块下沉并试压

根据换热器的形式,可用 C-20 混凝土制作不同形式的水泥沉块,一般要求水泥沉块高度不小于 250 mm,在水泥沉块上预制钢质连接口,用于与盘管的绑扎。混凝土沉块的重量应通过计算确定,以每个沉块的重量略大于盘管的浮力为宜,以方便换热盘管检修维护时起浮。

换热器的沉管难度较大,比较好的做法是:盘管与集分水器连接后,先用浮球捆绑集分水器以防止其下沉,待汇总管与集分水器连接完成后,再将配重块分组悬挂于换热器上。

换热盘管应牢固安装在水体底部,为了防止风浪、结冰及船舶可能对其造成的损害,地表水的最低水位与换热盘管距离不应小于 1.5 m。换热盘管设置处水体的静压应在换热盘管的承压范围内。

安装完毕的地表水换热器,应注意确保水位下降时水平集管不会暴露在空气中。在集管伸出管沟、进入水体的部位应当用保护套管将集管包围,在水平集管管沟回填前应检查环路压力。

地表水换热盘管固定在水体底部时,换热盘管下应安装衬垫物。换热盘管一般固定在排架上,衬垫物可采用轮胎等。

换热盘管任何扭曲部分均应切除,未受损部分熔接后,须经压力测试合格后才可使用。换热盘管存放时,不得在阳光下曝晒。

换热盘管与环路集管装配完毕应进行第二次水压试验,在试验压力下,稳压至少 30 min,稳压后压力降不应大于 3%,且无泄漏现象。地表水换热器转运和下沉时应带压施工。

换热器沉入水底时,在水面做好标记,以方便使用过程检修和维护。供回水管进入地表水源处应设明显标志,同样也应在盘管下沉地点的水面做好标记。

5. 管道接热泵机房

水平管沟的开挖按照从建筑物向过渡点的顺序进行。过渡点处管沟开挖的扰动土应采用机械方式夯实,作为"堤坝"以防止地表水渗流到建筑物中。水平管道沿管沟铺设至热泵机房并连接。

管沟开挖完毕,铺上保护衬层(一般采用细砂),然后进行环路集管与机房分集水器装配。装配完成后,应进行第三次水压试验。在试验压力下,稳压至少12 h,稳压后压力降不应大于3%。

7.3.2　地表水换热系统（开式）施工

地表水换热系统(开式)施工工艺流程如图7-8所示。

1. 潜水泵基础施工

潜水泵基础施工区域浇筑砼进行硬化,按照设计要求进行支模、植筋、浇筑,待基础达到强度要求后,用1∶2水泥砂浆将基础四周抹光压平。安装放置减震器和型钢基座。

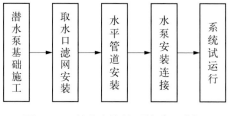

图7-8　地表水换热系统（开式）施工工艺流程图

2. 取水口滤网安装

为保证水泵正常运行,宜在江、河、湖、池等地表水取水处设置一个不锈钢金属网架,可过滤水泵取水口的水草、鱼类、垃圾等。

3. 水平管道安装

按设计要求的各种管道坐标、标高要求,依次开展支架、干管、立管、支管安装、管道防腐和保温、管道冲洗工作。当地表水直接进入主机时,应加装毛发过滤器。供、回水管进入地表水源处应设明显标志。

4. 水泵安装连接

用倒链将水泵吊至型钢支架上,将水泵底座与型钢支架用螺栓连接,螺栓下必须垫平与弹簧垫片。用水平尺调整水泵的水平度,使之轴向水平。调平后可与管道进行连接。

地表水换热系统安装过程中,应进行现场检验,并提供检验报告。

开式地表水换热系统水压试验应符合现行国家标准《通风与空调工程施工质量验收规范》(GB 50243—2016)的相关规定。

7.4　新技术应用案例

随着研究、实践的不断深入,依托河北省地球物理勘查院设立的中国地质调查局浅层地温能研究与推广中心廊坊实验中心自主研发了一种占地面积小、与地层交换热充分、能够高效换热的地埋管换热器,即套管式螺旋扰流地埋管换热器(以下简称套管式地埋管)。

7.4.1　套管式地埋管组成与工作原理

套管式地埋管由金属外管、PE 内管、螺旋环肋片等组成。图 7-9 是套管式地埋管剖面结构示意图。若干个套管式地埋管换热器组成地下换热系统,作为地源热泵系统的冷、热源。

套管式地埋管外管为金属管材,热阻较小,导热性能好,单位长度的传热能力远远大于塑料材质换热器;金属抗压性能强,换热器的管径和埋设深度受深度制约小,通过加大管径或深度,其换热面积可大幅增加。在内管上安装了螺旋环肋片,水在向下流动时,由于螺旋的导流作用,金属外管内的水流呈螺旋流动,形成水涡旋流,使管内的水充分与外管壁接触,地层中的热能通过容易传热的金属外管不断地进入螺旋流动的水中,换热性能大幅提高。

以冬季工况(取热)为例,说明套管式地埋管的换热流程:冷水从进水管进入金属外管上部,呈水涡旋流向下流动,充分吸收地层中的热量,水到达换热孔底部后,进入内管,由水泵输出到热泵机组,被取热利用后再由进水管回到外管内,如此循环,实现高效换热。

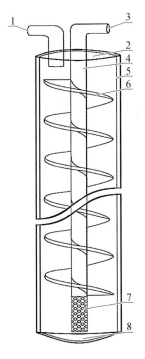

1—进水管;2—外管封盖;3—出水口;4—内管;5—外管;6—螺旋环肋片;7—带孔内管;8—外管封底

图 7-9　套管式地埋管剖面结构示意图

7.4.2　套管式地埋管施工工法及技术要求

在换热系统设计前,应首先进行浅层地热能勘查,建设一个套管式地埋管换热器,开展热响应试验,获取建设场地换热孔的实际换热能力。热响应试验应采用大功率热响应试验仪。试验仪的最大制热/制冷功率应大于换热孔的最大排热/取热量,且制热/制冷功率可分级调节。热响应试验的方法技术执行相关规范要求。具有多个换热孔的套管式地埋管换热系统,各换热孔间距宜大于6 m。各换热孔的地面孔口位置设计应满足场地布置及施工要求,孔底位置设计则以取热处土壤温度得以恢复、换热孔长期有效运行为目的。

地埋管换热系统施工前应具备埋管区域的工程勘察资料、设计文件和施工图纸,并完成施工组织设计。

1. 施工准备

(1) 设备材料准备

以100 m深度换热孔为例,说明套管式地埋管建设所需的材料设备,见表7-2。

表7-2 材料设备一览表

项 目		内 容	单位	数量	备 注
材 料	1	100 m深度换热孔	个	1	井径≥150 mm
	2	钢管	m	100	规格 ϕ124 mm×7 mm
	3	PE管	m	100	ϕ50 mm×2.8 mm
	4	螺旋环肋片	m	50	ABS材质,每组长400 mm,外径98 mm,内径51 mm,螺旋上升角30°
	5	井底封堵	个	1	钢制
	6	井口封帽	个	1	钢制
	7	保温材料	m	30	聚氨酯
	8	井口连接装置	个	1	钢制+聚氨酯保温,用于连接水平管路
	9	回填料	m³		
	10	辅材		若干	管卡、管箍、胶带等
设 备	1	钻机	台	1	钻设换热孔
	2	下管机	台	1	下外管用
	3	电熔焊机	台	2	金属管路连接用
	4	热熔焊机	台	1	PE管路连接用
	5	试压泵	台	1	换热器打压试验
	6	反浆回填泵	台	1	换热孔回填用
	7	其他小型工具		若干	施工用

(2) 设备材料说明

钢管一般采用专用石油套管,常用规格为 ϕ124 mm×7 mm,长度为6 m/根。钢管一般在厂家将每根钢管的两端加工为偏梯螺纹锥形扣（一端为内扣,一端为外扣）,并做防腐处理,外管连接方式如图7-10所示。

图7-10 外管连接

图7-11 螺旋环肋片

螺旋环肋片为定制。ABS材质,每组长400 mm,外径为98 mm,内径为51 mm,螺旋上升角为30°,如图7-11所示。

图7-12 井口连接装置

井口连接装置为定制。钢制+聚氨酯保温,一端连接换热器外管和内管,一端连接水平管路的进水管和回水管,如图7-12所示。

钻机要求能够施工直径≥200 mm钻孔,最大钻孔深度不小于150 m,具有防塌方、防偏离技术,保证打井质量及效率。下管机是专用下外管设备,亦可用小型吊车下管。反浆回填泵专为地源热泵井下换热器设计,适用于各类流质回填材料,控制泵入压力及流速,使回填的材料密实无空隙,保证井下换热器的换热效率。

专用回填料是根据钻孔地质情况确定回填料配比,确保回填层的传热系数接近原始土壤传热系数,并保证回填料的环保性,保证井下换热器的换热效率。

2. 套管式地埋管施工工艺及技术要求

套管式地埋管施工内容包括成井、下外管、下内管及螺旋环肋片、封井口、回填等。其施工工艺流程如图7-13所示。

（1）放线及孔位复核

参照现场建筑基准点和已有建筑物进行放线,按照施工图纸标定换热孔的位置,并根据现场基础桩基位置对钻孔进行适当调整,在每口井位置钉40 mm×40 mm木桩,以保证打孔位置准确。

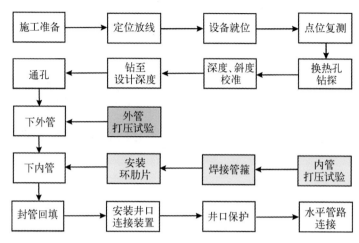

图 7-13　套管式地埋管施工工艺流程图

正式钻孔前对井孔位置进行复核,确认其是否有所调整,核实位置、尺寸等,钻孔位置距离已有建筑物不得小于 1.5 m。如遇特殊情况须进行孔位调整的,须经设计人员同意后,在规范要求的范围内进行适当调整,并将调整后的位置信息标注于施工图中,以备查看。

（2）架设钻机及钻孔

钻孔应布置在施工场地建筑物周边,与建(构)筑物、市政管网及其设施的水平距离不应小于 10 m。对场地进行二次平整,保证钻孔垂直度不超过相关的要求。以钻孔点定位塔架底盘,采用水平尺对底盘横向、纵向进行找平,水平度≤0.5 mm/m。底盘定位后,安装塔架竖杆,利用铅锤和直尺测量塔架的垂直度,保证塔架竖杆垂直;安装钻机头、钻机提升装置和钻头充水(泥浆)等附属装置。按要求挖好沉淀池及泥水沟,并使其畅通。对钻机及附属装置接电、接水管,对每台设备进行点试,确定转向。

开钻前须确定转向无误,并重新校核塔架底盘、竖杆的水平和垂直度。为确保施工安全,在无法核实钻孔位置无地下埋藏物时,应对自然地表以下 2 m 深度范围内采用人工开孔。换热孔开孔孔径为 500~800 mm,成孔孔径≥250 mm。施钻过程中应按 5 m/h 的速度为宜,密切注意钻机及附属设备的运行情况,若发现异常应及时处理,防止拉断钻杆和接头丝扣、跌落钻头等现象发生,并时刻注意地层地质变化,做好记录。

为防止孔壁坍塌,在钻进过程中应采取护壁措施。施钻过程中钻机长和操作手应定时对钻机及附属设备进行巡回检查,及时做好维护和保养工作,提高工作效率。钻进过程中,应定深度对换热孔的垂直偏差和深度偏差进行测量,对钻井设备的垂直度以及钻井深度随时进行监控、调整。

当孔钻到设计深度后,对钻孔反复进行通孔,为顺利下管创造条件。为保证外管能够下放到预定深度,换热孔的实际深度宜比设计深度多钻进 1~2 m。

换热孔的设计孔径不宜小于 200 mm。换热器宜采用外进内出的形式。设计时应根据选用的循环介质特性和所需流量进行管道水力计算。每组换热器的设计流量宜小于 4.0 m³/h。宜采用变流量设计,根据建筑负荷变化进行流量调节,节约运行电耗。

（3）下管

换热孔成孔后立即下放外管。外管下放及安装必须由熟练的技术工人严格按规定的工艺操作,以保证施工质量。否则一旦外管发生渗漏,将造成整个换热孔报废。外管下放到位,且水压试验满足要求后,方可下内管,如图 7 - 14 所示。

① 下外管

下管之前,采用专用封堵将每根外管两端封住后进行水压试验。在

图 7 - 14　外管下管

试验压力下,稳压至少 15 min,稳压后压力降不应大于 3%,且无泄漏现象。

最下部钢管的底部应提前焊接好封堵,并进行水压试验,确保无渗漏。

下管采用下管机或吊车下管,速度要均匀,且无明显晃动,防止下管过程中损坏管道。如果遇有障碍和不顺畅现象,应及时查明原因处理后才能继续下管。

相邻两根外管之间采用偏梯螺纹锥形扣（一外一内）连接。连接前,将井下钢管上端和井上钢管下端的塑料保护帽拧下来露出丝扣,并将丝扣上的水泥浆等污物清除干净后涂抹耐油防水密封胶（有机硅胶）。将井上钢管拧到井下钢管上,并用扭力扳手按下表力矩值把钢管接头拧紧,直至扭力扳手发出响声达到规定

力矩值。钢管连接到位后,在施工过程中剐蹭的部位及钢管连接部位涂抹防锈漆。

外管下到剩余最后 5 根时(地面以下 30 m),对外管做保温处理。一般采用聚氨酯材料包裹钢管达到保温目的。外管保温可在钢管出厂时预制,也可在施工现场提前加工好。

钢管全部下入孔中后,井口要保留 1 m 左右富余,以便于下一步施工操作。将井口封堵拧到外管上,并进行水压试验。在试验压力下,稳压至少 15 min,稳压后压力降不应大于 3%,且无泄漏现象。

② 下内管+螺旋环肋片

内管使用前须对其进行水压试压,试压压力应为 1.5 倍工作压力,试压时间应不小于 1.0 h,压降不得大于 3%,且不得存在泄漏现象。

将内管切割为 3 m 长度,一端采用热熔承插连接方式焊接管箍。

将螺旋环肋片安装于内管上。螺旋环肋片为半环状,两片环肋片可组合成一组完整的螺旋环肋片,环扣在内管上,两片环肋片之间采用卡扣连接。安装环肋片时须严格按步骤施工,将环肋片与内管稳固地结合在一起,防止下管过程中环肋片松动、掉落。环肋片安装间距为 0.5 m,内管安装螺旋环肋片如图 7-15 所示。

图 7-15　内管安装螺旋环肋片

前期工作结束后,将下管架安放于井口,开始下内管。首先下入带网孔的内管(长度为 3 m),再下入其余内管。

下管时内管须保持竖直,每根内管无管箍一端位于下方(先下),有管箍一端位于上方,内管置于外管中心部位,匀速下放,避免螺旋环肋片与外管内壁剧烈剐蹭。

内管在下放过程中,上端接近井口时停止下放,将内管夹插入管箍下部,再将内管下放固定于井口下管架上,与下一根内管无管箍一端热熔承插连接,如图 7-16 所示。

热熔承插连接主要包括以下步骤。

a. 检查每根管材的两端是否损伤,如有损伤或不确定,端口应减去 4~5 cm。切割管材须使端面垂直于管轴线,管材切割应使用专用管剪。

b. 将热熔机电源接通,电源应接地。保持加热板表面清洁、没有划伤。管道熔接时正常熔接温度在 260~290℃,在这一温度段内熔接时熔接质量会有较好保证。

图 7 - 16　内管热熔承插连接

c. 热熔机达到温度后,无旋转地把热熔机加热模头插入下方管的管箍内,应使加热模头完全进入管箍;同时,无旋转地把上方管的管端插入热熔机的另一侧加热模头内,达到规定标志处。

d. 达到加热时间后,立即把两管从热熔机上同时取下,迅速无旋转地直线均匀插入已热熔的深度,让两管的热融面相粘并加压,控制插进去后的反弹。为保证熔融对接质量,从取下到插入的时间间隔越短越好。

e. 保持对接压力不变,让接口缓慢冷却,冷却时间长短以手摸热熔部位,触感生硬且无热感为准。

f. 焊接部位冷却好后松开内管夹,下放内管。

将内管全部下入外管内后,立即拧上外管封帽,封闭套管。

(4) 回填

换热器安装完毕后迅速回填固井,回填时换热器口必须完全封堵。回填材料的导热能力对地下管路的换热能力有着重要的影响,回填料在施工完成后与地下换热器接触最紧密,回填料的配比与选择,决定了其传热性能,传热特性直接影响换热效果。因此,依据地质情况,配比选择回填料,也是保证土壤热泵成功应用的重要一环。回填材料的导热系数不应低于钻孔外地层岩土体的导热系数;当穿透含水层时,应采取措施防止地下水串层,避免对地下水造成污染。

回填方式包括反浆回填和人工回填。

反浆回填,回填泵采用高压力的柱活塞泵,由孔底部位注入填料向上反填,逐步排除空气,确保无回填空隙,保证换热效果,如图 7 - 17 所示。

当不具备反浆回填条件时,可采用人工回填。人工回填须在沉淀一段时间后进行多次回填,确保回灌密实无空腔,减少传热热阻。人工回填采用回填料+原浆回填

图 7 – 17　反浆回填

的方法。回填时,以扶正器固定井口,将回填料缓慢投入孔内,待回填至接近自然地表处时,加以物理振捣,以确保回填料沉积到位。

回填完成后围绕外管制作水泥基座,将外管固定于基座上,以防止换热器沉降导致水平管路变形断裂。

(5)井口处理

上述工作完成后,拧下外管封帽,使用切割机将外管切割至设计与水平连管连接的深度,将内管用管剪切割至适宜长度。

焊接、安装井口连接装置,再次进行水压试验。水压试验合格后进行井口建设,主要包括制作水泥基座和垒砌保护室。做好与水平管路连接前的保护工作,在井口地面位置做明显标记,防止后续施工造成损坏。

(6)水平管路连接

套管式地埋管换热系统水平管路连接的施工工艺方法、技术要求与常规地埋管换热系统基本相同,在此不再赘述。

换热系统建成后应进行冲洗,冲洗流量宜为工作流量的 2 倍。

换热系统工程竣工后应及时整理《钻探施工记录表》《套管式地埋管换热器施工记录表》《热响应试验技术参数表》《热响应试验记录表》《水平管隐蔽施工记录表》《系统验收记录表》以及《施工日志》等技术资料,存档备案。

7.4.3　套管式地埋管案例介绍——河北省邯郸市某煤改地源热泵项目

1. 建筑概况

本工程位于河北省邯郸市。采用地源热泵系统供暖制冷的建筑包括:办公楼 2 378 m²,员工宿舍 1 261 m²,员工餐厅 700 m²,合计 4 339 m²。设计总冷负荷为334 kW,总热负荷为 221 kW。

2. 地源热泵系统建设概况

(1)机房及末端建设

根据建筑冷热负荷及设计技术指标,地源热泵系统选用涡旋式地源热泵机组两台,互为备用,每台机组均由 6 个独立模块组成,可根据建筑需热量自动调配运行,达到节能的目的。

地源热泵机组及风机盘管技术参数见表 7－3。

表 7－3　地源热泵机组及风机盘管技术参数表

设备名称	数量/台	制冷量/kW	制热量/kW	制冷输入功率/kW	制热输入功率/kW
地源热泵机组	2	235	250	39.5	53.2
用户侧循环泵	3	/	/	7.5	7.5
地源侧循环泵	2	/	/	7.5	7.5
地源侧循环泵	2	/	/	5.5	5.5
风机盘管	155	3.60	5.40	0.076	0.076
风机盘管	14	2.59	4.16	0.062	0.062

（2）地源侧建设

该区地层以黏土、粉质黏土、粉土、中细砂为主;恒温带深度为 20 m,温度为 15.7℃。含水层主要分布在 0~122 m 深度,累计厚度为 22.6 m。

根据岩土热响应试验成果,场区 120 m 双 U 型地埋管换热器的制冷量为 6.83 kW,120 m 套管式地埋管换热器的制冷量为 15.9 kW。结合建筑的冷、热负荷,以及该煤改地源热泵项目的研究要求,设计埋设了套管式地埋管换热器 10 个,深度为 120 m;埋设双 U 型地埋管换热器 42 个,深度为 120 m。

在建设地源热泵系统的同时,建设了监测系统。监测内容包括地温场、系统两侧的供回水温度、流量,系统能耗等。

（3）运行效果评述

2018 年 5 月—2019 年 9 月,该地源热泵系统共历经两个制冷期和一个供暖期,累计运行 279 天,监测系统对地源热泵运行和地下温度场进行了全程监测。地源热泵系统运行期间,主要使用套管式地埋管换热系统作为冷热源,双 U 型地埋管换热系统仅作为辅助热源。

对该地源热泵系统的运行效果评述如下。

（1）地源侧进/出水温度

以 2019 年 5—9 月制冷期为典型,分析套管式地埋管换热系统的换热情况。制冷期大部分时间,地源侧进机组的水温比热泵机组回地源侧水温低 1~2℃,最大为 4℃

左右,地下换热系统达到了预期换热效果,能够满足建筑的制冷需求。

（2）能耗

2018 年 8 月—2019 年 9 月,该地源热泵系统累计运行 279 天,历经 1 个完整的供暖期和制冷期。主要耗能单元为用户侧水泵、地源侧水泵和热泵机组。

在 2018 年 11 月—2019 年 3 月的供暖期,共运行 140 天,地源热泵系统单位面积运行费用为 15.00 元/m²;折算到标准供暖期(120 天),则单位面积运行费用为 12.85 元/m²。

在 2019 年 5 月—9 月的制冷期,共运行 110 天,地源热泵系统单位面积费用 11.92 元/m²;折算到标准制冷期(90 天),则单位面积运行费用为 9.76 元/m²。

由上述监测成果可见,建设的套管式地埋管换热系统能够满足建筑的冷、热需求,该地源热泵系统实现了较好的节能效果。

7.4.4　半开放式循环换热系统的组成与工作原理

半开放式循环换热系统是由河北省地球物理勘查院自主研发的一种只取热不取水,与地层充分交换热的换热系统。该技术为科学开发利用浅层地热能,保护地下水资源提供了技术支持。

半开放式循环换热系统主要由热源井、外管、内管、螺旋环肋片、回水管、中转水罐等组成,其原理如图 7-18 所示。

以冬季工况(取热工况)为例说明该技术的工作原理:经热泵提热后的冷水进入外管,冷水从上部向下流动过程中,由于螺旋环肋片的作用,水呈水涡旋流向下流动,与井壁岩土体进行热交换,充分吸收地层中的热量;当水到达含水层段时,由于该部位的外管为花管(滤水管),一部分水通过花管进出井孔,与含水层水进行质量交换,直接把岩土体中的热交换到孔中。完成热交换的水到达换热孔底部后,进入内管,由水泵

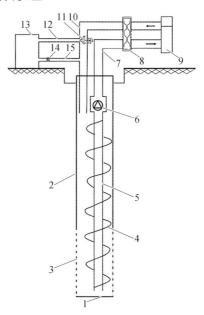

1—热源井;2—外管;3—滤水管(花管);4—螺旋板;5—内管;6—潜水泵;7—水平进水管;8—板式换热器;9—地源热泵;10—回水管;11—三通阀门;12—中转罐进水管;13—中转水罐;14—流量控制阀;15—中转罐出水管

图 7-18　半开放式循环换热系统原理示意图

输出到热泵机组,被取热利用后再由回水管送到外管内,如此循环,实现高效换热的目的。

为了加强换热,在回水管路中增加中转水罐,将一部分提热后的冷水引入中转水罐中。由于热源井中回水量减少,此时,含水层中的热水将补给到热源井内,使水温得到提升,换热量增加;之后将中转水罐中的水再释放到热源井中,由于孔中水量增加,水位升高,压力增大,一部分水受压又进入地层中。如此一出一回,增大了热源井周边地层参与热交换的面积,从而达到持续加强换热的目的。

7.4.5　半开放式循环换热系统施工工法

施工前应具备场地或附近区域的水文地质资料,了解该区的水文地质条件,如含水层岩性、厚度、涌水量、水温、水质等重要技术参数,估算热源井换热量,据此制订初步设计方案。

施工一眼热源井,建设完成一套换热系统后开展热响应试验,依据试验结果和建筑冷、热负荷计算确定热源井数量,换热系统应满足地源热泵系统实际最大吸热量或释热量的要求。依据上述资料编写设计书和施工图纸,并完成施工组织设计。

应对换热系统进行周期动态负荷计算,计算最小计算周期宜为 2 年。计算周期内,地源热泵系统总释热量应与其总吸热量相平衡。

换热系统中应设计除砂器等清洁和软化水的装置。

当采用多组单井循环换热系统时,热源井布置应根据地下水位、流向、补给条件和地形地质情况考虑井群布置方案,合理选取和布置热源井的数量及位置。热源井的间距应根据换热干扰半径确定,一般以不小于 50 m 为宜。

供回水管的布置应考虑多口热源井水量的平衡。地下水供回水管宜采用聚乙烯管直埋敷设,且须采取保温防冻措施。

1. 施工准备

(1) 设备材料准备

以 100 m 深度热源井,静水位 20 m 为例,说明单井循环换热系统建设所需的材料设备,见表 7 - 4。

表 7-4　设备材料一览表

项　目		内　　容	单位	数量	备　　注
材料	1	热源井	眼	1	深度为 100 m,井径≥300 mm
	2	外管	m	100	含水层部位为花管
	3	PE 内管	m	60	位于泵室下方
	4	不锈钢管内管	m	35	位于泵室上方
	5	螺旋环肋片	组	12	不锈钢,长度 2 000 mm/组
	6	泵室	套	1	无缝钢管
	7	潜水泵	台	1	按设计配置
	8	旋流除砂器	套	1	/
	9	电子水处理仪	套	1	/
	10	板式换热器	台	1	选装
	11	回水管	m		PE 材质,长度由热源井与机房的距离而定
	12	中转水罐	台	1	容量为 9 m^3,玻璃钢材质
	13	三通阀	套	1	回水管路与中转水罐之间
	14	流量控制阀	套	1	回水管路与中转水罐之间
	15	配电柜+变频柜	套	1	控制流量
	16	潜水泵电缆	m		长度由热源井与机房的距离而定
	17	壳型保温套	m	30	聚氨酯
设备	1	钻井机	台	1	钻探热源井
	2	测井仪	套	1	/
	3	吊车	台	1	下外管用
	4	下管机	台	1	下内管用
	5	电熔焊机	台	2	金属管路连接用
	6	热熔焊机	台	1	PE 管路连接用
	7	试压泵	台	1	换热器打压试验
	8	其他小型工具	/	若干	施工用

（2）设备材料说明

泵室以下的内管采用 PE 管材,直通井底,之间采用热熔承插连接;泵室以上的内管采用钢管或不锈钢管,内管间连接采用螺栓连接方式,对接接口处加垫片。内管底部开放,泵室以上至井口包裹壳型保温套。

在内管上安装螺旋环肋片,对外管内下行的水进行扰流,使水充分与井壁及含水层接触,以增强换热能力。环肋片采用不锈钢材质,每组长度为 2 000 mm,外径为 270 mm,内径为 95 mm,齿宽 87.5 mm,螺距为 150 mm。扰流板在内管上的安装部位为 20 m 以下至井底,与内管采用焊接固定,安装间距为每 5 m 安装 1 组扰流板。

当潜水泵运行时,地下水从井底被抽送至机房,与机房设备(热泵或板式换热器)进行热交换。潜水泵成套设备主要包括潜水泵机组、潜水电缆、变频启动柜及附件等。

根据设计水量配置潜水泵。当地下水的矿化度较高时,应选用防腐不锈钢潜水泵。

泵室用于安置潜水泵。采用 ϕ219 mm 无缝钢管,长度为 5~10 m。潜水泵连同泵室下放到热源井静水位以下 10~20 m 深处。

泵室下部焊接变径口和法兰,通过变径口连接 PE 内管直通井底;上接焊接法兰,通过带法兰的封帽连接钢制内管直通井口,由地表水平管路连接至机房。

泵室及上部钢管均须做保温处理。

为了调控热源井循环水流量,潜水泵电源须配备变频启动柜。

取自地下的水中或多或少含有一定量的砂粒。这些砂粒随水流动,会对管道和设备产生磨损;在水流速较小时会沉积下来,堵塞管道和设备缝隙,影响换热系统的正常运行。因此,要在热源井出水管路中安装除砂器,使之在不间断供水过程中有效地去除地下水中的砂粒,保证系统的正常运行。

在热源井出水管路中安装综合电子水处理仪,除去地下水中的 Ca^{2+}、Mg^{2+},同时,还可利用综合电子水处理仪杀灭藻类或细菌。

当地下水中含砂量较大或水质矿化度较高时,应在热泵机组与热源井之间安装板式换热器,阻断地下水与热泵机组的联通,保护热泵机组。

回水管将热泵机组提取热量后的冷水排入井中。回水管上部与机房出水管连接,下部位于热源井静水位以下。

回水管采用 PE 管材,法兰连接,管内径不小于热源井出水管的内径。

中转水罐用于分流热泵提热后的冷水,使其一部分回到热源井继续换热,另一部分进入中转水罐中。由于进入井孔内的回水减少,此时,地下水将补给进入换热孔,从而达到加强换热的目的。中转水罐容积大小依据建筑空间而定，一般在 10 m³ 左右。

该部分设备主要组件包括中转水罐、循环泵、流量控制阀、电动三通阀、流量传感器等，如图7‑19所示。

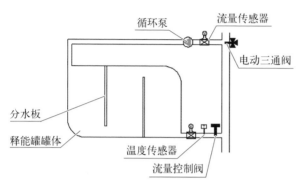

图 7‑19　中转水罐设备结构示意图

钻井机与吊车用于施工建设热源井。测井仪用于钻孔测井，测量井径、井斜，划分含水层，为外管设计提供依据。

2. 半开放式循环换热系统施工工艺

（1）施工工艺流程

半开放式循环换热系统施工内容包括钻井、测井、下外管（成井）、洗井、下内管及螺旋环肋片、安装泵室、井口连接等。施工工艺流程如图 7‑20 所示。

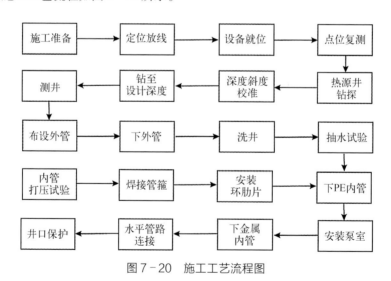

图 7‑20　施工工艺流程图

（2）设备材料进场

对进入现场的管材管件等逐一进行清点和外观检查，管件内外表面均要保证清洁、光滑、无气泡、无明显划伤、无凹陷、颜色均匀等。所用材料设备等均应具备相关证明文件。

　　管材管件在搬运过程中应注意保护,用柔性的吊带或皮带进行装卸,不得随意抛掷或沿地面拖拽。应小心存放,排列有序。钢管运输及存放过程中应戴上保护帽。夏季施工特别是工期较长时,应做好遮阳及防雨措施,避免因长时间接受太阳光紫外线照射而削弱管材的强度。

　　(3) 热源井施工

　　本方法热源井施工、成井的工艺与常规地下水源热泵系统热源井相同,在此不再赘述。

　　(4) 下 PE 内管+螺旋环肋片

　　热源井成井后,准备下泵室下方的 PE 内管(以下简称 PE 管)。

　　内管使用前须对其进行水压试压,试压压力应为 1.5 倍工作压力,试压时间应不小于 1.0 h,压降不得大于 3%,且不得存在泄漏现象。

　　分割内管焊接管箍,将内管切割为 3 m 长度,一端采用热熔承插连接方式焊接管箍。最上一根 PE 管顶端连接法兰式钢塑转换接头。

　　安装螺旋环肋片,将螺旋环肋片套装在内管上,每 5 m 安装 1 组,如图 7 - 21 所示。

图 7 - 21　螺旋环肋片

　　前期工作结束后,将下管架安放于井口,开始下 PE 管。首先下入带网孔的 PE 管(长度为 3 m),再下入其余 PE 管。下管时 PE 管须保持竖直,每根 PE 管无管箍一端位于下方(先下),有管箍一端位于上方,PE 管置于外管中心部位,匀速下放,避免螺旋环肋片与外管内壁剧烈剐蹭。PE 管在下放过程中,上端接近井口时停止下放,将管夹插入管箍下部,再将 PE 管下放并固定于井口管架上,与下一根 PE 管的无管箍一端连接。

　　PE 管间采用热熔承插方式连接。

　　将 PE 管全部下入井内后,用支架固定内管顶端的钢塑转换接头于井口,准备连接泵室。

　　(5) 安装泵室、潜水泵及泵上内管

　　泵室和潜水泵均采用吊车安装。

　　将泵室用吊车吊起至井口,将 PE 内管顶端的钢塑转换接头与泵室下端的特制变径口连接。连接采用栓接方式,连接处必须加橡胶垫,连接螺栓要拧紧。

将连接好 PE 内管的泵室下入井内。

泵室顶端下放到井口附近时停止下放,将泵室上端固定于井口,准备在泵室内安装潜水泵。

潜水泵安装前应检查质量是否完好,规格型号与设计是否相符。

潜水泵采用吊车安装,安装前将潜水泵内充满水。

泵前安装止回阀,泵上内管(以下简称泵管)的最下段与潜水泵连接,泵管与潜水泵应安装牢固无松动。

用吊车将潜水泵及连接的泵管下入泵室内,潜水泵底部距离泵室底部约 2 m。

将连接潜水泵的泵管的顶端法兰与封帽下端法兰栓接,将泵室封帽栓接在泵室上口,将封帽上端法兰与下一根泵管栓接后下放。

依次连接泵管,泵管连接用不锈钢螺栓栓接,连接处必须加橡胶垫,连接螺栓要拧紧。

继续下放,直至最后一根泵管顶部下放到井口。

图 7-22　井口固定盘与管路连接

将井口固定盘焊接(满焊)在热源井外管上,固定盘中部法兰与泵管最上端法兰盘之间盖上胶垫后栓接,如图 7-22 所示。

泵管出井口后通过钢塑转换接头与机房的进水管相连。潜水泵下放过程中,将潜水泵电缆线用橡胶皮包裹后每隔 2 m 绑附在泵管上固定。

(6)井口处理

将回水管下入外管内,应使回水管出口位于静水位以下。回水管上端通过井口封盖上的回水口与水平管路连接。

建设砖混结构井室:在井口半径 1 m 的范围内用砖和混凝土垒砌圆形或长方形的井室,慢收到地表井室口,用直径为 0.8 m 的井盖盖井。井室砌至井泵管高度时预留 1 m×1 m 的侧洞,用于水平管路连接和安装操作阀门。

(7)安装中转水罐及配套设备

在热源井回水管路中,加装中转水罐。中转水罐为定制成品,一般安装于机房内。

在中转水罐进水口安装 1 根 PE 管,将其与换热系统回水管的前段相连,连接部位设置三通阀门,管路中安装小型水泵和流量表,如图 7－23 所示。

在中转水罐出水口安装 1 根 PE 管,将其与换热系统回水管后段相连,PE 管路中安装流量控制阀。为了了解中转水罐的排水温度,可在中转水罐出水口安装温度传感器。

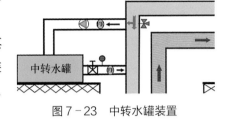

图 7－23　中转水罐装置

7.5　施工组织的管理、技术措施

7.5.1　施工质量保证措施

地下换热系统施工应强化质量意识,严肃工艺纪律,严格按照图纸施工,认真贯彻施工组织设计、施工方案、技术交底及工艺标准等技术文件。严格执行有关施工与验收规范、规程等技术法规,严禁颠倒工序,杜绝质量通病。认真执行当地质量监督机构的各项规定,资料做到与工程同步,并确保真实、准确、字迹清楚、内容完整、签字齐全。严格执行项目部所制定的《质量管理制度》。接受各级质量管理部门的质量监督,接受建设单位及工程监理的质量监督与指导。

为了保证施工质量应建立质量保证组织体系。建立以项目经理为主责的质量保证和监督体系。统一管理和协调工程的质量监督和控制,建议实行“三检”制度和“三级检验评定”制度,强化贯彻质量保证手册和程序文件,认真编制项目操作细则和作业指导书,使工程质量全过程处于受控状态。

要坚持质量问题一票否决制,项目应配备必要的质检人员和检测手段,赋予质检员充分的权利,发现重要质量问题(如打压不合格等)决不放行,宁可停工也要给予纠正。

质量验收标准、关键工艺技术措施要点及采用的质量验收表格都要严格把关。每个分项、分部工程都要求施工队、组详细填写质量检查表,以保证施工原始记录的及时、完整和准确。

建立质量信息体制,随时收集反映质量情况并及时分析和处理。在施工工艺流程图中标出重点工序质量控制点,以要求和强调施工人员及质检人员精心施工,重点检查,并进行质量预测。隐蔽工程在隐蔽前,由专职质检员复检合格,报经建设单位或监理单位确认后方可进行隐蔽。

专业化的施工队伍也是保证施工质量的必要措施。选派技术熟练的专业施工队伍进行施工,特殊工种必须执证上岗。工程材料和产品的质量控制是工程质量的基础。设备、材料按性能要求,分别妥善管理,严格执行发放制度。应严格按质量标准订货、采购、保管、供应。坚持原材料、设备、器材入场检验制度,保管中要防止损坏变质。

施工及检验用计量器具,必须严格按国家有关要求定期校验和核查,未经周检或过期、失准的计量器具严禁使用。

质量保证的具体措施如下。

1. 施工准备阶段的质量保证措施

工程开工前,施工人员应认真熟悉设计文件,参加建设单位组织的技术交底和图纸会审。根据设计要求,各专业配备该项目所采用的施工验收规范、质量检验评定标准和标准图等施工技术文件。由项目技术负责人主持,各专业施工人员参加,进行内部图纸会审和技术交底,并依据质量计划明确施工的关键过程和质量控制点。开工前,由各专业施工人员对施工班组做施工程序、施工方法、施工技术要求、施工质量要求等详细的技术交底。特别是在工程的技术要点上,让工人了解工程的设计意图,统一施工标准。技术方面要考虑各系统配套,实现有机统一。同时要配备合格的计量测量工具和仪器。

2. 施工过程中的质量保证措施

工序质量控制是控制工程质量的关键,对工序活动条件的质量(施工操作者、材料、施工机械设备、施工方法和施工环境)和工序活动效果的质量(符合质量检验评定标准程度),必须进行全过程有效控制。施工人员应严格按照编制审定后的质量计划、施工方案或作业指导书要求施工,并及时做好施工记录。施工中应特别强调工程的前期配合和主体安装工作。对于孔位的预留和预埋件埋设,在主体施工过程中,施工人员应密切配合土建施工单位,施工班组做到自检、施工人员进行复查,项目技术负责人核查无误后,才能进行安装到位。

工序质量检查要求施工班组严格执行"三检"制度:自检、互检、交接检。为保证每道工序达到合格,可对施工班组任务书结算实行质量认证制度,即没有质量员验收签字不得结算。

　　项目部设专职质量员,对质量点进行专人控制,在每道工序班组自检的基础上,质量员按照分项工程进行检查验收,并参照设计、规范、标准要求做出是否合格的判定。

　　在工序质量检验中,对已经确定的关键过程和质量控制点均属于停工待查点,必须在自检合格的前提下,由建设单位、监理公司验收通过后,方可进入下道工序的施工,如图 7-24 所示。

　　3. 材料质量保证措施

　　应对采购质量进行控制,按材料供应和管理流程实施。材料采购前,应对分供方进行评价,由此确定合格的分供方。已经确定的分供方,在采购中任何人不得随意更换厂家,采购的材料必须有产品合格证和质量保证书,且经过建设单位和监理单位的认可后才能使用。

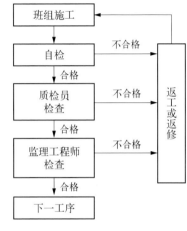

图 7-24　隐蔽工程质量检查流程

　　材料入库前,材料专职检验人员和仓库保管人员共同验证材料的名称、规格、型号、数量和验收单是否相符,并进行外观检验,检查有无出厂合格证和质量保证书等。检验通过方可入库。需要实验的材料,按照规定进行批量抽检,如阀门等。属于甲方供应设备材料,须经监理人员进行认真的质量检查,确认合格后方可签收代保管,若检查验收不合格或者有缺陷,应及时通知建设单位或监理单位,请求解决。

　　设备的验收,应对其外观、包装情况、附件以及随机技术文件和合格证等进行验收,确认无误后,填写"设备入库记录"。

　　材料、设备的存放,应分类标识,并采取相应的防雨、防潮措施,对设备存放要注意设备的支点和吊点的位置,以方便搬运。要进行分类指导,如电气器材等防潮物料应选择晴天进行搬运,如遇雨天应加盖苫布。运输人员应按照技术人员的要求对设备进行吊装和装卸。做好冬季防冻和夏季防晒。

　　库区必须留出消防通道。易燃、易爆物资应隔离放置于专门的地点。库区必须适量设置消防器材,定期检查是否完好。库区值班员必须严守职责,夜间巡查库区,发现异常即刻报警。

此外,项目开工时,施工方可到当地质量监督部门办理有关的质量监督手续。了解当地政府主管部门对本项目的质量要求和程序。对重大及关键的质量环节及时请地方质量监督部门检测施工质量。

4. 成品保护措施

员工定期进行培训教育,认真学习成品保护规章制度,加强成品保护意识。垂直换热管管口临时甩口必须封闭严密,防止进入杂物、污水等。地埋管钻孔完工后,土方开挖时,车辆须沿直线进出,防止碾压管材。管道铺设完成后,管道上方严禁机械设备碾压,派专人看护。试压时对于易损易丢的仪表、零部件尽量在试压前再进行安装,试压后派专人看护或及时拆卸,以防丢失损坏。

水平联络管管口用专用管帽密封,管道用 10 mm 厚橡塑保温棉包扎。肥槽土方回填时,派专人配合回填,重点保护立管。土方回填时翻斗车卸土点距立管不得小于 2 m,人工往立管边培土,立管外侧用机械夯实,立管与墙体之间人工夯实。

各专业遇有交叉"打架"现象发生时,不得擅自拆改,须经设计、建设、监理等有关部门协商解决后方可施工。

7.5.2　施工进度保证措施

影响施工进度的内部因素主要是工程管理人员和施工人员的现场管理水平和技能水平,包括工程管理人员是否目标明确、权责分明,对施工前期准备、施工进度控制是否充分有序,与各方面的协调工作是否顺利,设备材料的供应和机械设备的配备是否及时。影响施工进度的外部因素主要包括甲方供应的材料设备是否及时到货,设备厂商的供货情况如何,设计出图时间及变更情况如何,相关施工单位的工程进度情况如何,另外,气候因素和资金情况也是影响施工进度的重要外部因素。因此,应对具体进度目标提出保证措施,协调各方力量,使野外钻探施工、现场压力测试、工程测量和管道安装等工作有效、快速运转。

1. 人员投入保证

选派曾参加过多次同类项目建设的具有丰富经验的工程技术人员、工人技师、技术工人投入工程施工,利用他们熟悉生产工艺、熟悉设备结构特点的专长,在项目施工中避免走弯路,进而达到提高工效、保证工期的目的。细化人员分工,明确各工序目标和工序责任人职责,并进行工作量化考核。

2. 施工机具的投入保证

充分利用高效率、高可靠性的机械化施工设备取代繁杂的工序操作,缩短关键工序、关键设备的施工周期,配备 10%~20% 的备用机械保证维修保养替补。根据工期安排、场地施工作业面及时调整钻机数量。

3. 施工组织保证

一个项目的进度除了取决于精干的人员和精良的机具之外,还要有一个高效率的项目施工管理部门。项目施工管理部门要面对现场,配合业主,对整个项目从质量、进度、安全等方面统筹兼顾,合理安排各项资源(人员、机械、时间)的调配、工序安排、作业面布置;还要制订切实可行的工期网络计划,找出影响工期的关键工序作为关键路径,在资源上予以保证。

4. 材料、零配件供应保证

在现场建立材料、配件库,按照程序运作,保证材料、配件、机加件能及时地采购或加工。

5. 管理保证

制订合理、可行的工序工期计划,尽量让各工序严格按制订的计划进行,施工中实时进行实际进度与计划进度的对比分析,以便及时对方案进行合理调整和调配施工力量。可采用工程管理软件对工程进度动态管理,利用事前计划、事中管理到事后总结的全过程动态管理功能,及时发现关键路径的变动,合理划分资源推动型任务和固定周期型任务,从而及时调配资源,保证项目工期。建立突发情况应急机制,针对施工中常有可能出现并可能影响工期的突发情况进行应急预案分析,以保证项目施工的正常有序进行。

所有施工人员要树立超前意识:在确保工程质量和安全的前提下,上、下道工序衔接紧密,上道工序未完,下道工序就应准备工作就绪,谁误点,谁在业余时间抢回来。实行分专业、分块进行区域性流水作业。

工程技术人员、质量检验人员严格把关,随时解决施工问题,尽早发现各专业间存在的矛盾,强化施工中质量控制,以杜绝因设计变更、质量返修带来的工期进度损失。关键工序集中力量保证进度,对于一些需要大量劳力的关键工序,早做准备,集中人力突击,设备调试时选调经验丰富的工程技术人员和工人技师配合调试工作。

7.5.3　安全、文明施工及环保、职业健康管理措施

1. 安全施工保证措施

施工中应以安全第一,并以预防为主。安全工作目标主要包括安全生产事故、机械设备事故、火灾事故、环境污染事件、轻伤频发率、安全隐患整改率等。

要建立安全工作管理体系。项目部对安全生产负有全权管理责任,协调项目部各级安全管理关系。项目部设安全负责人,并有专职安全员负责施工现场的安全监督;针对工程特点和现场实际制定安全技术措施,并监督落实,进行现场检查,随时纠正违章,消除事故隐患。各施工队应有专职安全员,负责本队日常安全监督,比如组织每日班前安全快会,实施周检制度。

制定安全生产主要保证措施。项目部应建立领导安全值日制度,比如项目部坚持对各个施工单位进行每周一次的安全检查制度,班组坚持"三上岗、一讲评"活动,即在班前进行"上岗交底、上岗检查、上岗记录"的"三岗"和每周一次的讲评安全活动。专职安全监督员每日必须写安全日记。尽可能避免立体垂直交叉作业。不可避免时,必须采取隔离措施。如搭防护棚、安全网,以防物品坠落伤人砸物。提前做好严冬、酷暑期间的劳动保护措施。

所有施工人员必须严格遵守国家颁布的《建筑安装工人安全技术操作规程》《建筑机械使用安全技术规程》;做好施工操作中的安全工作。执行项目部《安全生产责任制》和《违犯安全卫生管理作业处罚规定》。施工人员必须遵守建设单位门卫制度、烟火管理制度。特种作业必须执证上岗,专职安全监督员必须严格查岗。施工机具安全附件必须齐全,在使用前一定要进行检查,尤其是对起吊设备进行检查。高空作业人员必须按规定进行体检,凡不符合高空作业规定者,不准登高作业。脚手架搭设必须符合安全规程要求。按安全技术措施要求施工,搭设完成必须经专职安全监督员验收签字,方能使用。脚手架上跳板必须捆扎,不得有活动探头板。临时用电必须按照《施工现场临时用电安全技术规范》(JGJ 46—2005)进行敷设,经电气专业工程师、电气专职质检员、专职安全员三人验收签字确认后,方可使用。各种电动机械的电源必须装有漏电保护装置。

对施工区内的设备、电气、管路阀门等设施,未经项目部许可,不许擅自他用。在施工区明火管制范围内,从事电、气焊明火作业,必须有安全防护措施,项目部专职安

全员或业主管理部门提出申请批准后,方可动火,并有安全人员监督。现场使用的氧气瓶、乙炔瓶,不可平放在地面,接近火源。应直立放置,并用链条或绳索固定牢靠,以防倾倒。氧气、乙炔橡胶管接头,必须用专用管夹夹紧,不得用铁丝捆扎,钢瓶开关阀门、减压阀、表、管接头、管线,禁止黏附油类。现场管理、场容场貌必须贯彻施工现场管理标准化。施工现场必须适量设置灭火器材,库房禁止烟火。

2. 文明施工保证措施

(1) 加强教育

加强施工队伍精神文明教育,注重施工队伍精神风貌,做到文明礼貌、互谅互让、以礼待人。各项安全文明工作可按照国家规范和省、市规划局建设局颁布的《建设工程施工现场综合考查办法(暂行)》的有关规定进行规划和设置,并在施工过程中严格各项检查制度。

(2) 场容管理

现场临时设施包括生产、办公、仓库、料场、临时水电设施、加工场等,均按施工组织设计确定的施工平面图布置,搭设整齐。现场材料、半成品或成品、废料要分类堆放整齐,班组每天完成后均要做到工、完场清。在工地办公室附近设置五牌一图,包括《工程概况牌》《项目管理人员名单及监督电话牌》《安全生产计数牌》《文明施工牌》《消防生产牌》《施工现场平面布置图》。把全工地施工期间所需物资在空间上合理布置,实现人与物、人与场所、物与场所、物与物之间的最佳结合,使施工现场秩序化、标准化、规范化。对各生产要素所处状态不断地进行整理、整顿、清扫、清洁和管理。重点做好施工泥浆的外运处理,严禁在基坑内随处乱排泥浆,泥浆用专用排污罐车有组织排放,泥浆罐车行走在工地场地、市政道路不得遗撒泥浆,并派专业随车及时清理。

(3) 仓库管理规范化

不允许使用易燃材料搭设仓库,仓库内的货架必须采用金属构架,货架摆设整齐。材料分门别类存放,并设置铭牌,标明名称、规格、型号。合格品、不合格品、待检品分类摆放,并标志清晰。大宗材料必须按规定地方堆放整齐,不得占用场内道路及妨碍安全保护设施。危险品设专门的仓库存放,同时配备足够的灭火器材,设置防火禁令牌。

(4) 施工现场人员形象

施工人员应统一着装,进入施工现场戴安全帽,并按颜色分别配置。工地所有管理人员配戴有相片的胸卡,并注明姓名和职务。施工及管理人员必须持证上岗,食堂工作人员必须持有健康证。施工现场要制定工作人员文明行为规范或规定。

3. 环保措施

组织参与本工程建设全体员工认真学习国家有关环境保护的政策法规、规章制度,使大家充分认识到,不仅要搞好工程建设,还要给自己和他人创造一个清洁、优美的生活、工作环境。

为防止或减少噪声污染,应控制噪声在一定范围之内,施工期间及时对设备进行维护保养,某些施工区域夜间须停止施工作业。为避免光照污染,材料进场后卸车及设备吊装均在白天作业,做好现场防护工作。

对施工中的垃圾,严格执行有关文件要求和规定,必须运送到指定地点堆放,严禁乱倒和堆放。不在施工现场焚烧油毡、橡胶、塑料、皮革等施工垃圾,施工垃圾当天清理当天外运。严格管理施工泥浆外运处理,严禁工人在基坑内随处排放泥浆,未经沉淀处理的泥浆水不得排入市政下水道。

4. 职业健康管理措施

(1) 管理内容及方法

员工每年体检一次。新员工经健康检查合格后方可上岗。不得安排未经上岗前健康检查的员工从事接触职业病危害因素的作业;不得安排有职业禁忌症的员工从事其所禁忌的作业。对在职业健康检查中发现有与所从事的职业相关的健康损伤的劳动者,应当调离原工作岗位,并妥善安置。员工健康检查委托给有相应资质的医疗机构进行健康体检。

(2) 职业病管理

对各种可疑患有职业病的员工,由安全部负责调查患者的职业史、既往史、现场职业卫生状况、同工种发病情况等,并形成书面材料报送职业病诊断机构诊断。对已明确诊断患有职业病的患者,纳入工伤管理。发生急性职业中毒、职业性中暑由所在单位上报,安全部向主管领导汇报,并在 24 小时内向上级主管部门报送职业病报告卡片;凡由急性职业中毒致死亡的情况,由各单位立即报告监控中心,监控中心逐级汇报。具体参照《生产安全事故报告和调查处理条例》执行。员工被确诊患有职业病后,由综合部、安全部等部门根据职业病诊断机构的意见,安排其医治或疗养。在医治或疗养后被确认不宜继续从事原有害作业或工作的,须在确认之日起的两个月内将其调离原工作岗位,另行安排工作。

（3）职业卫生档案管理

安全部设专人管理职业卫生档案,接触职业病危害因素作业岗位、工种人员发生变化时,职业卫生档案必须及时更改;新增或撤销的有害作业场所其对应的职业卫生档案也要及时更改。职工因某种原因进行工作调动时(包括调入和调出),必须办理健康档案交接手续。

如遇重大疫情防控工作,应严格贯彻执行政府相关规定,落实主体责任,制定完善相应疫情防控应急预案,责任到位,分工到人。

7.6　小结

浅层地热能地下换热系统是浅层地热能换热系统的重要组成部分,本章针对地埋管换热系统、地下水换热系统、地表水(含再生水)换热系统等不同的开发利用方式,从浅层地热能地下换热系统的技术要求、施工方法和管理、技术措施等方面对其施工进行了详细的论述,为浅层地热能地下换热系统施工提供了指导。

参考文献

[1] 北京市质量技术监督局.地埋管地源热泵系统工程技术规范: DB11/T 1253—2015[S],2015.
[2] 中华人民共和国建设部,中华人民共和国国家质量监督检验检疫总局.地源热泵系统工程技术规范: GB 50366—2005[S],2005.

第 8 章

浅层地热能开发利用的系统监测

为掌握浅层地热能开发利用动态,使其更好地满足经济社会的发展,2008 年,原国土资源部下发了《关于大力推进浅层地热能开发利用的通知》,明确要求应加强浅层地热能开发利用的地质环境监测工作,在开发利用浅层地热能的城市(镇)建立浅层地热能监测网,及时掌握浅层地热能开发利用对地温场、地下水位、水质等地质环境因素影响的情况。因此,浅层地热能地质环境监测工作是政府相关部门编制规划、制定政策,从而保障浅层地热能可持续利用的重要技术支撑。

同时,随着浅层地热能开发利用规模不断扩大,应用领域不断拓展,也出现了一些项目利用能效下降、地下冷热不平衡等情况,因此浅层地热能开发利用监测工作逐渐受到开发利用单位的重视。基于浅层地热能开发利用系统建设监测系统,通过运行监测,可以实时掌握系统运行状态及地质环境变化,为及时、合理的调整运行策略,保障系统安全、稳定、高效的运行提供依据。

8.1　监测系统的构成

监测系统的构成可以按照监测内容划分,也可以按照监测系统结构划分。

8.1.1　按监测内容划分

按照监测内容划分,监测系统可以分为气候环境监测、运行效果监测、运行能效监测以及地质环境影响监测。

1. 气候环境监测

气候环境监测主要包括建筑室外环境实时温度、湿度等,作为空调逐时负荷的参考。

2. 运行效果监测

运行效果监测包括空调房间监测、热源侧换热监测和循环系统压力监测。

空调房间监测是监测典型空调房间的温度、湿度水平及分布情况,若采用风机盘管的末端形式,还包括风速、风量等参数,以评价空调房间的舒适性。

热源侧换热监测是监测系统热源侧总进、出水温度及流量,了解热源侧循环水温度变化情况和换热性能,条件允许时还可选择不同布孔区域代表性换热孔的单孔换热量进行监测,作为评价系统热源侧设计合理性的重要参数[1]。

循环系统压力监测包括机房系统压力、末端系统压力及室外换热系统压力。对机房系统循环压力进行实时监测,掌握系统压力水平,以保证系统安全、稳定地运行。对末端循环系统及室外换热系统各支路的压力进行实时监测,掌握压力均衡性,以调整各支路的水力平衡。

3. 运行能效监测

运行能效监测主要包括系统制热/制冷量监测和设备耗电量监测。系统制热/制冷量监测是监测系统空调侧总进、出水温度及流量,以计算系统制热/制冷量。设备耗电量监测是监测热泵机组、泵组及其他用电设备的耗电量,以计算系统、热泵机组及输配系统能效,作为系统节能性、环保性和经济性评价的计算参数[1]。

4. 地质环境影响监测

不同的浅层地热能开发利用系统形式对地质环境影响情况不同,因此监测工作的开展应结合系统形式对地温、水位、流量、水质等地质环境因素进行有针对性的监测。

对于竖直/水平埋管地源热泵系统、地下水地源热泵系统和地表水(含再生水)地源热泵系统,均应进行地温场监测,即在室外热源处布设温度传感器监测热源及其附近温度的变化,了解温度场均衡情况,从而避免因冷、热堆积造成的开发利用能效的降低或影响系统运行的可持续性。

对于地下水地源热泵系统应同时进行抽水/回灌量、地下水水位和水质监测。抽水/回灌量是作为判断项目运行效果、场区及周边地质环境稳定性的重要影响因素,地下水水位监测是项目场区及周边是否会发生地面沉降等地质问题的重要影响因素,同时也是系统能否安全、稳定运行的直接影响因素。监测中不仅要监测水井内及水井周围的水位变化,条件允许的情况下还应对区域地下水水位背景值实施监测,以及对项目区域水质情况进行连续监测,查明地源热泵系统运行对地下水或地表水水质的影响规律及影响程度,提出相应的规避措施。

地埋管地源热泵系统也可进行地下水水位监测,是由于地下水水位变化可能会在一定程度上影响地埋管的换热能力。

8.1.2　按监测系统结构划分

按照监测系统结构划分,监测系统可以分为数据测量部分、数据采集部分、数据传输部分和数据展示部分。

数据测量部分是监测系统的最前端,主要包括温度传感器、压力传感器、流量计、电流互感器等数据测量设备,该类设备安装在系统管道上或配电柜内,测量相应的数据参数,并将数据参数实时传送给数据采集部分。

数据采集部分一般位于项目现场,主要包括数据采集模块、仪表等,负责接收数据测量设备传送的数据参数,从而根据需要进行数据的显示、存储或传输。

数据传输部分包括项目现场的发送设备、系统维护单位设置的接收设备以及两者之间的传输网络。数据传输方式可分为有线传输和无线传输两种。

数据展示部分可以在项目现场也可在系统维护单位处,一般采用工控机或服务器,配合相关软件,可实现较为复杂的数据展示功能,如历史数据查询、数据变化曲线、对比分析等。

8.2　监测组件技术特性

8.2.1　温度监测设备

常用的温度监测设备主要有红外温度计、电阻传感器以及光纤温度传感器等。

红外温度计是通过热辐射原理来测量温度,优点是测温元件无须与被测介质接触,测温范围广,反应速度一般也比较快,但其最主要的缺陷是易受到测量距离、烟尘和水气等外界因素的影响,测量误差较大[2]。

一般把金属导体铂、铜、镍及镍铁合金制成的测温电阻称为热电阻,把金属氧化物陶瓷半导体材料制成的测温元件叫作热敏电阻。热电阻传感器最常用的是铂电阻,它的阻值随温度线性变化,具有测温范围适中、精度高、稳定性好等特点,主要用于高精度的温度测量和标准测量装置。热敏电阻是电阻传感器的一种,采用半导体材料,温度变化会造成大的阻值改变,测温灵敏度高、热惯性小,但是其非线性大,需要进行线性化补偿,稳定性稍差并且存在阻值误差,一致性较差[2]。

光纤温度传感器是利用光纤中传输的光波的特征参量(如振幅、相位、偏振态、波长和模式等)对外界环境因素(如温度、压力、辐射等)敏感的特性制成。具有不受电磁干扰、耐腐蚀、电绝缘、体积小、灵敏度高、使用寿命长、传输距离远等特点。

8.2.2　流量监测设备

常用的流量监测设备主要有叶轮流量计、电磁流量计、容积式流量计以及超声波流量计等。

叶轮流量计的工作原理是将叶轮置于被测流体中,叶轮受流体流动的冲击而旋转,以叶轮旋转的快慢来反映流量的大小。其特点是耐压高、适用范围广、抗干扰能力强,但不能长期保持校准特性,流体物性对流量特性有较大影响。

电磁流量计是应用导电体在磁场中运动产生感应电动势,而感应电动势又和流量大小成正比,通过测电动势来反映管道流量的原理而制成的。其测量精度和灵敏度都较高,但导电率低的介质,如气体、蒸汽等则不能应用,电磁流量计造价较高,且信号易受外磁场干扰,影响其在某些场合的应用。

容积式流量计是利用机械元件把流体连续不断地分割成单个已知的体积部分,根据测量室逐次重复地充满和排放该体积部分流体的次数来测量流体体积总量。该流量计是精度最高的一类,可用于高黏度液体的测量,应用范围较广,但其体积庞大,不适合高、低温场合,适用于洁净单相流体,且会产生噪声和振动。

超声波流量计的原理是当超声波束在液体中传播时,液体的流动将使传播时间产生微小的变化,通过计算传播时间差来测量液体流速,进而计算流量。超声波流量计的优点是可以实现非接触式测量,但测量精度不高[3]。

8.2.3　压力及液位监测设备

压力测量最常用的是压阻式压力传感器,当传感器内的压力应变片受到压力产生形变时,其阻值会发生改变,从而使加在电阻上的电压发生改变,以此测量压力的大小。

液位传感器是一种测量液位的压力传感器,地下水水位测量是基于所测液体静压与该液体的高度成比例的原理,将静压转换为电信号输出。

8.2.4　电力监测设备

电力监测设备主要采用电流互感器,电流互感器是将电网中的高压信号变换为低压小电流信号,从而为系统的计量、监控、继电保护、自动装置等提供统一、规范的电流信号的装置,可分为环形电流互感器和钳形电流互感器。

8.2.5　水质监测设备

水质监测分为实验室取样检测和在线水质监测两种方式。传统上应用得较多的是实验室取样检测,即利用采样设备采集待监测项目水样,送交实验室进行检测。

贝勒管水样采集器为一种较为简便的水样采取方法,采样原理是当贝勒管进入水面以下时,地下水从贝勒管底部进水口进入管内并通过回止球封闭保留在管内。一般用于湖水、河水、井水的水样采集。但是由于该方法所采取的一般为表层的水,所以近年来开始采用双联阀泵地下水采样器进行水样采取。双联阀泵是一种空气泵,当泵管被放入水中时,水上升进入泵管中到其静态水位高度,控制器关闭了泵管底部的回止球,并提供气体向下压迫驱动线管内的水柱,这就迫使水向上进入采样线管中,气体被排放期间,流体静压使得水重新注满驱动线,顶部的回止球避免采样线中的水回流到泵管中,如此加压和排放的循环不断重复,水就会被带到地面。水样采取后送交实验室,根据国家、行业等相关检测标准要求对水样进行检测。

在线水质监测可采用在线水质分析仪,实现水样的现场采取和检测一体化。这种方式的优点是监测密度大,可以更加及时地掌握水质动态变化情况,缺点是相比实验室检测,在线水质监测可检测指标要少得多,精度较低。

8.3　监测系统设计与安装

浅层地热能监测系统主要包含空调房间监测、机房监测、室外监测以及数据采集、传输和展示。

8.3.1　空调房间监测

空调房间监测包括温度监测和湿度监测,通常采用室内温、湿度传感器进行监测,用以分析系统末端应用效果,并可根据监测数据实时变化情况控制各房间冷、热量,从而使房间更加舒适、系统更加节能。一般情况下,空调房间监测应在建筑物达到热稳定后进行,监测数量不少于总房间数的 10%,应选取不同功能、不同朝向的典型代表性房间进行全面监测。

室内温湿度传感器可分为普通式及防爆式,普通式适用于办公室、医院、档案馆、博物馆等良好环境的温、湿度测量,防爆式适用于武器弹药库、药厂、电厂、粉尘厂房等易爆环境的温、湿度测量。传感器的安装通常在地面以上 2.5~3 m 高度处,以便于安装、调试和维护。同时应避开发热、制冷物体,远离风口、门口和墙体,避免日晒雨淋,且不能直接安装在蒸汽、水雾环境中。

8.3.2　机房监测

机房监测一般包括系统循环介质的温度、流量、压力及系统内各设备的电力监测。

1. 循环介质温度监测

循环介质温度监测通常采用接触式温度传感器,即传感器测温探头插入管道内部与循环介质直接接触。管径较小时可采用三通安装,管径较大时在管道上开孔并焊接底座。传感器探头长度应达到管道中心[1]。

若传感器为后期安装且管道不可开孔,也可采用贴片式温度传感器。安装时先将测温点管道表面打磨干净,涂抹导热介质,再将贴片式温度传感器贴在管道表面,并固定牢固,外部须做保温[1]。

选择测温点位置时应正确选择管道并尽量靠近测温目标,如要监测热源侧总供水温度,则测温点应在热源侧供水总管管道满液的位置,并尽量靠近管道出机房的节点[1]。

2. 循环介质流量监测

循环介质流量监测一般采用通过式流量计进行计量,如电磁流量计、叶轮流量计等。安装方式多为法兰夹持型。为使流量计稳定工作,安装地点应尽量避免靠近磁性物体及强电磁场的设备[1]。

若流量计为后期安装,又不能破坏原管道,则可选择贴合式超声波流量计。安装前首先确定安装方式并计算探头距离,安装时选择管材致密部分,先将管道外壁清理干净,涂上足够的耦合剂,再将探头紧贴在管壁上进行固定[1]。

流量计应布置在流速相对稳定的直管段上管道满液的位置,测点上游不少于 10

倍管径直管段,下游不少于 5 倍管径直管段,不可安装在水泵抽吸侧。

3. 循环介质压力监测

循环介质压力监测的目的是掌握循环系统的运行状态,保证系统安全运行。压力测点一般安装在设备进出水管道和区域进出水管道。压力传感器应安装在温度变化较小处,安装时应在传感器与介质之间加装压力截止阀,从而防止堵塞和方便检修,在压力波动范围较大的场合还应加装压力缓冲装置[1]。

4. 系统内各设备的电力监测

电力监测通常采用电流互感器配合电力采集仪表测量用电设备的实时电流和电压,计算得到功率和用电量等参数。项目建设期一般安装环形电流互感器,测量精度较高,若后期安装或临时测量而不可破坏原线路,可使用钳形电流互感器,这种互感器的金属环可张开,环绕在待测线路上进行测量[1]。

8.3.3　室外监测

室外监测主要包括气候环境监测、地温场监测、换热量监测、水位监测及水质监测等。

1. 气候环境监测

气候环境监测一般采用室外温、湿度传感器,通过监测实时掌握室外环境温、湿度情况,用以调整系统运行策略,降低系统能耗。根据《地埋管地源热泵系统工程技术规范》要求,室外温、湿度传感器设置应注意防晒、防雨,同时要距离地面或墙壁至少 2 m,避免热辐射影响其测量准确性。

2. 地温场监测

(1) 监测位置类型及布置

根据监测位置和监测目的的不同,地温场监测可分为换热监测、换热影响监测和常温监测。无论哪种热源侧形式,监测点应全面覆盖换热影响区域范围,实现区域地温场的整体控制,在集中开发利用区域应进行重点监测。换热监测点和换热影响监测点布设位置应包含换热区域中心及边缘,并考虑地层岩性、地下水径流方向等对地温场分布的影响,进行监测点的空间布设。常温监测布设位置应不受换热影响,用以监测区域地温背景值,作为分析换热对区域地温场影响的参照[1]。

对于竖直地埋管地源热泵系统,一般采用钻凿监测孔并在孔内下入温度传感器的方式进行地温监测。其中,常温监测孔(也称基准监测孔)是指通过在换热影响范围以外的钻孔内下入温度传感器,用于监测地层原始温度的钻孔;换热监测孔是指通过在换热孔内下入温度传感器,用于监测地埋管换热器换热过程中其周边地层温度变化的钻孔;换热影响监测孔是指在换热孔周边钻凿监测孔,通过在孔内下入温度传感器,用于监测换热孔温度影响范围。监测孔数量应不少于换热孔数量的1%。换热监测孔的布设应覆盖换热区域不同位置,如布孔区域的中心或边缘等;换热影响监测孔应布设于换热孔周边温度影响范围内,可以位于布孔区域中心、边缘、两孔连线或多孔中心等。如果换热孔埋设区域地表为水池或景观水系等,应在水平连管的管沟内设置温度监测,以掌握有无地表水渗漏对水平连管周边的地温场造成影响。

对于水平地埋管地源热泵系统,一般将温度传感器布设在换热管沟内或换热管沟附近单独开挖的水平沟内。具体埋设位置应结合水平地埋管换热器的埋设方式,所有水平地埋管埋设层均应监测,确保能够监测到不同位置换热器周边地层的温度变化情况和温度影响范围,温度传感器的间距不宜大于20 m。而对于常温监测应布设在水平地埋管布设区温度影响范围以外,一般距地埋管埋设区不小于10 m。

对于地下水地源热泵系统,地温场监测方式与竖直地埋管地源热泵系统类似,区别在于换热监测的方式为将温度传感器布设在水井内或井管外壁,用以监测系统换热过程中水温和变化情况。同时在水井影响半径内布设不少于1个监测孔,孔内下入温度传感器,用以监测抽灌温度影响范围,其监测孔的深度应不小于水井的深度。

(2)传感器的选择与安装方式

地温场监测一般采用地埋温度传感器,按照传感器形式可分为单点式和总线式两大类,单点式是指一根电缆线仅带有一个测温探头,而总线式是在一根电缆线上集成了多个测温探头。在测温点相同的情况下,总线式温度传感器大大减少了信号电缆线数量,因此可有效减少施工工作量和测温点错乱的风险,提高工作效率和质量。

温度传感器埋设方法有地埋管外埋设、地埋管内埋设和单独埋设,如图8-1所示。地埋管外埋设是将温度传感器固定在地埋管外部随地埋管一同下入孔内;地埋管内埋设是将温度传感器下入已经埋设完成的地埋管内;单独埋设是将温度传感器单独下入监测孔。

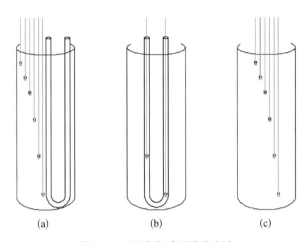

图8-1 温度传感器埋设方法

(a) 地埋管外埋设;(b) 地埋管内埋设;(c) 单独埋设

水平地埋温度传感器安装方式包括地埋管外埋设和单独埋设,地埋管外埋设是将温度传感器固定在地埋管外壁;单独埋设是将温度传感器单独埋入监测沟。

水井温度传感器安装方式分为井外埋设和井内埋设,井外埋设是将温度传感器安装于井管外壁,井内埋设是将温度传感器下入井管内部。

在地层温度基本稳定的情况下,地埋管内、外温度传感器测量温度基本相同。在换热监测孔温度持续迅速变化的情况下,由于地埋管管材热导率较低,且地埋管内充满了高比热容的水,因此地埋管内埋设温度传感器测量温度比管外略有滞后,因此地埋管外埋设测温准确性和时效性更高,但传感器容易损坏且不可维修或更换。

(3)测温点垂向分布

在垂向方向上,温度传感器可按照等间距深度布设,也可根据地层结构进行布设,但应使不同监测孔内的温度传感器处在同一地层的同一深度上,以使监测数据更具备可比性。常温监测孔和换热影响监测孔浅部测温点可以另外加密,以获得变温带深度及地温的季节性变化情况。为了研究换热在垂向上的影响深度,可在换热孔埋设深度以下布设测温点。

(4)延长铺设与封口保护

出于安全性考虑,地埋温度数据采集器宜安装于地面以上或机房内,传感器信号电缆线长度宜直接到达数据采集器。当必须进行电缆线延长对接时,延长线应与附带线使用相同型号,电缆线延长对接后,接线处应具有不低于电缆线的机械强度及绝缘、防水性能,传感器电缆线宜沿水平管沟到达数据采集器,也可另行开沟埋设,埋设深度不应小于冻土层厚度。

为使地埋管内安装的温度传感器能够实现维修或更换,则监测孔孔口可做成开放式,必要时应可打开,孔口结构应使技术人员便于进行温度传感器的维修、更换等工作。兼顾安全、美观、易于操作等因素,可采用带顶盖的不锈钢套筒对孔口进行封闭保护。安装时首先开挖监测孔孔口及连接孔口的水平沟,将拟安装温度传感器的地埋管剪短至与地表平齐或略低于地表,下入温度传感器后,将传感器信号电缆线自地埋管管口向下弯折,沿地埋管外壁固定至水平沟底,再沿水平沟汇入数据采集器。孔口处套上不锈钢护套筒,仅将顶盖露出地面,其余部分回填后埋入地下。若由于美观要求或地表有其他用途,护套筒不允许出露地表,也可降低护套筒高度将其全部埋入地下,出现温度传感器损坏时再将其挖出,进行维修或更换工作。

3. 换热量监测

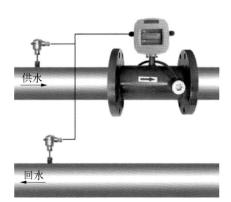

图 8-2　热量积算仪安装示意图

当某些项目中需要监测单个或部分换热孔的换热量时,则需要在管道的相应位置上安装热量积算仪,如图 8-2 所示,安装后在热量积算仪处须砌筑检查井。热量积算仪的测量设备包括温度传感器和流量计,若数据采集传输需要进行信号转换,则测量设备宜采用分体式,测量元件安装在管道上,并做防水处理。信号转换器部分最好安装于地面以上,可制作专门的机柜安装于检查井附近,如安装在检查井内,应安装于较高位置,并做防潮处理。

4. 水位监测

地下水地源热泵系统应进行水位监测,以掌握抽灌对地下水的影响,并保证系统运行的安全和可持续性。水位监测一般采用投入式液位传感器,该设备是基于液体静压与液体高度成线性比例的原理实现对液体深度的准确测量,故液位探头须位于地下水最深动水位以下,且量程必须大于抽灌条件下的水位多年变化幅度。

5. 水质监测

地下水地源热泵系统还应对所有抽、灌井进行水质监测。地埋管地源热泵系统宜对换热区附近水井进行水质监测。地下水水质监测可采用现场在线监测、采样现场检测或采样送实验室检测等方式。

8.3.4　数据采集、传输和展示

1. 数据现场采集

通常在机房内设置安装有数据采集仪表或模块等数据采集设备的专用机柜进行数据现场采集。数据采集设备具备通信功能,可采集监测数据并传输至现场人机交互设备。现场人机交互设备可采用组态软件或其他自控软件对监测数据进行采集、显示和存储,通常情况下数据存储间隔以 10 min 到 1 h 为宜。

2. 数据远程传输

为实时掌握监测数据,了解现场运行情况,可安装数据远程传输系统。数据远程传输系统包括远程接收平台及数据传输网络,数据传输网络分为接收平台网络及现场传输网络。接收平台网络宜采用互联网专线,可提供多终端接入且稳定可靠。

现场传输网络分为有线传输和无线传输。有线传输是利用互联网在现场数据采集系统与远程接收平台之间建立虚拟局域网络实现数据的远程采集。远程无线数据传输目前主要通过运营商基站传输和卫星传输两种方式。

运营商基站数据传输方式中,监测系统装有无线通信模块终端,该模块安装通信运营商提供的识别卡,可以实现与基站的无线通信,基站连接有线网络,从而实现有线通信网路与无线终端之间的通信链路建立,实现远程数据传输。伴随 4G/5G 网络的建立,远程无线传输方式的传输速度有很大提升,运营商通信资费较低,因此其应用范围最为广泛。但远程无线传输方式通信能力受基站信号强度影响较大,数据安全存在隐患。目前,国内可以提供该项服务的运营商有联通、移动、电信,使用的无线通信模块主要是数据传输单元以及具备无线通信功能的路由器设备。

卫星数据传输方式中,监测系统终端装有卫星通信终端设备,该终端设备可发送或接受无线电波,利用人造地球卫星作为中继站转发无线电波,在两个或多个地球站之间进行通信。目前,美国卫星通信系统技术较为先进。中国发展速度较快,发射的北斗、天通卫星等已经实现信号全国覆盖,并开放了民用频段和商用频段,应用得较为广泛。卫星数据传输方式通信距离远,几乎可实现全覆盖,通信质量高,系统可靠,不易受影响,数据安全性较高,但通信资费较高,数据传输存在滞后性,容易受太空气象影响[4]。

3. 数据展示

数据展示是监测系统人机交互的重要部分,实现直观的展示监测系统的运行情况、显示并存储监测数据。监测系统通常需要连续运行,必须保证上位机可靠性,因此不能选用常规的家用电脑,应采用工控机、触摸屏或服务器。

工控机全称为工业控制计算机,是专门为工业控制设计的计算机,用于对生产过程中使用的机器设备、生产流程、数据参数等进行监测与控制[5]。工控机稳定性高、防潮、防尘、防振、可扩展,但其体积较大、价格较高,需要配套监控软件,可应用于外部环境条件较为恶劣的场合,或者监控点位数多、数据存储量大、控制较为复杂的场合。

触摸屏是一种可接收触觉等输入信号的感应式液晶显示装置,屏幕上的触觉反馈系统可根据预先编程的程序驱动各种连接装置,可用以取代机械式的按钮面板,并借由液晶显示画面生成影音效果[6]。其体积小、安装方便、集成度高、可编程性强,但是受到触摸屏存储器限制,数据存储空间有限,主要用于安装空间较小的场合。

服务器是计算机的一种,在网络中为其他客户机提供计算或者应用服务。服务器具有高速的运算能力、长时间的可靠运行、强大的外部数据吞吐能力以及更好的扩展性,但其功率较大,对外部环境要求高,价格昂贵,更适用于数据中心或网络信息平台。

8.4　监测系统运行维护

8.4.1　维护内容

维护内容按部位划分,可分为数据中心维护和站点现场维护。按类型划分可分为软件维护和硬件维护,软件维护包括数据维护、程序维护及网络维护,硬件维护包括数据中心硬件及站点现场硬件维护。

8.4.2　维护方法

1. 数据维护

定期对数据中心监测数据上传情况进行检查,对出现异常的站点及时进行故障排查。定期将监测数据分阶段下载导出,可采用刻录光盘的方法进行监测数据存档。

　　为确保各实时监测数据的准确性,应每年对站点监测数据进行不少于 2 次的人工校验。校验过程可采用经过标定的设备对相关参数进行校验比对,如用贴片式温度传感器校验站点温度监测数据,采用超声波流量计校验系统流量监测数据,采用钳形互感器校验电力监测数据,用校验参数与现场监测设备记录数据进行比对,对监测不准确的设备及时进行更换。

　　2. 程序维护

　　定期检查监控程序软件运行情况,确保没有受到病毒、人为误操作等的影响而出现运行异常。

　　3. 网络维护

　　定期检查数据中心接收平台网络及各监测站点网络连接情况,出现中断及时排查恢复连接。

　　4. 硬件维护

　　定期对数据中心硬件设备进行除尘、除潮,检查运转情况和线路连接情况,对出现松动的接口进行紧固连接。数据中心检查中如发现数据传输故障,应首先排除数据中心原因,必要时进行现场故障排查维修。

　　定期对站点现场硬件设备进行巡视检查,主要是对现场设备进行检查,除尘、除湿、检查线路连接情况,发现存在故障隐患及时维修或更换,以确保监测过程的连续性。

8.5　典型监测系统实例分析

　　在保护中开发、在开发中保护是浅层地热能开发利用的原则,开展浅层地热能开发利用系统监测是促进浅层地热能开发利用与地质环境保护协调发展、资源高效开发利用的重要手段。

8.5.1　北京浅层地热能开发利用监测系统

　　1. 监测工作历程

　　2005 年,原北京市地勘局根据北京"十一五"规划相关要求,结合自身行业特点专长,提出应在北京大力开发浅层地热能的新能源利用方案,方案同时指出当前北京市在利用浅层地热能过程中缺少热泵系统运行对地温场及地下水水质影响方面的研究,建议市政府相关部门进行相关立项。

2007年,原北京市地勘局在"北京市平原区浅层地温能资源地质勘查"项目中开展了"北京平原区监测站网建设及环境影响评估"专题研究,建立了地下水和地埋管地源热泵系统监测站点22个,并自2009年起持续开展浅层地热能利用监测站点运维工作。

2010—2013年,依托"北京市浅层地热能资源调查评价及编制利用规划"项目,完成了新增20个站点的建设,使得浅层地热能资源开发利用监测网扩展到42个监测站点,2014年度开始对建成的42个监测站点开展运行维护。

2014—2018年,依托"北京市浅层地温能可持续利用研究及示范工程建设"项目,新建基准监测点10处,地源热泵监测站点40处,示范工程6处,监测站点的数量增至98处。

目前已建监测站点覆盖了北京市各区,主要结合北京市地源热泵项目的分布情况,在不同水文地质单元和行政区域内选取典型项目进行监测点的布设。监测项目的应用建筑类型主要包括办公楼、商业建筑、工业厂房、教学楼、居民建筑、旅馆酒店、医疗卫生建筑以及文化体育建筑等,项目规模为数百平方米至数十万平方米不等,均具有较强的代表性。

2. 监测内容

监测内容包括区域地质环境监测及系统运行参数监测,区域地质环境监测包括常温监测及浅层地热能利用区域监测,如图8-3所示。

常温监测是指在远离浅层地热能利用区域建设常温监测孔,实施原始地温监测,浅层地热能利用区域监测包括地温场监测、地下水水位监测及地下水水质监测。地温场监测是指在浅层地热能利用区域内安装监测设备,用以监测地下温度场变化情况,按照监测方法不同分为地下监测和总管监测。地下监测是指在项目场区内钻凿监测孔下入监测设备或者随换热孔下入监测设备进行监测,监测数据直接反映地下温度场的实时变化情况。总管监测是指在系统热源侧总供回水管道上设置温度传感器,用以监测系统热源侧总供回水的温度,从而间接反映该地区地下温度场的变化情况。地下水水位及水质监测是选取具有代表性的地源热泵项目,通过对抽水井、回灌井或观测井安装液位传感器及定期取水样检测分析,获取地源热泵系统运行对地下水水位、水质的影响程度和规律。

图 8-3　区域地质环境监测

　　系统运行参数监测是指对典型项目热泵系统温度、流量及电力等运行参数进行监测,分析热泵系统运行参数变化规律及系统运行效果、运行能效的影响因素,如图8-4所示。

图 8-4　系统运行参数监测

3. 监测取得成果

1)原始地温监测

　　根据北京市平原区常温监测孔监测情况分析,地层原始温度主要受区域地质构造、水文地质条件及当地气候条件等影响。变温带厚度为 10~20 m,其地温主要受太阳辐射的影响,温度变化较气候变化滞后,变化幅度随着深度的增加而减小,冻土层厚度小于 1 m。变温带以下为常温带,地温为 13~15℃,厚度为 10~30 m。常温带以下为增温带,其地温随深度增加而增加,富水性较好的地区增温较平缓,150 m 以浅增温率约为 1.8℃/100 m,如图 8-5 所示。

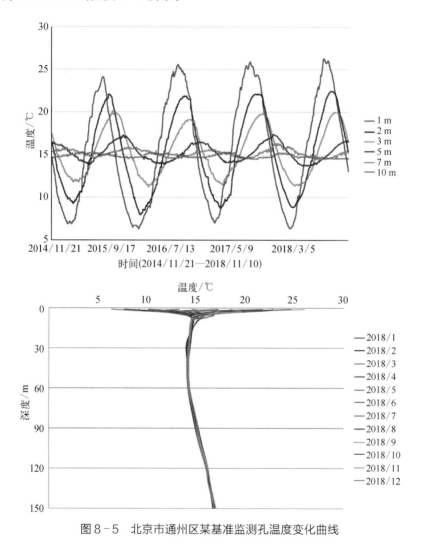

图 8-5　北京市通州区某基准监测孔温度变化曲线

2)浅层地热能利用区域地温场监测

(1)地下水地源热泵系统地温场监测

从地下水地源热泵系统地温场监测规律上看,运行季回灌井温度受系统运行的

影响温度变化明显,变化幅度为 4~12℃,不同深度传感器获得的温度曲线变化趋势
较为一致,但随着深度的增加,地温场受回灌的影响变小,趋势变平缓。回灌井周边
地温场随系统运行呈现与回灌井相同的变化趋势,变化幅度随距离的增加而减小,在
下一个运行季开始前,地温场已基本恢复至原始地层温度。

　　从日运行监测情况来看,若系统全天运行,则回灌井及周边温度变化较明显,部
分项目在运行日的某些时段(如办公楼下班后)无须供暖或制冷,系统存在较长时间
的停机,此类项目地下温度场变化趋势更缓慢,说明系统的间歇运行有利于区域地温
场温度恢复。

　　位于含水层富水性和出水、回灌能力均较好的地质条件适宜区且运行控制较好
的项目,抽水井温度并未随着抽灌出现季节性波动(如图 8-6),说明抽水井未受回灌
影响。但也有个别项目因抽灌井位置及间距不合理、运行季时间较长或未实施有效
的运行管理策略等,致使抽水井温度受到了系统运行的影响。因此在抽灌井建设过
程中,应将抽水井设于回灌井上游,并按相关规范要求控制抽水井之间和抽灌井之间
的间距。

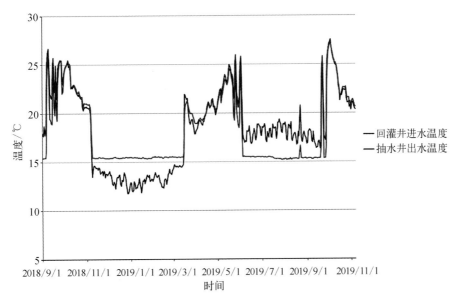

图 8-6　地质条件适宜区地下水地源热泵项目抽灌井温度年度变化曲线

　　位于含水层富水性和出水、回灌能力相对一般的区域,一些项目抽水井温度受系
统运行影响呈现微小的季节性变化,变化幅度为 1~4℃,但大部分项目在下一个运行

季开始前,抽水井温度基本能够恢复至原始温度,说明系统运行虽影响到该区域内地下水流场及地下温度场,但并未造成不可逆的热累积现象。个别项目所在区域地下水径流条件一般,又因抽灌井位置及间距不合理、运行季时间较长且未实施有效的控制运行策略,多年运行后已出现了的热积累现象,10年内已有一定程度的温度抬升,如图8-7所示。

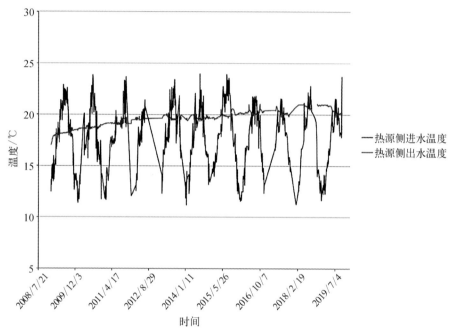

图8-7 某宾馆地下水地源热泵项目热源侧总管温度多年变化曲线

（2）地埋管地源热泵系统地温场监测

从地埋管地源热泵系统地温场监测规律上看,系统在11月中旬开始供暖季运行,地温场温度开始降低,约至次年2月份处于最低值,一般为5~7℃,3月中旬停止供暖,至制冷季开始前地温场温度基本能够恢复至原始地温。制冷季一般在6月中旬开始,约至8月中旬温度处于最高值,一般为25~35℃,9月中旬左右结束,待11月中旬开始下一个供暖季。

垂直方向上不同深度传感器获得的温度曲线变化趋势较为一致,呈现出冬季降低,夏季升高的温度变化趋势,温度变化幅度随深度增加而减小,富水性较好的地层温度变化幅度较为平缓。深度10m以浅的地层温度受环境温度的影响较大,根据对有效换热深度 120 m 以深的 126 m、130 m 的温度监测可以看出,系统运行过程中换热孔深度以下地层温度也出现了微小的变化,说明对垂直方向地温也造成了影响,但影响很小。

在设计合理且地质条件有利于地温恢复的地区,项目运行虽对地温场产生了一定影响,但进入过渡季后区域地温场逐渐恢复,在下一个运行季开始前基本可恢复至原始地温,不会产生不可逆的热累积。但个别住宅或宾馆类型项目由于实际负荷与设计负荷不符,项目所在区域地层富水性较差,有效含水层厚度较薄,地温恢复能力差,过渡季后地温尚未完全恢复即进入下一个运行季,加之未实行有效的控制运行策略等,致使局部区域产生了不可逆的热积累现象,如图 8-8 所示。

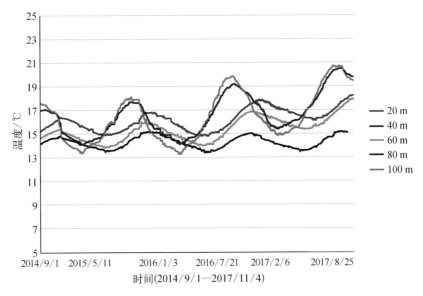

图 8-8　某办公楼地埋管地源热泵项目换
热影响监测孔温度多年变化曲线

水平方向上,随着系统的运行,布孔区中心位置的换热孔受多孔集中换热影响地层温度变化较大,但换热区域的整体温度没有太大变化。距离换热区域 5 m 的换热影响监测孔还会受到系统换热的影响,温度随系统运行呈现同趋势变化,但温度变化相对滞后和平缓,季节变化幅度约为 2℃。个别项目距离换热区域 10 m 的地下温度也受到系统运行的影响,出现了一定的温度变化,年最大变化幅度在 0.5℃ 左右,因此在常温监测孔布设时应充分考虑地质条件、建筑负荷、运行模式等对区域地温场的影响,确保常温监测孔布设于地温场影响范围外。

(3)浅层地热能利用项目类型分析

按照项目类型分析发现,宾馆或住宅等运行季较长的项目,在建设地下水地源热泵时,应考虑增大抽灌井间距;在建设地埋管地源热泵项目时,应考虑增大换热孔间隔。有寒暑假的中小学校项目及空调需求不连续的办公楼或培训单位,即使地层条件相对一般,在采用优化的运行策略情况下,系统仍可以持续稳定运行,因此该类项目也适合应用浅层地热能。

3)水源热泵系统运行对地下水水质的影响分析

由单因子评价法可知,部分检测指标,如总硬度、氨氮、氯化物、硫酸盐、溶解性总固体、铁等,在热泵系统运行过程中有一定程度的波动,但其化学成分没有发生较大变化。

结合模糊综合评判法分析,认为影响监测区地下水水质等级的指标主要是总硬度、硝酸盐以及氨氮。总硬度值出现波动,分析可能是由于热泵系统运行抽灌地下水改变了含水层的地球化学条件,对钙镁的溶解有轻微影响,从而引起地下水硬度波动,但波动幅度较小。氨氮、硝酸盐、亚硝酸盐的数值波动,初步分析是热泵系统的运行对含水层氧化还原环境造成了一定影响,导致氮以氨氮、硝酸盐、亚硝酸盐三种形式互相转化,使氨氮、硝酸盐、亚硝酸盐的含量产生波动,同时也影响了模糊综合评判法的评判结果。

4)系统运行参数监测分析

某些项目采取了优化运行管理策略,从而达到节能的效果,同时减小了系统运行对地温场的影响。以某水源热泵项目为例,通过对监测数据的分析发现,该项目水泵能耗占比较大,制冷季初末机组能效偏低,因此维护人员对运行策略进行了调整:一是根据建筑负荷情况调整空调侧回水温度设定,通过对房间温度的控制提高系统运行能效;二是在空调侧回水温度达到设定值热泵机组停机后,关闭热源侧水泵,减少水泵能耗;三是在制冷季初末时段热源侧进水直接供给末端制冷。经过一段时间的试验,系统运行能效得到明显提升,提高了项目运行的经济性和安全性。

4. 监测成果应用及共享

(1)监测成果应用

监测成果为主管部门制定规划及政策提供了依据,有效提升了地源热泵项目区域地质环境的安全性。另外,提出了多项地源热泵系统建设、运行的新方法,有效提高了浅层地热资源的利用效率。近年来,北京市建设的重大项目均借鉴已有监测成果开展了地温监测系统建设,从而保障了浅层地热能的安全可持续利用,为实现北京"大城市病"中的环境治理使命和推进区域生态文明建设提供了支撑。

（2）监测成果共享

通过对不同类型参数多年监测成果的分析研究,总结了影响地源热泵系统空调效果和运行能效的因素,以及系统运行对地下温度场、水质、水位等地质环境的影响情况等,每年编制浅层地热能利用监测成果报告及成果简报,并建立了信息平台,可实现数据的采集、历史数据分析、展示、存储等功能,为政府相关部门的管理提供服务,如图8-9所示。

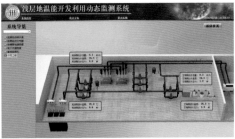
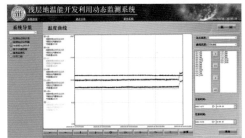

图 8-9　北京市浅层地热能开发利用动态监测系统

2014—2018年,结合已有监测成果和监测系统建设经验,原北京市地质矿产勘查开发局(现北京市地质矿产勘查院)编制了北京市地方标准《地埋管地源热泵系统工程技术规范》及国家能源行业标准《浅层地热能开发地质环境影响监测评价规范》,为规范监测系统建设和后评价提供了依据。

8.5.2　上海市浅层地热能开发利用监测系统

上海市浅层地热能开发利用系统动态监测工作是上海市浅层地热能开发利用

管理的重要组成部分,包括区域地温动态监测和应用工程跟踪监测。目前,上海市浅层地热能开发利用系统监测工作已取得初步成果,依托浅层地热能开发利用监测网,对区域地温、应用工程的运行参数、换热区地质环境进行动态监测,分析评价了浅层地热能资源开发利用效果和换热区相关要素的特征信息、动态变化规律和趋势。并进行监测信息发布和预警预报,为浅层地热能的开发利用技术、地质环境保护政策措施提供依据,实现浅层地热能资源开发利用与地质环境保护协调发展。

1. 监测工作历程

按照原国土资源部发布的《关于大力推进浅层地热能开发利用的通知》(国土资发〔2008〕249号),国家能源局、财政部、原国土资源部、住房和城乡建设部发布的《关于促进地热能开发利用的指导意见》(国能新能〔2013〕48号)以及《上海市地面沉降监测和防治设施布局专项规划(2013—2020年)》等规划的相关要求,上海市于2010年开始浅层地热能监测工作,并逐年进行实施和完善。

在上海市浅层地热能调查评价工作的基础上,2012年编制的《上海市浅层地热能监测网建设和重点区域资源详查实施方案(2012—2015)》对上海市浅层地热能监测网建设、重点区域资源详查做了统筹安排;2013年,结合实际情况将浅层地热能监测网建设纳入《上海市地面沉降监测和防治设施布局专项规划(2013—2020年)》并获得上海市人民政府的批复(沪府规〔2013〕184号),规划明确,浅层地热能监测网由区域地温动态监测和应用工程跟踪监测构成。

截至2019年年底,已建成了22个区域地温动态监测孔和18处应用工程跟踪监测场,监测网点的地域范围已覆盖上海市中心城区及郊区各区县。监测的建筑类型包含了居住建筑、公共建筑、农业建筑;监测的地热开发类型包含了地埋管换热型和地下水源换热型。按照相关规划要求,监测工作结合上海市开发利用现状和未来发展趋势分期、分批进行,逐步充实和完善。

2. 监测系统内容

区域地温动态监测主要开展区域地温变化情况动态监测工作;应用工程跟踪监测工作内容包括两个方面:一是换热区地质环境要素监测,其中地埋管地源热泵系统主要监测地温、地下水质,地下水地源热泵系统主要监测地温、地下水位、地下水温、地下水质和沉降等;二是应用工程热泵运行参数监测,包括采集地源侧、用户侧总进、出循环水水量、水温以及水泵机组耗电量等。

1）区域地温动态监测

区域地温动态监测孔分为两种：第一种是选择远离开发利用项目进行设置，主要是监测地温的变化情况，其目的一是掌握区域浅层地温背景值，二是监测浅层地热能开发利用影响区域温度场的状况；第二种是选择浅层地热能集中开发利用区域，对集中开发利用区域的地温变化动态进行监测，从而对地质环境影响程度及范围进行评估，如图 8 – 10 所示。

图 8 – 10　浅层地热能集中开发利用区域地温变化动态监测

2）应用工程跟踪监测

（1）地埋管地源热泵系统地质环境监测

① 换热区地温监测

由于地埋管地源热泵系统地下换热器为封闭系统，主要通过与土壤进行热量交换达到制冷和供暖的目的。在夏季制冷时，地埋管换热器向地下释热，经过整个夏季运行后，地下温度场会形成局部 3~6℃ 的温升；在冬季供热时，地埋管换热器向地下取热，如果热泵系统冬季从地下累计吸取的热量等于夏季累计排放的热量，则地下温度场又会形成局部 3~6℃ 的温降。因此，长期运行产生的地质环境问题主要为地温场的变化以及由于地温场变化而引起的一系列地质环境问题。

上海市夏季的制冷时间要大于冬季的供热时间，在一年的循环周期内，地源热泵系统从地下取热量与取冷量不能达到平衡。统计结果表明，上海市办公建筑吸、排热比约为 0.33,商业建筑吸、排热比约为 0.16,酒店、宾馆吸、排热比约为 0.24。通过模拟计算得出,64 个换热孔呈正方形布设方式,在吸、排热比为 0.33 的条件下,地源热泵系统的长期运行将引起换热区地层温度的不断升高,系统运行前期(前 2~3 年)地温升高迅速,之后趋缓,连续运行 1 年、3 年、5 年、10 年时,地温升高幅值为 3.23℃、5.29℃、5.68℃、5.74℃。长期大规模的应用将会导致一定深度内土层局部的热积累,从而对地质环境产生影响。并且随着换热区地下温度场发生大幅变化,地埋管出口温度即热泵机组进口温度将不能满足热泵机组要求,从而对热泵机组的性能造成影响,进而影响地源热泵系统的运行效率。因此,对地埋管地源热泵项目换热区地温的影响程度及范围进行监测,有助于及时掌握地温场变化特征,保护地质环境,为系统运行策略的制定提供依据,提高系统运行效率。

② 换热区地下水质监测

地埋管地源热泵系统地埋管换热区是一个封闭的系统,一般不会通过物质交换对地下水产生影响。但是,地埋管换热器在与地层进行热交换的同时改变了地层温度,进而改变了地下水温度,温度的变化将影响地下水中微生物的生长繁殖,即影响微生物对进入地下水中污染物的降解,也就是说影响地下水的水质。研究表明[7],地源热泵系统夏季运行,地下水温度升高,将有利于氧化亚铁硫杆菌和硝化菌的生长与繁殖,前者将导致地下水硬度和 SO_4^{2-} 含量的增加,后者将使地下水的氮污染加剧。地源热泵系统冬季运行,地下水温度降低,有利于控制各种细菌的生长繁殖,即有利于控制地下水硬度和 SO_4^{2-} 含量的增加,但不利于地下水氮污染和有机污染物的去除。因此,大型项目须对换热区地下水水质进行监测。

(2) 地下水地源热泵系统地质环境监测

地下水地源热泵系统的地质环境监测如图 8-11 所示。

① 换热区地温监测

地下水地源热泵系统利用地下水作为换热介质具有较高的换热效率,但由于须抽取地下水,必然会影响地下温度场,因此在含水层上、中、下部布设温度监测点对地下水地源热泵系统换热区地温进行监测。

② 换热区地下水水位、水质、水温、地面沉降监测

地下水地源热泵系统须抽取地下水进行换热,必然会影响含水层中地下水的原有特征,并且地下水采灌还将引起局部土体变形,产生地质环境效应。因此须对地下水水位、水质、水温及地面沉降等进行监测,从而掌握地下水地源热泵运行时地质环

图 8 - 11　地下水地源热泵系统的地质环境监测

境的相应动态,确保合理利用地下水地源热泵技术开发浅层地热能。

（3）地源热泵系统运行参数监测

在地源热泵系统运行中,室内负荷及运行时间不断变化,地源热泵机组需要与之相适应,并且换热器的运行性能也直接影响到热泵机组的性能。地源侧进出水温度、流量等是表征换热器性能的参数;用户侧进出水温度、热泵机组的进出水温度、流量及制热制冷系数等是表征热泵机组的性能参数。热泵机组、水泵等的耗电量等是表征系统耗能的性能参数。这些参数对掌握系统运行状态、及时调整运行策略以及提高系统运行效率都具有重要的指导意义。因此,须对地源侧、用户侧供回水温度、水量以及热泵机组、水泵等相关耗电设备的实际耗电量等地源热泵系统相关运行参数进行监测。

3. 监测取得成果

2010—2019 年,上海市地矿工程勘察院通过建成的 22 个区域地温动态监测孔和 18 处应用工程跟踪监测场,获得了大量监测数据,全面掌握了上海区域地温场动态特征以及应用工程地源热泵系统长期运行条件下,地温场的影响范围和程度、地下水质和水位的变化趋势和特征、地面沉降趋势等,并实现了信息化平台数据共享,为本市浅层地热能可持续开发利用及地质环境保护提供了依据。

1）区域地温动态监测

通过监测数据分析得出上海市区域地温的垂向分布特征受气候、地层结构、地层岩性、水文地质条件、第四纪覆盖层厚度、地质构造等多方面因素影响,自上而下分为变温层、恒温层、增温层。

变温层,地温动态全年变化曲线与正弦曲线近似,温度最高值出现在 9—10 月,最小值出现在 2—3 月;随着深度的增加,温度变化幅度减小,受气温、地质条件和人类活动强度的不同而表现出不同的差异,变温带地温变化曲线如图 8-12 所示。

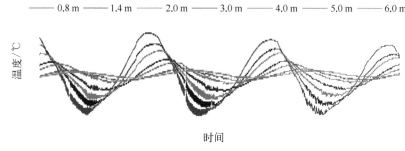

图 8-12　变温带地温变化曲线

恒温层,埋深为 10～30 m,厚度为 10～15 m,温度为 17.2～18.7℃,平均温度约为 18.0℃,与本市年平均气温接近,区域恒温层温度稳定,受外界的影响微弱。

增温带,百米增温率为 2.4～4.8℃,平均值约为 3.1℃,百米增温率表现出差异,整体趋势呈现"西南高、东北低"的形势,与区域情况基本相符合,百米增温率多年未出现持续升高或降低的现象,表明区域增温层地温温度稳定,受外界的影响微弱。

2）应用工程跟踪监测

（1）地埋管地源热泵工程

研究人员共对 16 处地埋管地源热泵工程进行了跟踪监测,掌握了不同建筑类型、建筑规模监测场地源热泵系统运行情况及换热区地温动态变化特征,为系统高效运行及地质环境保护提供了技术支撑。上海市地埋管地源热泵系统运行监测成果分析评价如下。

① 年度运行情况:办公建筑夏季制冷集中在 6 月份到 9 月份,冬季供暖集中在 11 月份到次年 4 月份;图书馆夏季制冷集中在 6 月份到 9 月份,冬季供暖集中在 10 月份到次年 4 月份;住宅建筑夏季制冷集中在 6 月份到 10 月份,冬季供暖集中在 11 月份到次年 4 月份。各类建筑夏季负荷均大于冬季负荷,排热量大于取热量,各类建筑吸排、热情况如图 8-13 所示。

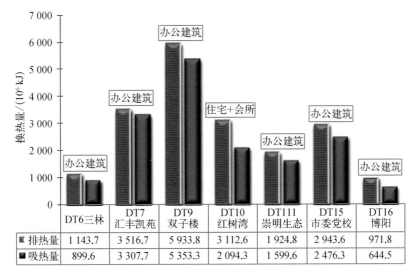

图 8-13　各类建筑吸、排热量

	DT6三林	DT7汇丰凯苑	DT9双子楼	DT10红树湾	DT111崇明生态	DT15市委党校	DT16博阳
排热量	1 143.7	3 516.7	5 933.8	3 112.6	1 924.8	2 943.6	971.8
吸热量	899.6	3 307.7	5 353.3	2 094.3	1 599.6	2 476.3	644.5

② 换热区地温变化幅度：换热区地温变化幅度与地埋管换热器向地下土层吸、排热量密切相关，夏季地埋管换热器向地下土层排放热量，冬季从地下土层提取热量，因此换热区地温变化以系统运行周期为基准呈现周期性的变化，夏季土层温度最大升高幅度约为 2℃，冬季土层温度最大降低幅度约为 1℃。不同位置监测孔变化幅度存在差异，中心换热区、边界区、换热孔外围监测孔地温变化幅度依次减小。

③ 换热区热堆积情况：上海市夏季冷负荷明显大于冬季热负荷，造成地源热泵系统运行时对换热区吸、排热不平衡，超出了岩土温度场自身的恢复能力，经过长时间的累积形成热堆积现象，该现象不利于地源热泵系统使用效果。大部分地源热泵工程，由于热量不断向外部扩散，并且采取分区运行、复合系统错峰运行等措施，未造成地层热堆积现象，地源热泵系统运行效果较好。但由于地源热泵系统配置差异、地埋管数量与冷、热负荷的比例不同，个别场地存在热堆积现象，如图 8-14 所示。

④ 热影响范围：埋管区周围地温在径向上呈现衰减的变化趋势，随着与换热孔距离的增大，温度波动幅度逐步减小，热影响范围在 8 m 以内。

⑤ 地温纵向变化特征：从运行时间超过 3 年的地温监测数据可见，随着地源热泵运行时间的增加同一监测孔内各深度地温梯度出现逐渐缩小现象，即各深度地温

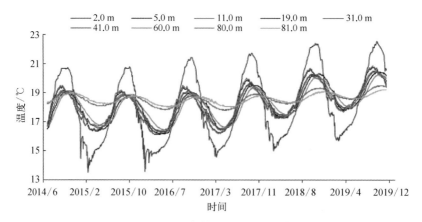

图 8 - 14　上海某场地地温变化曲线

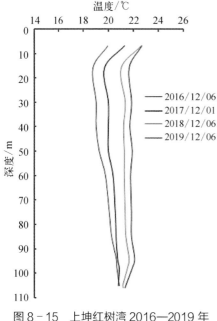

图 8 - 15　上坤红树湾 2016—2019 年
换热区地温剖面图

温差逐渐减小,地层温度上下贯通,上坤红树湾 2016—2019 年换热区地温剖面图如图 8 - 15 所示。

⑥ 地下水质变化情况:每季度对同济大学、徐泾一号、中共上海市委党校三个地埋管地源热泵工程地下水进行取样送检。水质检验结果表明,三个场地水质未发生明显变化,地埋管地源热泵系统的运行未对水质造成明显影响。

(2) 地下水地源热泵工程

共对 2 处农业设施地下水地源热泵工程进行了跟踪监测,累计监测时间已达 5 年,换热区地下水温度、地下水水质、地下水水位及地层变形等变化特征如下。

① 年度运行情况:夏季制冷集中在 6 月份到 9 月份,冬季供暖集中在 11 月份到次年 4 月份。

② 换热区地温变化特征:地温随采灌水影响发生波动,冬季供暖工况下,地温逐步下降,夏季制冷工况下,地温有升高趋势,制冷工况结束后,地温缓慢下降。处于含水层深度地温波动幅度最大,波动幅度约为 4℃,一个运行周期后,基本恢复到原始状态,热泵运行对地温影响较小,如图 8 - 16 所示。

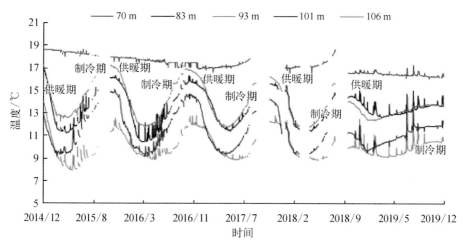

图 8-16　地下水地源热泵系统地温监测曲线

③ 换热区水温动态变化：受热泵系统供暖及制冷工况影响，水温呈周期性变化，变化幅度较大，一个运行周期结束，水温均能恢复到原始水温。

④ 地下水水质动态变化：水质监测结果表明地下水中化学组分未发生很大变化，系统的结垢和腐蚀性没有明显加剧。

⑤ 地下水水位动态变化：水位变化受水源井抽/灌的影响较大，冬季供暖期水位上升，季节过渡期水位变化较小；夏季制冷期水位下降，水位最大变幅约为 1.1 m，如图 8-17 所示，水源井的抽/灌地下水对区域地下水位的影响较小。

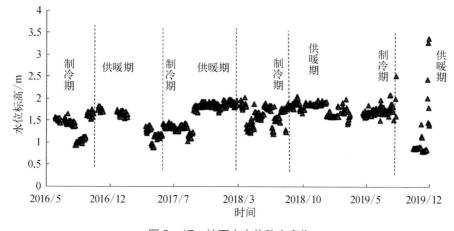

图 8-17　地下水水位动态变化

⑥ 分层标沉降动态变化：抽/灌期内各分层标均呈下沉趋势,冬季抽水时下沉量较大,夏季回灌水时相对较小,且不同深度的标下沉量存在差异,监测期末承压含水层顶板处沉降量最大。受地下水抽/灌的影响,含水层的变形呈季节性的压密和回弹,上覆隔水层与含水层的变形特征相反,最大累计变形量达 1.2 mm,如图 8-18 所示,地层总变形均小于区域变形量,热泵系统抽灌未对区域地面沉降产生附加效应。

图 8-18　分层累计变形量历时曲线

4. 监测成果应用及共享

1）监测成果应用

开展浅层地热能开发利用监测工作,监测成果对掌握浅层地热能开发利用的动态特征、环境影响情况以及开展浅层地热能开发利用关键技术问题研究发挥了巨大作用,具体表现在以下几个方面。

（1）掌握了浅层地热能开发利用项目系统的运行特点,为系统运行策略提供依据,根据监测结果,优化系统运行控制方案,充分发挥系统能效,提高系统的节能效果。通过对应用项目跟踪监测,掌握地质环境及系统运行效率动态变化,及时调整系统运行策略,保证了系统科学合理运行。例如,对上海市崇明农业示范工程进行跟踪监测,取得的该场地 2016 年及 2017 年地温监测数据显示,由于该工程地源热泵系统主要用于植物温室的温度调节,其冬季大于夏季负荷,未来 5 年该工程冷、热井之间出现明显的"热贯通"现象,进而影响热泵系统的运行效率。结合上述监测成果,为该工程系统运行提出了新的运行策略,改变了系统运行模式,目前场地地温逐渐恢复,提高了系统的运行效率。

（2）掌握了浅层地热能开发利用项目运行对地质环境的影响情况,为产业政策确定及地质环境的保护提供了技术支撑。目前依托获得的浅层地热能开发利用动态监测数据,基于上海市浅层地热能开发利用项目运行特点以及地质环境影响情况,正在编制的《上海市浅层地热能开发利用管理暂行规定》即将出台,为结合上海市实际,规范上海市浅层地热能资源开发利用,保护地质环境,落实《上海市城市总体规划(2017—2035 年)》都具有重要意义。

（3）监测成果为开展相关关键技术研究提供了基础数据,基于监测数据,开展了地埋管换热器关键设计参数(如管型、埋管间距、埋管深度)的优化研究、运行策略的优化研究、开发利用效应评价及运行预测研究、优化设计研究等,并研发了地温监测传感器、水位仪等新产品。提高了浅层地热应用工程的设计、施工质量,保证了浅层地热能的可持续开发利用。

2）监测成果共享

（1）季度及年度监测报告

对浅层地热能开发利用动态监测数据进行整理和分析,编制上海市浅层地热能开发利用季度监测报告及年度监测报告,报告的内容应包含三大部分,分别为:工作情况汇报、原始地温动态特征、应用工程地质环境动态特征及能效情况,并将季度监测报告及年度监测报告内容纳入地质年鉴及地质环境公报,供公众及政府部门参考及使用。

（2）监测成果信息化

上海市浅层地热能开发利用动态监测数据全部纳入"上海市地热能资源开发利用信息平台"及"上海地质资料信息共享平台",采用标准化数据处理,自动采集入库,根据监测进程动态实时更新监测数据信息,进行监测成果工作量统计,并将已完成的成果进行信息共享,为政府部门、行业用户以及公众用户提供信息,为地质环境保护和应用工程高效运行提供大数据支撑。

8.6　小结

近年来,我国的浅层地热能开发利用发展迅速,开发利用规模也越来越大,单批次应用规模最大达到了数百万平方米,为了确保浅层地热能安全可持续利用,应加强浅层地热能开发利用项目的运行监测。按照监测内容划分,监测系统可以分为气候环境监测、运行效果监测、运行能效监测以及地质环境影响监测。按照监测系统结构划分,监测系统可以分为数据测量系统、数据采集系统、数据传输系统和数据展示系统。本章详细论述了监测系统建设所需监测组件的技术特性与要求、监测系统的设计与安装、监测系统的运行维护内容和方法等,为监测系统的建设和运行维护提供了技术指导。

参考文献

[1] 郭艳春,郑佳,于湲,等.地埋管地源热泵监测系统设计与实施介绍[J].城市地质,2014, 9(S1):85-88.
[2] 寻艳芳.温度传感器[J].消费电子,2014(2):100.
[3] 田野,王岳,郭士欢,等.常见流量计的应用[J].当代化工,2011,40(12):1294-1296.
[4] 朱骏,陈海波,赵鹏.卫星移动通信系统发展及应用探究[J].无线互联科技,2019,16(2): 3-4+26.
[5] 梁秀璟.智能制造催生工控机产业新发展[J].自动化博览,2016(8):28.
[6] 曾涛.浅析触屏技术的应用[J].消费电子,2013(2):10.
[7] 董悦安.温度变化对地下水中微生物影响的研究[J].勘察科学技术,2008(2):15-18.

第 9 章
浅层地热能应用地温场
时空演化数值模拟研究

9.1 数值模拟理论发展历程

9.1.1 数值模拟理论基础

地源热泵系统的运行会在一定程度上改变换热区地温场,影响地下岩土体温度场,呈现周期性变化。若温度无法恢复至初始水平,则引起岩土体热失衡,进而影响热泵系统稳定、高效运行,且对地下生态系统产生消极影响。岩土体与地埋管的换热,即埋管管壁及其周围岩土体温度场分布是研究浅层地热能迁移转化的数学理论基础。

早期用于地埋管换热器的计算模型和方法大多建立在纯导热基础上,未考虑地下水渗流对系统换热的影响。近年来,越来越多的学者展开了地下水渗流影响下的地埋管换热及地温场变化研究。模拟软件如 FEFLOW、FLUENT、COMSOL、ANSYS 等均可对地埋管换热器的换热过程进行模拟。岩土体换热是热质耦合的复杂传热过程,早期用于地埋管换热器的计算模型和方法,着重关注换热器与岩土体间的传热,并且以导热为主,未考虑地下水渗流的作用对系统换热的影响,忽略了土壤热湿传递,仅考虑纯导热,是存在误差的。因此,与真实情况下运行的地埋管换热器的换热过程就有很大差异。当前研究多从地埋管换热角度展开模拟,以地质条件承载力即岩土体的可持续换热能力开展的研究较少,尚待深入研究。

9.1.2 数值模拟研究现状

1. 地埋管地源热泵系统

地埋管地源热泵换热器传热过程的完全数学描述,是地埋管换热器传热、地温场变化规律研究的基础。在进行地埋管换热器的设计时,为了模拟数十年内地下土壤的温度分布,须建立地埋管换热器的长期模型。

热力学第一定律及傅里叶定律结合可以得到导热方程。导热微分方程是用偏微分方程表达传热物理规律的数学物理方程,是导热过程温度场的普遍性描述,反映了导热过程的共性,是求解导热问题的出发点。

关于地埋管与岩土体的换热迄今还没有国际上普遍公认的模型和规范。目前已提出的地埋管换热器模型有 30 余种,所有模型均是针对岩土体温度场的变化规律来建立控制方程。基本理论模型有三种:线热源理论模型、圆柱热源理论模型、能量平衡理论模型。由于多孔介质中传热传质问题的复杂性,国际上现有的地埋管换热器传热模型大多采用纯导热模型,忽略了多孔介质中对流的影响。

1)线热源理论模型

Eskilson[1]利用移动线热源理论模型讨论地埋管换热器与周围换热达到稳态时地下水的影响。然而,地埋管换热器与周围换热达到稳态通常需要数年时间,测量岩土热物性参数时间一般为数小时,因此实际传热多为非稳态过程。考虑到目前 U 形管插入钻孔后,上升与下降管几乎无法保持绝对竖直和平行,因此间距无法确定。

(1)Hart 和 Couvillison 方法[2]

Hart 和 Couvillison 利用开尔文的线热源方程得到了在热源周围的温度分布。考虑到线热源排放的热量必须立即被周围的土壤吸收,因此提出了远端半径的概念,并给出了远端半径的近似计算式。

在计算周围土壤温度场的分布时,Hart 和 Couvillison 采用的方法是将埋管周围的温度场作为一个整体,总的传热热阻包括:

土壤热阻 $R_s = (T_\infty - T_0)/Q$

管壁热阻 $R = \dfrac{1}{2\pi\lambda_p}\ln\dfrac{r_o}{r_\infty}$

流体对流热阻 $R_c = \dfrac{1}{2\pi h_f r_i}$

式中,r_i 为管内径;r_o 为管外径;λ_p 为管壁导热系数;h_f 为管内流体对流放热系数。

(2)国际地源热泵协会方法

国际地源热泵协会(International Ground Source Heat Pump Association, IGSHPA)所用的设计、模拟竖直地埋管换热器的方法也是无限长线热源理论模型。Bose 提出了根据一年中的最冷月和最热月确定地埋管换热器长度的方法,然后可以使用温频法计算季节性能系数和系统能耗。

IGSHPA 方法单个垂直钻孔的土壤热阻见下式:

$$R_s(X) = \frac{I(X_{r0})}{2\pi\lambda_s} \qquad (9-1)$$

$$X_{r0} = \frac{r_0}{2\sqrt{\alpha_s t}} \qquad (9-2)$$

式中，$I(X_{r0})$ 为指数积分函数；r_0 为钻孔半径；α_s 为土壤的热扩散率；λ_s 为土壤的导热系数；t 为时间。

对于 U 形管，它的热阻为

$$R_p = \frac{1}{2\pi\lambda_p}\ln\frac{D_{eq}}{D_{eq} - (OD - ID)} \qquad (9-3)$$

式中，OD 为管子外径；ID 为管子内径；λ_p 为管子导热系数。

NWWA(National Water Well Association)模型方法是一种常用的地下换热器计算方法。该类型参考线热源模型，它是在 Kelvin 理论线性热源方程闭合分析解的基础上建立土壤的温度场，以离散化数值计算为依据，直接计算出换热器内平均流体温度，并采用叠加法模拟间歇运行的情况。

NWWA 方法对单根埋管土壤热阻及其周围温度场可进行分层计算，之后得到埋管与埋管之间的影响因素，得到管内流体平均温度。由线源理论，得到地埋管周围岩土的温度场情况：

$$T_r - T_\infty = \frac{q}{4\pi\lambda_s}\int_{\frac{r^2}{4\alpha_s t}}^\infty \frac{e^{-x}}{x}dx \qquad (9-4)$$

式中，T_r 为距管中心半径为 r 处的温度，℃；T_∞ 为初始时土壤温度，℃；t 为 t 时刻的岩土体温度，℃；α_s 为土壤热扩散率，m^3/s；λ_s 为土壤导热系数，$W/(m \cdot ℃)$。

2）圆柱热源理论模型

Carslaw 和 Jaeger 提出了一种改进的线热源理论——圆柱热源理论，这一理论模型包括定壁温和定热流两种模型。其中，常热流圆柱热源理论将线热源推广到具有一个恒定半径的圆柱热源，得到的分析解具有清晰的物理意义，比线热源具有更高的模拟精度，因而得到了更为广泛的应用。Ingersoll 等人给出了恒定热流情况下的圆柱源分析解。Kavanaugh[3] 利用圆柱热源模型给出了埋管周围温度场的分布或热流量的理论求解方程。他提出将圆柱热源看成是一个半无限大、常物性固体包围的绝热管，假定管子与周围土壤紧密接触,而且传热过程只有导热存在,土壤中地下水的流动和钻孔之间的热影响可忽略不计。

对于常热流的柱热源的解析解可以表达为

$$T - T_0 = \frac{q}{\lambda} G(z, p) \tag{9-5}$$

$$G(z, p) = \frac{1}{\pi^2} \int_0^\infty \frac{e^{-\beta^2 z} - 1}{J_1^2(\beta) + Y_1^2(\beta)} \left[J_0(p\beta) Y_1(\beta) - J_1(\beta) Y_0'(p\beta) \right] \frac{1}{\beta^2} d\beta \tag{9-6}$$

式中, $z = \frac{a\tau}{r^2}$ 、 $p = \frac{r}{r_0}$ 、 r_0 为 U 形管外径, $G(z, p)$ 只是一个时间与距离的函数表达式。

自管内流体至管外壁的当量传热系数为

$$h_{eq} = \left[\frac{r_0}{r_i h_i} + \frac{r_0}{\lambda_p} \ln\left(\frac{r_0}{r_i} \right) \right]^{-1} \tag{9-7}$$

式中, r_i 为管内径; h_i 为管内流体对流放热系数。

Ingersoll 等人给出了恒定热流情况下的圆柱热源分析解:

$$\Delta t_g = t_w - t_g = \frac{Q}{L} \frac{G(Fo, p)}{k_s} \tag{9-8}$$

式中, Δt_g 为无限远边界岩土体温度与埋管井壁温度之差,℃; t_w 为无限远边界土壤温度,℃; t_g 为埋管井壁温度,℃; Q 为埋管换热器换热量,W; L 为地埋管深度,m; $G(Fo, p)$ 为理论解的 G 函数; Fo 为 Fourier 数; p 为地下岩土计算点至埋管中心距离与埋管半径的比值; k_s 为岩土平均导热系数,W/(m·℃)。

3)能量平衡理论模型

(1)Eskilson 模型[4]

1987 年,瑞典的两位研究者 Eskilson 和 Hellstrom 提出了一种基于叠加原理的新思路,也称作 g 函数方法。他们利用解析法和数值法混合求解的手段,较为精确地描述了单个钻孔在恒定热流加热条件下的温度响应,再利用叠加原理得到多个钻孔组成的地埋管换热器在变化负荷作用下的实际温度响应。这种方法采用的简化假定最少,考虑了地埋管换热器的复杂几何配置和负荷随时间的变化,同时可以避免冗长的数值计算。

　　Sutton 建立了瞬态解析解模型,研究热传导及热对流两种换热方式的水热耦合换热过程,Molina G.N.[5]等在此基础上利用量纲为 1 的 Peclet 数来判断渗流流动对换热过程影响的相对强弱。

　　(2) Rottmayer Beckman 和 Mitchell 模型

　　Rottmayer Beckman 和 Mitchell 模型采用显式有限差分方法建立了 U 形地埋管换热器的数值模型,用极坐标下的二维有限差分公式计算每 10 英尺①深的钻孔垂直断面的潜热交换量。垂直方向的导热可以忽略,但模型的每一个断面与 U 形管长方向和边界条件有关。采用这个方法可以建立一个准三维模型,这个模型考虑了沿深度方向的流体温度变化。一个圆内的 U 形管尺寸可以近似为扇形,即把非圆环状的管子周长与实际的圆环状的管子周长相匹配。与解析解模型比较,结果证明这个准三维模型的预测结果只有 5% 的偏差,而且,这也是由尺寸的简化造成的。

　　(3) 水热耦合数学模型

　　实际的地埋管换热器大部分位于饱水带以下,地下水的渗流运动按其方向分为三种情况,即垂直向下、垂直向上以及水平的流动,其流动的动力是重力和水压力。决定地下水流速的主要因素是渗透系数(如粒度、成分、颗粒排列及发育程度等)的大小及土壤水分的性质(如密度、黏滞度等)。

　　一般情况下,地下水的渗流速度非常缓慢,从小于 0.125 cm/h 到大于 0.25 cm/h,雷诺数从小于 1 到 10,是黏滞力占优势的层流运动服从于达西定律,即:

$$V = \frac{Q}{A} = KJ \tag{9-9}$$

式中,Q 为渗透流量;A 为过水断面积;K 为渗透系数;J 为水力坡度。

　　饱水带以下的土壤是饱和的多孔介质,通过饱和土壤的热传递有三种形式:通过土壤固体骨架的热传导、通过水分的热传导、通过水的渗流传热,其中地下水的渗流运动对换热效果影响最为明显。由于 U 形竖直地埋管换热器几何形状以及管内流体和土壤耦合传热的复杂性,对其建立能精确模拟所有实际情况的模型并求解,以现有的计算技术来说几乎是不可能的,也是不必要的,因此所有的数值模拟都要做一定的简化。

----

　　①　1 英尺 = 0.304 8 米。

2. 地下水地源热泵系统

建立地下水地源热泵系统数值模拟模型进行地下水温度场变化模拟,获得含水层水文地质条件、地下水动力条件、含水层结构、成井工艺,明确不同工况下地温场变化特征,为提高地下水地源热泵系统开发利用效率、可持续性和保护地下水环境奠定了基础。

(1)国外研究现状

Beretta G.P.等人基于地下含水层溶质与热量运移相似性原理,利用水热耦合数值模型模拟了水源热泵各工况下含水层水热运移规律,并优化了抽、灌井群布局和确立了含水层最大涌水量,以期保护水源热泵地下水环境和提高浅层地热能开发利用率。Russo S.L.和 Gnavi L.基于地下水地源热泵系统单位时间(小时、天、月、季)的抽水量和实测水温数据,利用 FEFLOW 模拟四种情景含水层温度场的分布特征和影响范围,通过水温模拟与实测数据对比可知,抽水量和回灌水温以小时、天、月为单位来计算能获得温度场影响范围精确值,而以季为单位则不可靠。Russo S.L.利用地下水流数值模拟方法分析了水力学、热力学参数对含水层温度场特征的影响,并对各种参数的敏感度进行了排序。结果表明渗透系数、水力坡度对地下水地源热泵系统含水层热影响范围较大,其主要通过改变热对流方式来影响含水层温度场。Gringarten A.C.和 Sauty J.P.研究了均匀流条件下含水层热量运移特征,在简化边界条件、合理概化介质参数的基础上建立了对井抽灌系统的热传递模型,并对不同工况条件下热贯通现象进行了分析,为地下水地源热泵(对井抽灌)井群优化设计提供了重要的依据。

(2)国内研究现状

杨武成等人利用 Visual MODFLOW 中 SEAWAT 模块建立含水层水热耦合数值模型,并确定了地下水地源热泵不同抽回灌条件下的合理井距。王成等人利用 TOUGH2 建立 BORDEN 储能的水热耦合模型,验证了 TOUGH2 在水热耦合应用领域的准确性,同时分析了水文地质参数、抽回灌井布局、初始流场等要素对含水层温度场变化特征的影响;何国峰、张云等人整理和分析天津市滨海新区周期性抽水、回灌资料,认为间歇式周期性抽灌地下水在一定程度上可减小地源热泵建设场地的地面沉降量;骆祖江等人以河北省水文工程地质勘查院正定基地地下水地源热泵系统示范工程为例,利用地下水热耦合运移模型预测了不同方案的含水层热量变化趋势,并提出增大抽回灌水温差可以缓解热贯通现象;靳孟贵通过 HST3D 软件模拟和预测郑东新区地下水地源热泵对含水层温度的影响,优化了水源热泵抽回灌井布局,结果表明多孔介质比热容、渗透率分别对含水层温度、地下水位产生显著的影响,地下水地源热泵系统("一抽三灌")最佳布井方式为回灌井位于抽水井下游,同时回灌井连线垂直于地下水天然流向。

水源热泵系统水源不仅采自地下水,亦有海水源、江水源和污水源,甚至是湖水源热泵系统等多种水热热源形式的热泵空调系统工程出现。杨淑波等人采用流体力学模拟软件,开展了海水源热泵尾排水温度数值模拟。赵馥琳基于 TRNSYS 软件对毛细管前端换热的海水源热泵系统运行特性进行了仿真和试验研究。任亚鹏采用 CFD 软件对污水源热泵系统新型螺旋换热管进行了仿真计算,对比了三种换热器的换热效果和抑垢机理,优选了换热效果最优的换热器。

9.2 地温场演化数值模拟实例研究及应用意义

9.2.1 地温场演化数值模拟实例研究(上海)

本节以上海市已建的上海鲜花港地下水地源热泵示范工程为例,建立研究区热渗耦合数值模型,对系统实际运行条件下未来十年含水层温度场演变进行预测分析。

1. 工程概况

上海鲜花港地下水地源热泵系统工程项目位于上海鲜花港企业发展有限公司内,鲜花港北至三三公路、西至桃园路、东至滨果公路。该项目于 2016 年 4 月开始试运行,主要利用浅层地热能,采用"冬灌夏用"和"夏灌冬用"配对使用的长季节地下含水层储能技术(ATES),提高温室作物的产量和抗逆性,从而降低单位产量的能耗。

本项目温室设计热负荷为 120 W/m^2,按温室建筑面积 20 000 m^2 计算,则热负荷为 2 400 kW。地源热泵系统设计水源量为 120 m^3/h,全年地下水的总需水量约为 399 600 m^3。

(1)水文地质条件

该工程范围内的水文地质条件与区域相似,以孔隙水为主要类型的地下水资源主要赋存第四系松散岩层中。按照地质时代、水动力条件和成因类型的不同,自上而下可划分为：全新统的潜水含水层——微承压含水层、上中更新统的第一、第二、第三含水层和下更新统的第四、第五含水层。本工程水源井目标含水层为第二承压含水层中 92.0~99.5 m 与第三承压含水层中 110.7~121.0 m 两中粗砂层。

（2）水源及监测井设置

场地共 8 口水源井，4 口"冬灌夏用"井和 4 口"夏灌冬用"井，采用 4 抽 4 灌的布置形式；布置地下水兼地温监测井 5 口，水源井及地质环境监测设施布置平面图如图 9－1 所示。

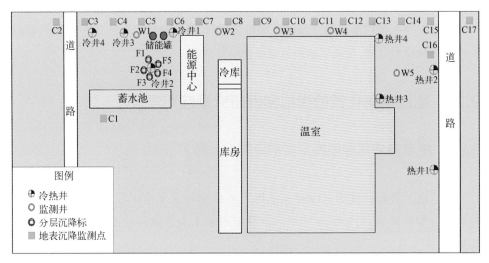

图 9－1　水源井及地质环境监测设施布置平面图

温度监测目标含水层位于 90~125 m 处，在含水层以及上、下隔水层中分别布置 5 个监测点，一个监测孔中设置 5 个传感器，埋深在 90 m、95 m、105 m、115 m、125 m 处，5 个监测孔共设置 25 个传感器（图 9－2）。

（3）运行周期

根据鲜花港地下水地源热泵工程 2016—2017 年度的实际监测数据，历史拟合时间为 2016 年 3 月 1 日—2017 年 9 月 30 日。模拟预测应根据监测场 2016 年 5 月—2017 年 4 月整个运行周期的实际运行情况进行长期预测分析，本次模拟预测总时间为 10 年。

（4）系统运行参数

鲜花港地下水地源热泵系统工程 2016—2017 年度实际监测数据（2016 年 3 月 1

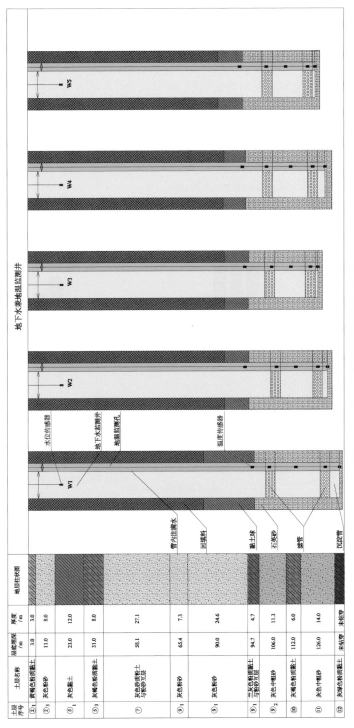

图 9-2　地下水兼地温监测井结构图

日—2017 年 9 月 30 日),包括抽灌水流量及水温。模拟预测根据 2016—2017 年地下水地源热泵工程的实际监测的数据进行设定,2016 年夏季制冷从 5 月 1 日到 10 月 31 日累计 184 天;2016 年冬季供暖从 11 月 1 日—次年 4 月 30 日累计 180 天。

该工程冬季工况热水井开采时段为 2016 年 3—4 月,开采总量为 31 476 m³,2016 年 11 月—2017 年 4 月开采总量为 56 051.7 m³;夏季工况冷水井开采时段为 2016 年 5—10 月,开采总量为 197 716.8 m³,2017 年 5—9 月开采总量为 105 721.8 m³,总开采量为 390 966.3 m³,对井之间实现 100% 回灌,各月开采量分布如图 9－3 所示,各井注水/出水温度随时间变化情况如图 9－4 所示。

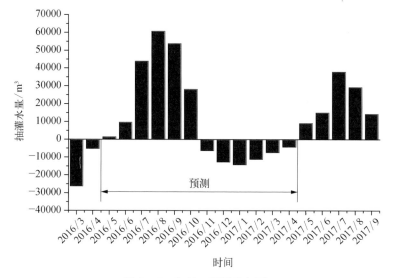

图 9－3　各月开采量分布图

2. 预测模型构建

1）数学模型

鉴于地下水地源热泵系统的运行特征,地下水地源热泵采能问题中主要包括地下水流及热传递过程[6]。

（1）地下水流模型

$$\varepsilon s \frac{\partial \rho^{l}}{\partial t} + \rho^{l} s \left(\frac{1}{1-\varepsilon} \right) \frac{\partial \varepsilon}{\partial t} + \rho^{l} \varepsilon \frac{\partial s}{\partial t} + \nabla \cdot (\rho^{l} q) = Q \qquad (9-10)$$

式中,ε 为孔隙率,%;s 为饱和度;ρ 为密度,kg/m³,上标 l 代表流体;t 为时间,d;q 为

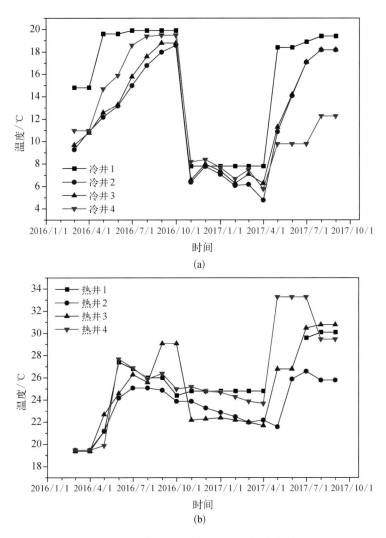

图 9-4　各井注水/出水温度随时间变化情况

（a）冷井；（b）热井

地下水渗流速度，m/s；Q 为源汇项。

多孔介质中地下水流运动遵循达西定律，控制方程为

$$q = -\frac{k_r k}{\mu} \cdot (\nabla p - \rho^1 g) \tag{9-11}$$

式中，k_r 为相对渗透率；k 为渗透率，m^2；μ 为动力黏滞系数，$Pa \cdot s$；p 为压力，Pa；g 为

重力加速度,m/s^2。

（2）地下水热量运移模型

$$\left[\varepsilon s\rho^1 c^1 + (1-\varepsilon)\rho^s c^s\right]\frac{\partial T}{\partial t} + \rho^1 c^1 q \cdot \nabla T + \nabla \cdot j_e = H_e \qquad (9-12)$$

式中,c 为比热容,$J/(m^3 \cdot K)$,上标 s 代表多孔介质；T 为温度,$℃$；H_e 为热源汇项,$H_e = Qc^1(T - T_0)$；j_e 由分子扩散和机械弥散组成,计算公式如下:

$$j_e = -\Lambda \cdot \nabla T \qquad (9-13)$$

式中,

$$\left.\begin{aligned}\Lambda &= \left[\varepsilon s\lambda^1 + (1-\varepsilon)\lambda^s\right]I + \rho^1 c^1 D_m \\ D_m &= \beta_T \parallel q \parallel I + (\beta_L - \beta_T)\frac{q \otimes q}{\parallel q \parallel}\end{aligned}\right\} \qquad (9-14)$$

式中,λ 为导热系数,$W/(m \cdot ℃)$；D_m 为机械弥散张量,m^2/d；β_T 为横向弥散度,m；β_L 为纵向弥散度,m。

2）地层概化及空间离散

考虑到本温室高效节能升级改造工程建设项目水资源论证所在地的各承压含水层的空间分布特征、采灌井取水水源的来源及其补给区域,采灌地下水后可能对区域地下水位与地面沉降产生的影响范围,以及退水后的可能影响范围,确定模型范围为本建设项目工程四周各 2.5 km 距离范围,共 25 km^2,垂向上从地表开始至地下 130 m。网格总数为 92 787 个,节点数为 51 051 个,模型三维剖分示意图见图 9-5。

3）初始及边界条件

（1）初始条件

地层参数:模拟计算需要的渗透系数参数是根据实际抽水试验和回灌试验确定的。孔隙率、比热容、热导率等参数主要是根据区内试验资料确定的。

水位:分析区域范围内第二含水层水位标高基本呈现东南高、西北低的形态,2016 年 2 月底建设项目所在地的地下水位标高基本维持在 -0.2~-0.1 m,地下水流向为由东南向西北,如图 9-6 所示。

（2）边界条件

四周边界:由于地源热泵系统运行的影响范围有限,故可将模拟计算区域视为地

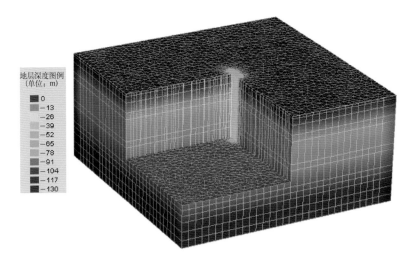

图 9-5　模型三维剖分示意图

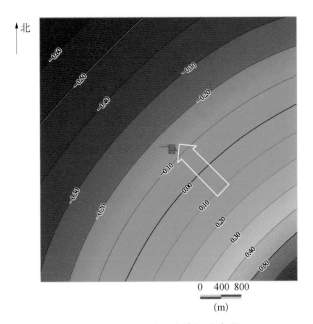

图 9-6　初始地下水流场分布图

层无限分布、地温场恒定的地质体,因此,将模拟区域四周设为恒温边界。根据场地地下水流场分布,模型四周设为定水头边界。

　　顶底边界:实际的地埋管换热区上边界靠近地面,会受到地表环境温度的影响,但考虑地表温度影响有限,因而不考虑上边界环境温度和大地热流的影响,将上、下边界视为隔热边界。

由于模型底层为渗透性差的黏性土层,几乎无下覆地层的越流补给,同时忽略地表降水的入渗补给,因此模型顶底为无渗流边界。

4) 参数识别与模型验证

利用上海鲜花港示范工程 2016 年 3 月至 2017 年 9 月之间的运行数据对模型的水位及地温进行验证,区域各含水层地质参数见表 9-1。根据工程的实际运行情况进行数值计算,将模拟计算得到的水位及地温结果与实际监测结果进行对比,由图 9-7 和图 9-8 可知,模型计算结果与实际监测水位、地温变化趋势基本一致(蓝色方点代表实测值,红色实线代表模拟值),平均误差不超过 10%,说明该模型具有一定的可靠性。

表 9-1 区域各含水层地质参数信息表

地层	深度/m	厚度/m	土壤名称	土壤描述	渗透系数/(m/d)	孔隙率	体积比热容/[MJ/(m³·K)]	导热系数/[W/(m·℃)]	原始地温/℃
潜水含水层	3.0	3.0	粉砂	深灰色粉砂	0.864	0.375	1.566	1.761	17.20
	11.0	8.0	粉砂	浅灰色粉砂	0.864	0.375	1.566	1.761	17.60
	23.0	12.0	黏土	灰黑色黏土	0.000 864	0.548	2.114	1.245	18.60
	31.0	8.0	粉砂	灰褐色粉砂	0.864	0.375	1.566	1.761	18.98
第一含水层	58.1	27.1	粉细砂	上层为黄色粉土,中间为褐色粉土和粉质黏土互层,下层为褐色细砂	2.592	0.401	1.783	1.928	19.00
第二含水层	65.4	7.3	粉砂	灰色细砂、夹有大量黏土	0.864	0.375	1.566	1.761	19.50
	85.2	19.8	粉砂	灰色粉质黏土,底部是约 2 米厚的细砂	0.864	0.375	1.566	1.761	20.10
	92.0	6.8	粉质黏土和粉细砂	蓝灰色粉质黏土和灰色细砂互层	0.086 4	0.419	1.566	1.761	20.30
	99.5	7.5	中-粗砂	灰色中-粗砂	41.0	0.300	0.958	2.129	20.40

续表

地层	深度/m	厚度/m	土壤名称	土壤描述	渗透系数/(m/d)	孔隙率	体积比热容/[MJ/(m³·K)]	导热系数/[W/(m·℃)]	原始地温/℃
第三含水层	110.7	11.2	粉质黏土	浅灰褐色-灰绿色粉质黏土	0.008 64	0.432	2.334	1.519	20.70
	121.0	10.3	中-粗砂	浅灰色粉质黏土和粉砂互层	41.0	0.300	0.958	2.129	21.10
	130.0	9.0	粉质黏土	浅灰褐色-灰绿色粉质黏土	0.008 64	0.432	2.651	1.526	21.12

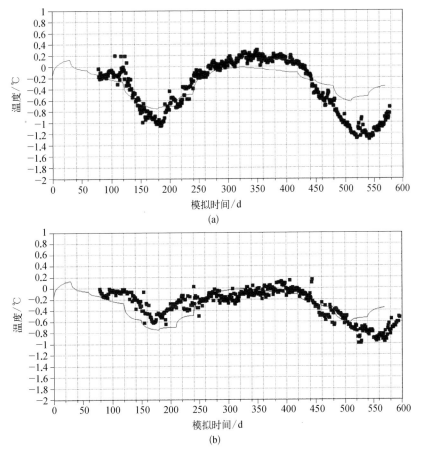

图 9-7　地下水位动态拟合图

(a) W1 监测孔;(b) W2 监测孔

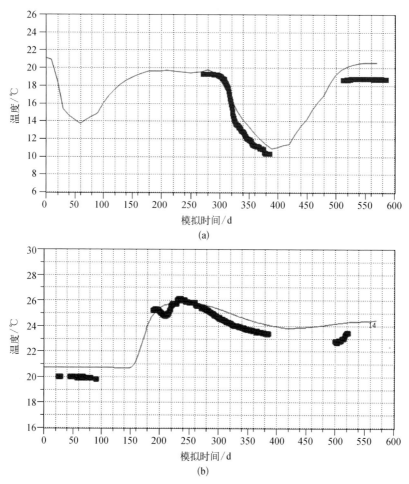

图 9-8   120 m 深度地温拟合图

（a）W1 地温监测孔；（b）W4 地温监测孔

3. 地温变化预测分析

由地下第二含水层 92 m 深各监测孔地温随时间变化模拟结果（图 9-9）可知，地下水地源热泵系统的抽灌循环导致附近地下温度场发生循环性波动变化，由于监测孔 J1 位于冷井 2 和冷井 3 之间，冬季受到冷井冷水回灌的影响，该监测点处地温呈现逐年下降至后期趋于稳定的动态变化特征，系统运行 10 个循环周期后地温由原来的 20.3℃下降至 16.7℃，下降幅度为 3.6℃。

监测孔 J2 和 J3 位于冷井 1 和热井 4 之间，而且冷井 1 的实际抽灌量较少，两个监测孔的地温变化随着时间延长逐渐受到热井 4 热水注入的影响，监测孔的地温逐

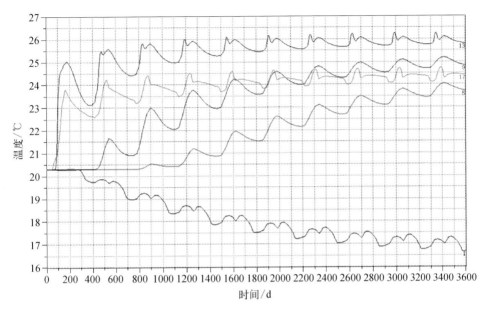

图 9-9　各监测点地温随时间变化（92 m 深）

年升高,系统运行 10 个循环周期后 J2 和 J3 的升高幅度分别为 3.3℃和 4.5℃,由于 J2 距离热井 4 较 J3 远,因此地温升高幅度较 J3 小。

　　监测孔 J4 和 J5 分别位于热井 4 和热井 2 附近,受热井夏季热水注入、冬季热水抽取的影响,两个监测孔地温呈现季节性波动变化,由于热井 4 比热井 3 的抽灌水量及水温大,导致监测孔 J4 的地温变化幅度较大,系统运行 10 个循环周期后 J4 和 J5 处地温分别升高了 5.4℃和 4.2℃。

　　由此可见,地下水地源热泵的运行过程中受冷井和热井抽灌循环的影响,抽灌区地温随时间呈现季节性循环波动的变化特征,热井附近地温高于原始地温,冷井附近地温低于原始地温,两个最近的冷热源井之间地温逐年升高,说明系统夏季实际制冷量大于冬季取暖量,长期运行会导致热贯通现象的发生。

　　由地温平面分布图 9-10 可知,系统 2016 年 5—10 月(180 d)运行期间,由于夏季热井热水不断注入导致热井周期地温升高且热量不断向四周蔓延,180 d 后热井中心温度可达 26℃以上,热扩散范围可达 50 m 半径(以热井中心为圆心)。随着冬季冷水的回灌导致冷水井周围地温下降且冷量向四周不断扩散,冷井中心温度降至 4.8℃,一个循环周期后冷量扩散范围可达 40 m 半径。此时由于不断抽取热水井中的热量导致热井周围地温降低,热扩散晕不断缩小。

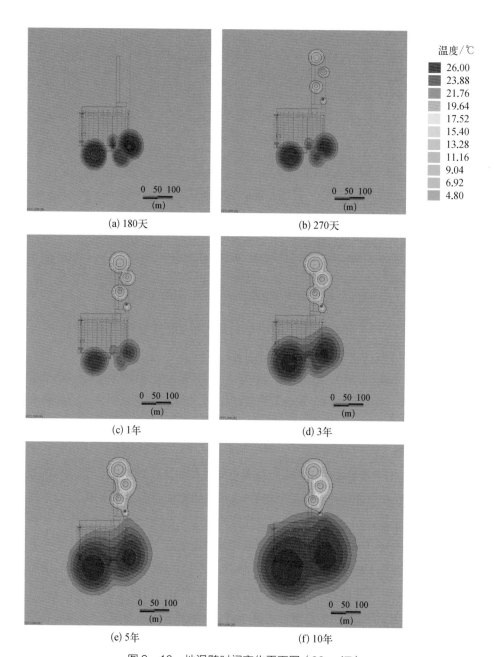

温度/℃
26.00
23.88
21.76
19.64
17.52
15.40
13.28
11.16
9.04
6.92
4.80

(a) 180天

(b) 270天

(c) 1年

(d) 3年

(e) 5年

(f) 10年

图9-10　地温随时间变化平面图（92 m深）

　　随着系统运行时间的延长,冷井和热井周围热量影响半径均逐渐增大,由于夏季热水注水量比冬季冷水注热量大,因此热井周围热扩散半径较大。3 个、5 个、10 个循环运行周期末热井周围的热影响半径分别为 90 m、100 m、138 m,冷井周围的热影响半径分别为 38 m、40 m、45 m。

　　另外,从图 9 - 10 中可以看出系统循环运行 5 年后,地温场出现热贯通现象,冷井 1 周围温度场开始受到热井周围热量的影响,长期运行冷井 1 将无法使用。

　　由 A—A′ 地温分布剖面图 9 - 11 可知,热井和冷井周围的热扩散晕随着运行时间

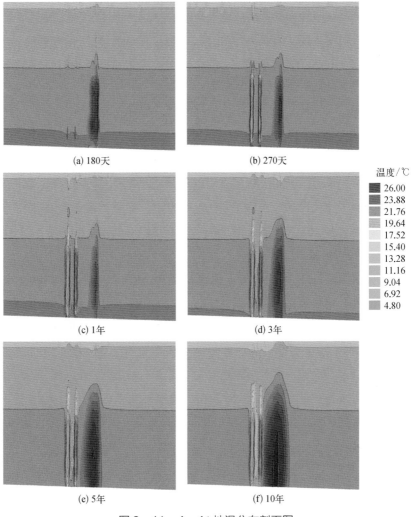

(a) 180天

(b) 270天

(c) 1年

(d) 3年

温度/℃

■ 26.00
■ 23.88
■ 21.76
■ 19.64
　 17.52
　 15.40
　 13.28
　 11.16
■ 9.04
■ 6.92
■ 4.80

(e) 5年

(f) 10年

图 9 - 11　A—A′ 地温分布剖面图

的延长向四周蔓延的同时也向上覆土层和下覆土层蔓延,10 年运行期末热扩散晕向上覆土层扩散了约 20 m。由此可见,地下水地源热泵运行过程中既要避免热贯通现象的发生,也要考虑垂直方向上对上覆地层或下覆地层的影响。

9.2.2　地温场演化数值模拟实例研究(北京)

北京市以通州区张家湾沉降观测基地地埋管地源热泵工程为研究实例,基地位于北京市通州区张家湾镇南部。地处凉水河北侧,永定河、潮白河冲积洪积平原,地势平坦。通过开展竖直地埋管换热区地下排热试验,系统开启夏季工况运行,当地下温度下降或上升幅度达到试验需求,停止取、排热过程,进行地下温度恢复。通过抽水试验,改变试验区域地下水径流条件,结合地层换热和地下温度监测,研究地下径流条件对换热效果和地下温度恢复的影响。

1. 工程条件

1) 水文地质条件

试验场地属于永定河冲洪积扇孔隙水系统,属于冲洪积扇的中下部,含水层以砂层为主,埋深 5~10 m,层多而薄,多达 10 层以上,单层厚度大多小于 10 m,累计厚度大于 50 m。含水层岩性以细砂、中细砂、中砂等为主。张家湾基地地区地下水位埋深 5 m 左右。地下水径流条件较差,水力坡度为 0.1‰~0.2‰。

2) 地埋管设置形式

地埋管换热区域布设了 9 眼 120 m 深双 U 型 PE 地埋管换热器,除其中一眼勘查孔(换热 5 孔)在孔内换热器底部沿垂直深度 120.5 m、121 m、126 m、130 m 布设了温度传感器外,其余孔均在地埋管外侧沿深度 3 m、10 m、25 m、40 m、60 m、80 m、100 m、120 m 绑定了温度传感器。在埋管区域内布设有一眼 120 m 深的地温监测孔(观 3 孔)。在换热区域内另有三眼地温观测孔位于四个换热孔中间,孔深 60 m,在换热区域外沿着东北—西南方向为 120 m 深的地温观测孔(观 7 孔),在换热区域西北侧距离换热 1 孔 6.5 m 处布设有一眼 150 m 深的地温观测孔(观 9 孔),如图 9-12 和图 9-13 所示。

3) 运行周期

模拟实验共运行 15 天(9 月 8—22 日),前 7 天启动地源热泵系统,U 形管开始换热,后 8 天关闭地源热泵系统,打开两个抽水井进行抽水试验。

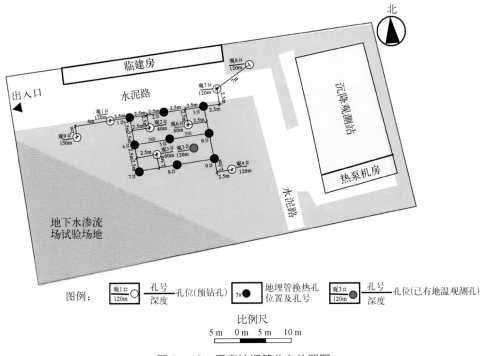

图 9－12　垂直地埋管分布位置图

2. 预测模型构建

1）数学模型

热能传递过程分为稳态和非稳态,温度场内任一点的温度不随时间变化而变化为稳态温度场,物体中各点的温度是时间的函数的热传递,是非稳态热传递,即某一时刻的温度场,用数学描述为温度对时间的函数。本次模拟采用非稳态温度场。热传递分为热对流、热辐射和热传导。本次模拟只涉及热传导和热对流,模拟地埋管与不同地层进行地下换热的过程,采用 COMSOL 软件中的非等温管道流和多孔介质传热这两个物理场进行模拟,COMSOL 软件中非等温管道流模型流动方程如下:

$$
\left.
\begin{aligned}
\rho\,\frac{\partial u}{\partial t} &= -\,\nabla_t p - \frac{1}{2} f_D\,\frac{\rho}{d_h}\,|\,u\,|\,u + F \\[2mm]
\frac{\partial A\rho}{\partial t} &+ \nabla_t(A\rho u) = 0
\end{aligned}
\right\}
\qquad (9-15)
$$

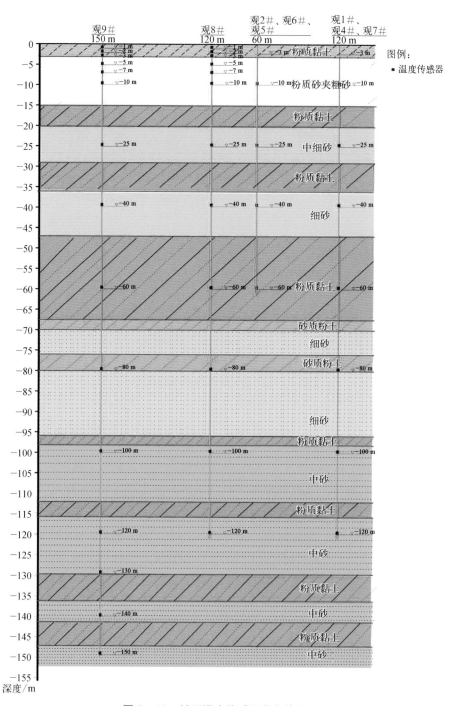

图9-13 地下温度传感器分布位置图

式中,A 为管道横截面积;u 为管道里沿管道曲线切线方向的流体流速;F 为体积力(如重力);f_D 为达西摩擦因子;ρ 为流体密度;d_h 为水力直径。

COMSOL 多孔介质传热模型依据流体扩散方程和热力学性质描述,公式如下:

$$(\rho C_p)_{\text{eff}} \frac{\partial T}{\partial t} + \rho C_p u \cdot \nabla T + \nabla q = Q$$

$$q = - k_{\text{eff}} \nabla T \tag{9-16}$$

式中,ρ 为流体密度;C_p 为流体恒压热容;q 为热通量;u 为流体流速;k_{eff} 为有效热导率;Q 为热源。

地下水渗流促成了岩体内热能以对流的方式发生转移,当地埋管与地层换热时,含水层实质上是复杂的渗流场、温度场的动力耦合,处于一种复杂的动态变化过程之中。

2) 地层概化及空间离散

模型基于钻孔资料包含 5 层具有不同热性能和水力属性的地质层,相关含水层已完全饱和,顶部和底部均为弱透水层,中间有一层弱透水层(隔水层)。地层分布及参数设置见表 9 - 2,含水层孔隙率均为 0.39,水力传导度为 2.94×10^{-4} m/d。其他层:0~5 m 时孔隙比为 0.62,48~89 m 时孔隙比为 0.58,127~150 m 时孔隙比为 0.66,换算成孔隙率见表 9 - 2。

表9-2　地层分布及参数设置

地层深度/m	岩　性	导热系数/[W/(m·℃)]	密度/(kg/m³)	孔隙率	比热容/[J/(kg·K)]
0~5	粉质黏土	1.438	1 944	0.38	574
5~48	细砂	1.696	1 920	0.39	864
48~89	粉质黏土	1.574	1 911	0.36	987
89~127	中砂	1.913	1 890	0.39	725
127~150	粉质黏土	1.493	1 912	0.39	1 682

为了提高模型的计算精度和计算速度,在模拟区域进行初始化网格,经过初始化网格划分模拟区域的模型如图 9 - 14 所示,为了精确计算,对 U 形管进行单独划分,在网格一栏选择边,选中所有 U 形管,网格最大单元尺寸为 0.3 m,剩余实体采用较细化的自由四面体网格划分,共 996 836 个域单元。

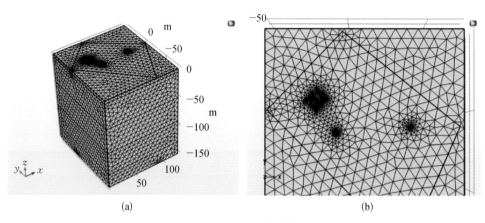

（a）   （b）

图 9-14　网格划分
（a）x-y-z三轴立体视图；（b）x-y轴平面视图

3）初始及边界条件

U 形地埋管参数、初始条件、边界条件的设置：换热孔区域并排设置有 9 组 U 形换热管，管径为 3.2 cm，壁厚 0.3 cm，间距为 5 m，筒壁导热系数 $k = 0.41$ W/(m·℃)。管中循环液为水，入口温度为 22.8℃，入口流速取实际流量 1.4 m³/h，入口流速设为分段函数，前 7 天流量为 1.4 m³/h，后 8 天流量为 0 m³/h。管内壁温度与循环液体温度相同，管外壁温度与地层温度相同。

地层温度分布通常是一个不确定性因素，地层初始温度采用取换热孔 H5 处 9 月 8 日的各层温度值作为初始地温场分布函数代入模型，初始地温随深度变化的函数如图9-15所示。

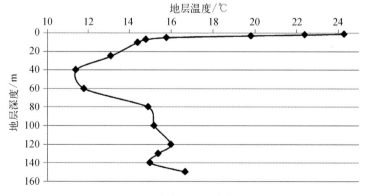

图 9-15　初始地温随深度变化的函数

4）参数识别与模型验证

模型模拟时间是 15 天,前 7 天启动地源热泵系统,地埋管开始换热,之后关闭地源热泵系统,打开两个抽水井进行抽水试验,抽水运行 8 天,实验共运行 15 天。

地源热泵系统运行第 6 天时(第 0 天到第 6 天)地下 5 m、48 m、89 m 地埋管附近温度和地下温度场如图 9-16 所示,地层温度较原始地温场略有提高,总体上看越靠近地埋管附近,温度越高,温度场以地埋管为中心,呈环形递减分布。

随着地源热泵的开启,换热孔周边的温度逐渐上升,在地下 5 m 深的换热孔周边 0.5 m 处温度比原始地温升高 1.928℃,周边 1 m 处比原始地温升高 1.1℃。在地下 48 m 深的换热孔周边 0.5 m 处温度比原始地温升高 2.386℃,周边 1 m 处比原始地温升高 1.042℃。地下 89 m 深的换热孔周边 0.5 m 处温度比原始地温升高 2.189℃,周

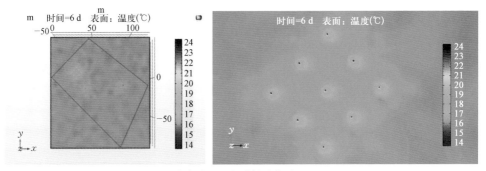

(a₁) 地下5 m温度场分布图

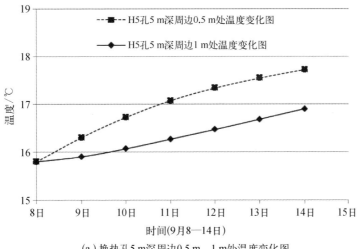

(a₂) 换热孔5 m深周边0.5 m、1 m处温度变化图

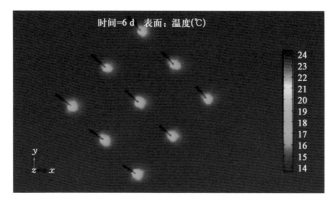

(b₁) 地下48 m温度场分布图

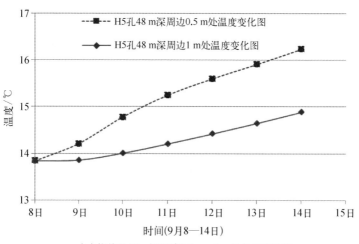

(b₂) 换热孔48 m深周边0.5 m、1 m处温度变化图

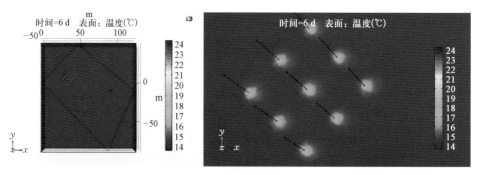

(c₁) 地下89 m温度场分布图

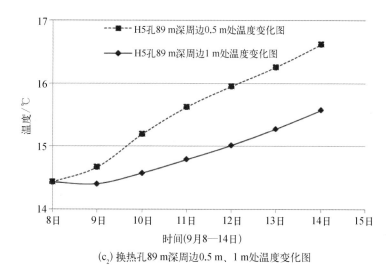

（c₂）换热孔 89 m 深周边 0.5 m、1 m 处温度变化图

图 9 - 16　自然条件下地源热泵系统
运行 0～6 天地温分布图

边 1 m 处比原始地温升高 1.14℃。地源热泵系统关闭,抽水井运行 8 天,地下 5 m、48 m、89 m 的 U 形换热管附近温度和地下温度场恢复如图 9 - 17 所示。

　　距离地埋管换热孔较近的为 7 号抽水井,深 30 m,抽水量为 10 m³/h,较远处为 6 号抽水井,深 120 m,抽水量为 24 m³/h,在开启两个抽水井后地下水的渗流速度增大,由于受到原有地下流场方向的影响,7 号抽水井的抽水量较小,距离 7 号抽水井最近的换热孔 7#、8#周围的温度场轻度偏向抽水井方向,其余温度场向地下水流动的下游扩散,扩散方向几乎与地下水径流方向一致。渗流速度越大,热量传播速度就越快,温度场的热影响半径范围就越广。

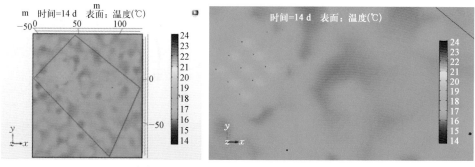

（a₁）抽水井运行后期地下 5 m 温度场分布图

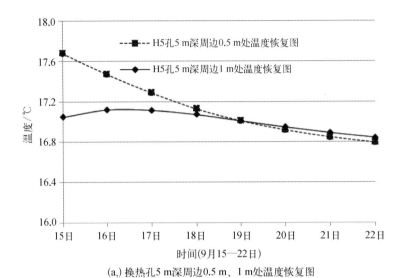

(a₂) 换热孔5 m深周边0.5 m、1 m处温度恢复图

(b₁) 抽水井运行后期地下48 m温度场分布图

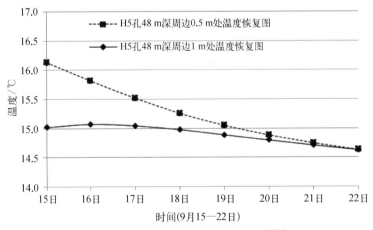

(b₂) 换热孔48 m深周边0.5 m、1 m处温度恢复图

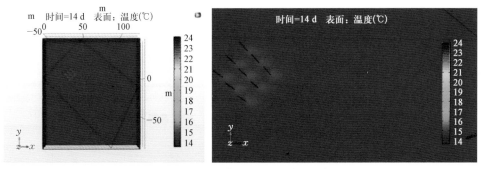

(c₁) 抽水井运行后期地下89 m温度场分布图

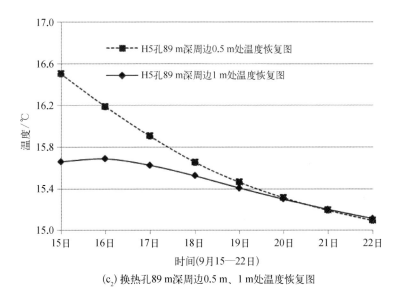

(c₂) 换热孔89 m深周边0.5 m、1 m处温度恢复图

图 9 - 17　人工干扰条件下地源热泵系统运行 8 天地温分布图（小流量抽水）

　　由于 6 号抽水井较远,且抽水量不大,换热孔周围的温度场沿抽水井方向和渗流方向和速度场方向扩散,温度场被拉伸,垂直渗流方向温度场被缩短,7#、8#、9#温度场偏向抽水井方向。

　　图 9 - 18 为抽水井开启后达西速度场图,可以看出抽水井附近速度场方向改变,速度场方向的改变影响地埋管周围温度场的迁移变化,温度场恢复漂移方向同速度场方向一致。

　　图 9 - 19 所示为地埋管工作期间 U 形管出口温度计算值与实际值对比图,由图可见,出口温度的计算值基本稳定在 20℃左右,与系统运行稳定的实际温度值相

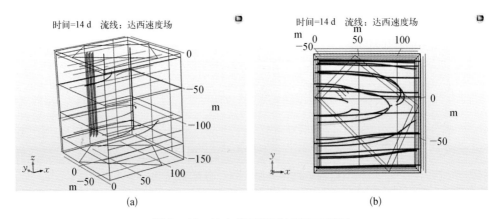

图9-18　抽水井开启后达西速度场图

（a）x-y—z三轴立体视图；（b）x-y轴平面视图

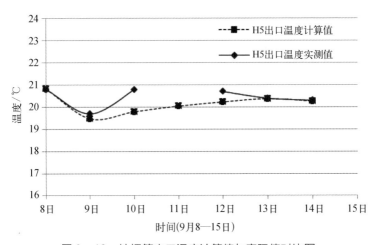

图9-19　地埋管出口温度计算值与实际值对比图

差不到1℃，个别日几乎完全拟合，模拟值比较精确。

　　为了加大抽水井对地埋管换热区的影响，假设7号抽水井，深30 m，抽水量为60 m³/h，较远处为6号抽水井，深120 m，抽水量为120 m³/h时，浅层地温场由于受7号抽水井的影响，温度扩散明显偏向抽水井方向。在地下89 m处，由于受6号抽水井的强烈影响，抽水运行初期地埋管温度场偏向抽水井方向，随后温度漂移较快，地温场恢复明显，第15天地埋管周围温度完全恢复，有温度云飘向抽水井方向。

如图 9-20 所示,加大抽水量后,在地下 5 m 深的换热孔周边 0.5 m 处温度恢复到 16.703℃,与原始地温(15.8℃)相差 0.903℃,周边 1 m 处温度恢复到 16.702℃,与原始地温相差 0.902℃,此次结果与模拟实际抽水量相比,地温场恢复程度分别降低约 0.09℃、0.14℃。在地下 48 m 深的换热孔周边 0.5 m 处温度恢复到 14.422℃,与原始地温(13.844℃)相差 0.578℃,周边 1 m 处温度恢复到 14.418℃,与原始地温相差 0.574℃,此次结果与模拟实际抽水量相比,地温场恢复程度均降低 0.206℃。在地下 89 m 深的换热孔周边 0.5 m 处温度恢复到 14.954℃,与原始地温(13.844℃)相差 0.524℃,周边 1 m 处温度恢复到 14.95℃,与原始地温相差 0.52℃。此次结果与模拟实际抽水量相比,地温场恢复程度分别降低0.14℃、0.163℃。

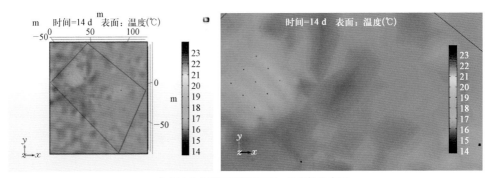

(a₁) 抽水井运行后期地下5 m温度场分布图

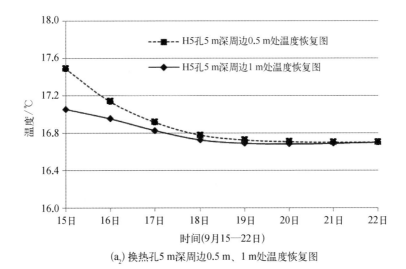

(a₂) 换热孔5 m深周边0.5 m、1 m处温度恢复图

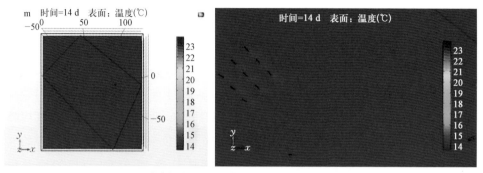

(b₁) 抽水井运行后期地下48 m温度场分布图

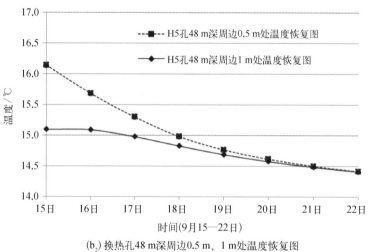

(b₂) 换热孔48 m深周边0.5 m、1 m处温度恢复图

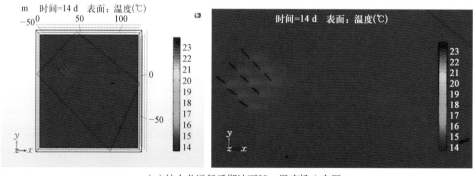

(c₁) 抽水井运行后期地下89 m温度场分布图

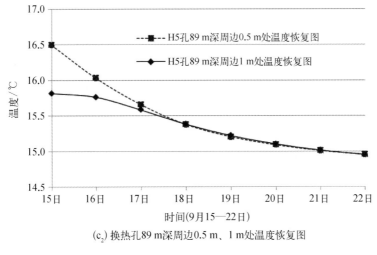

(c₂) 换热孔 89 m 深周边 0.5 m、1 m 处温度恢复图

图 9-20　人工干扰条件下地源热泵系统运行
8 天地温分布图（大流量抽水）

9.2.3　地温场演化数值模拟研究的应用意义

　　浅层地热能资源在我国分布广泛,主要利用热泵技术供暖和制冷[7]。尽管在理论和实际应用方面都取得了重要进展,但在实际应用工程中仍存在地层冷热平衡失调、热贯通等问题,导致浅层地热能利用效率降低甚至区域性生态平衡遭到破坏[8]。

　　地下传热是一个复杂的三维非稳态传热过程,影响因素繁多,有岩土体的导热系数、密度、含水率、地下水流速等。温度场是地下热量运移的表现形式,了解地温场的手段包括地温监测法、解析法和数值模拟法。地温监测法可以获取监测期内某个监测点地温动态变化,是最直观、最准确的手段,但受到监测成本、空间和时间的制约,监测方法的应用具有一定局限性。由于地下传热的复杂性,解析法难以实现如此复杂的计算。随着计算机技术的快速发展,数值模拟法相对来说具有灵活、可靠、经济等优点,已被广泛应用于实际工程中,也取得了较为显著的效果[9]。

　　在浅层地热能实际应用工程中,利用数值模拟技术建立比较准确的热渗耦合三维模型进行计算,可以较为精准地掌握地温场的时空演化特征,对地下温度的恢复和平衡十分重要。地温场演化的数值模拟研究不仅有利于指导实际工程的科学管理,同时也是后期运营维护,最大限度获取经济效益的有效手段,对提高浅层地热能的利用效率,避免对周围环境造成污染具有实际意义。

9.3　小结

　　本章介绍了地温场演化数值模拟理论的发展历程,分别对地埋管以及地下水地源热泵数值模拟的理论基础和研究现状进行阐述,介绍了地下水地源热泵系统和地埋管地源热泵系统三维热渗耦合数值模型的建模方法,并分别以上海鲜花港地下水地源热泵示范工程以及北京市通州区张家湾沉降观测基地地埋管地源热泵项目为例,进行地温场演化数值模拟分析研究,结合地层换热和地下温度监测,研究地下径流条件对换热效果和地下温度恢复的影响,对系统实际运行条件下温度场演变进行了预测分析。未来的地源热泵项目在掌握地质条件的基础上,可采用数值模拟对运行 30~50 年的地温场变化趋势进行预测,为项目运行与优化设计提供依据。

参考文献

[1] 王雷岗,郑中援,马健,等.地埋管地源热泵系统设计若干关键问题的研究[J].暖通空调,2011,41(2): 41 - 44.
[2] 郭梁雨,刘幼农,姚春妮.可再生能源建筑应用实践总结与思考[J].建设科技,2015(8): 14 - 19.
[3] 余斌,王沣浩,颜亮.钻孔间距和布置形式对地埋管管群传热影响的研究[J].制冷与空调,2010,10(5): 31 - 34.
[4] 陈响亮.抽灌井群热交互性及其布控特性研究[D].长春: 吉林大学,2011.
[5] Molina-Giraldo N, Bayer P, Blum P. Evaluating the influence of thermal dispersion on temperature plumes from geothermal systems using analytical solutions[J]. International Journal of Thermal Sciences, 2011, 50(7): 1223 - 1231.
[6] Diersch H J G. Feflow finite element subsurface flow and transport simulation system reference manual[M]. Berlin: WASY Gmbh, 2005.
[7] 张金华,魏伟.我国的地热资源分布特征及其利用[J].中国国土资源经济,2011,24(8): 23 - 24.
[8] 马宏权,龙惟定.地埋管地源热泵系统的热平衡[J].暖通空调,2009,39(1): 102 - 106.
[9] 王洋,张可霓,范蕊,等.TOUGH2 在地埋管热渗耦合数值模拟中的应用[J].上海国土资源,2015,36(2): 87 - 91.

第 10 章
浅层地热能开发利用系统运行评价

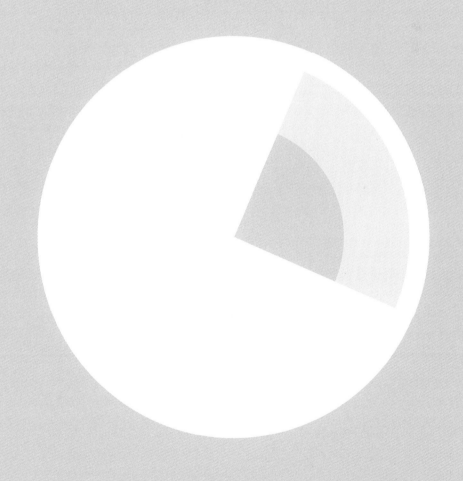

10.1 系统运行评价体系

10.1.1 评价内容及抽检要求

评价内容包括使用效果评价、运行能效评价、节能效果评价、经济效益评价和环境影响评价。

1. 抽检数量要求

（1）热泵系统的抽样[1]

对于集中式热泵系统，不同类型的机房均须抽样，机房内针对不同类型的机组抽样不少于1台机组；以单体建筑或单户为单位的热泵系统，总样本大于30个系统，抽样数量不少于2个系统，每个系统的机组抽样不少于1台机组。确保不同类型的机组要分别被抽到。

（2）空调房间的抽样要求[2,3]

空调效果参数的抽检如下。

① 空调房间总数大于100间时，抽样数量不少于10%。

② 房间总数不足100间时，抽取10间。

③ 不足10间时，全部抽取。

④ 确保不同功能、不同朝向的房间要分别被抽到。

2. 现场检测条件要求

（1）室外气候条件

采用大于或等于30℃作为夏季测试最低室外温度，小于或等于16℃作为冬季测试最高室外温度。

（2）系统工况

地源热泵空调系统的检测应在系统已连续正常运行达到稳定后进行。室内热舒适参数检测（室内温度和相对湿度），应在建筑物达到热稳定后进行。

（3）检测持续时间

对项目的检测宜包含一个完整运行年度，包括运行季和过渡季的检测；对典型工况下有限时间的检测，至少确保完整记录一个运行周期内的建筑物系统运行特点，对于常规的居住建筑和公共建筑至少连续检测24 h，一般检测2~3 d。

（4）检测间隔时间

对于不同的检测基本参数，参考时间间隔见表 10 - 1。

表 10 - 1　地源热泵系统基本检测时间间隔参考

测 试 参 数	参考时间间隔	备　　注
定频水泵输入功率、定频系统水流量、其他定频设备输入功率	测试一次并记录运行时间	若测试期间设备一直处于运行状态，可选取测试期间读取三次，取平均值
变频水泵输入功率、变频系统水流量、其他变频设备输入功率	≤15 min	/
供回水温度、机组输入功率	≤15 min	/
室内温度	≤30 min	参考《通风与空调工程施工质量验收规范》（GB 50243—2016）
机组耗电量、水泵耗电量	累计记录	启停时记录
辅助热源耗电量	累计记录	启停时记录

10.1.2　评价方法

1. 使用效果评价

系统使用效果根据室内温度情况判断，具体室内温度的评价要求见表 10 - 2。

表 10 - 2　室内温度的评价要求

检 测 项 目	允许偏差或规定值
室内温度平均值	设计温度范围； 一般舒适性空调温度（规范要求）：冬季 18~24℃；夏季 22~28℃
室内温度允许波动范围	冬季不得低于设计计算温度 2℃，且不应高于该温度 1℃； 夏季不得高于设计计算温度 2℃，且不应低于该温度 1℃
温度保证率	室内温度测值确保在设计温度允许波动范围的频率≥90%

2. 运行能效评价

选取测试运行周期内的瞬时值进行累计计算，以热泵机组及系统累计输出能量与累计输入能量的比例，作为评价热泵机组及系统的性能参数。

机组蒸发器累计换热量可由下式计算:

$$Q_e = \Delta t \sum Q_e \qquad (10-1)$$

系统蒸发器侧累计换热量可由下式计算:

$$Q_{e,s} = \Delta t \sum Q_{e,s} \qquad (10-2)$$

式中, Q_e 为计算时间段的机组蒸发器累计换热量,kW·h; $Q_{e,s}$ 为计算时间段的系统蒸发器侧累计换热量,kW·h; t 为数据采集时间间隔,min。

机组冷凝器累计换热量可由下式计算:

$$Q_c = \Delta t \sum Q_c \qquad (10-3)$$

系统冷凝器侧累计换热量可由下式计算:

$$Q_{c,s} = \Delta t \sum Q_{c,s} \qquad (10-4)$$

式中, Q_c 为计算时间段的机组冷凝器累计换热量,kW·h; $Q_{c,s}$ 为计算时间段的系统冷凝器侧累计换热量,kW·h。

热泵机组累计耗电量可由下式计算:

$$W_{hp} = \Delta t \sum W_{hp} \qquad (10-5)$$

系统累计耗电量可由下式计算:

$$W_{s,t} = W_s + Q_F + \frac{Q_M \times \sum \Delta t}{T_{QM} \times 60} \qquad (10-6)$$

式中, W_{hp} 为计算时间段的热泵机组累计耗电量,kW·h; $W_{s,t}$ 为计算时间段的系统累计总耗电量(包括监测系统采集和人工输入的辅助能源耗电量),kW·h。 W_s 为热泵系统耗电量,kW·h; Q_F 为(监测系统采集)辅助能源耗电量,kW·h; Q_M 为(人工定期输入)辅助能源耗电量,kW·h; T_{QM} 为人工定期输入辅助能源耗电量的时间,h。

机组平均供冷性能系数($COP_{hp,cooling}$)被定义为

$$COP_{hp,cooling} = \frac{Q_e}{W_{hp}} \qquad (10-7)$$

系统平均供冷性能系数($COP_{s,cooling}$)被定义为

$$COP_{s, cooling} = \frac{Q_{e, s}}{W_{s, t}} \qquad (10-8)$$

机组平均供热性能系数（$COP_{hp, heating}$）被定义为

$$COP_{hp, heating} = \frac{Q_c}{W_{hp}} \qquad (10-9)$$

系统平均供热性能系数（$COP_{s, heating}$）被定义为

$$COP_{s, heating} = \frac{Q_{c, s}}{W_{s, t}} \qquad (10-10)$$

冷热水型机组能效比（EER）、性能系数（COP）最低限值见表 10-3[4]。

表 10-3　冷热水型机组能效比（EER）、性能系数（COP）

类　型		额定制冷量/kW	热泵型机组综合性能系数 ACOP	单冷型机组 EER	单热型机组 COP
冷热风型	水环式		3.5	3.3	
	地下水式		3.8	4.1	
	地埋管式		3.5	3.8	
	地表水式		3.5	3.8	
冷热水型	水环式	CC≤150	3.8	4.1	4.6
		CC>150	4.0	4.3	4.4
	地下水式	CC≤150	3.9	4.3	4.0
		CC>150	4.4	4.8	4.4
	地埋管式	CC≤150	3.8	4.1	4.2
		CC>150	4.0	4.3	4.4
	地表水式	CC≤150	3.8	4.1	4.2
		CC>150	4.0	4.3	4.4

注：1. "—"表示不考核；
2. 单热型机组以名义制热量 150 kW 作为档界线。

在上海市建筑科学研究院主编的《地源热泵系统能效测评技术导则》中规定了不同负荷率下地源热泵系统夏季（EER）/冬季（COP）能效比限值，见表 10-4，可作为相关评价的参考。

表 10–4　不同负荷率下地源热泵系统夏季（EER）/
冬季（COP）能效比限值

负荷率	夏季系统能效比			冬季系统能效比		
	额定制冷量/kW	地下水源热泵系统	土壤源热泵系统	额定制热量/kW	地下水源热泵系统	土壤源热泵系统
60%	$Q \leq 14$	2.24	2.39	$Q \leq 14$	1.63	1.81
	$14 < Q \leq 100$	2.35	2.51	$14 < Q \leq 100$	1.74	1.93
	$100 < Q \leq 230$	2.40	2.57	$100 < Q \leq 230$	1.79	1.98
	$Q > 230$	2.45	2.60	$Q > 230$	1.84	2.04
70%	$Q \leq 14$	2.40	2.54	$Q \leq 14$	1.75	1.92
	$14 < Q \leq 100$	2.52	2.67	$14 < Q \leq 100$	1.87	2.05
	$100 < Q \leq 230$	2.57	2.73	$100 < Q \leq 230$	1.92	2.11
	$Q > 230$	2.60	2.76	$Q > 230$	2.00	2.17
80%	$Q \leq 14$	2.54	2.67	$Q \leq 14$	1.85	2.02
	$14 < Q \leq 100$	2.66	2.80	$14 < Q \leq 100$	1.97	2.15
	$100 < Q \leq 230$	2.72	2.87	$100 < Q \leq 230$	2.03	2.21
	$Q > 230$	2.75	2.90	$Q > 230$	2.09	2.28
90%	$Q \leq 14$	2.66	2.78	$Q \leq 14$	1.94	2.10
	$14 < Q \leq 100$	2.78	2.91	$14 < Q \leq 100$	2.06	2.24
	$100 < Q \leq 230$	2.85	2.98	$100 < Q \leq 230$	2.13	2.30
	$Q > 230$	2.88	3.01	$Q > 230$	2.19	2.37
100%	$Q \leq 14$	2.76	2.87	$Q \leq 14$	2.02	2.17
	$14 < Q \leq 100$	2.89	3.01	$14 < Q \leq 100$	2.15	2.31
	$100 < Q \leq 230$	2.96	3.08	$100 < Q \leq 230$	2.21	2.38
	$Q > 230$	2.99	3.12	$Q > 230$	2.28	2.45

3. 节能效果评价

按照季节能效比，累计季节总冷、热负荷，计算需要的季节总能耗，再与规定的常规空调系统进行比较，得出节能效益。

按照《可再生能源建筑应用示范项目测评导则》，冬季选取常规的燃煤锅炉房作为比较对象；夏季选取常规水冷电制冷冷水系统（冷水机组制冷系数按《公共建筑节能设计标准》第 5.4.5 条规定最低标准）作为比较对象。

1）冬季节约标准煤量计算

地源热泵系统能耗由实测得到,并将其折合成一次能源(标准煤)。电能转换率按《空调通风系统运行管理规范》进行计算。燃煤锅炉房能耗依据地源热泵系统供热量(实测值)和锅炉的效率计算得到。使用侧循环水泵的耗电量等同于地源热泵系统使用侧耗电量,将两者的能耗都折合成一次能源(标准煤)求和,即为锅炉房总能耗。

具体计算步骤如下:

（1）锅炉的累计热量＝地源热泵系统累计供热量/锅炉热效率;

（2）锅炉累计耗煤量＝锅炉的累计热量/煤的热值;

（3）锅炉累计耗标准煤量＝累计耗煤量×煤-标准煤转换系数;

（4）锅炉水泵系统耗电量;

（5）锅炉水泵耗标准煤量＝锅炉水泵耗电量×电-标准煤转换系数;

（6）锅炉系统累计耗标准煤量＝锅炉本身累计耗标准煤量＋锅炉水泵累计耗标准煤量;

（7）冬季节煤量＝锅炉系统累计耗标准煤量－地源热泵系统累计耗标准煤量。

具体计算公式如下。

$$Q_{\mathrm{gl, bm}} = \frac{Q_{\mathrm{cs}}}{c_1 q_{\mathrm{m}}} \times c_2 + W_{\mathrm{p, g}} \times c_2 \qquad (10-11)$$

$$Q_{\mathrm{dy, bm}} = W_{\mathrm{s, t}} \times c_2 \qquad (10-12)$$

$$Q_{\mathrm{bm, heating}} = Q_{\mathrm{gl, bm}} - Q_{\mathrm{dy, bm}} \qquad (10-13)$$

式中, $Q_{\mathrm{gl, bm}}$ 为锅炉累计耗标准煤量,t; $Q_{\mathrm{c, s}}$ 为冬季时段的系统冷凝器侧累计换热量,kW·h; $W_{\mathrm{s, t}}$ 为冬季时段的系统累计总耗电量,kW·h; $W_{\mathrm{p, g}}$ 为冬季时段的锅炉水泵系统累计总耗电量,kW·h; $Q_{\mathrm{dy, bm}}$ 为热泵机组累计耗标准煤量,kW·h; $Q_{\mathrm{bm, heating}}$ 为冬季时段的节约标准煤量,t; c_1 为锅炉热效率; q_{m} 为煤的热值(约为8.14 kW·h/kg); c_2 为电-标准煤转换系数(1度电相当于123.03 g标准煤)。

2）夏季节约标准煤量

地源热泵系统能耗计算方法同冬季。常规电制冷冷水系统能耗根据地源热泵系统供冷量(实测值)和冷水机组性能系数,计算冷水机组耗电量。冷冻循环泵耗电量等同于地源热泵系统冷冻循环泵耗电量,冷却塔和冷却水等同于地源热泵系统热源侧水泵耗电量(设有中间换热器的二次系统,按经过热泵机组的循环泵计算)。将所有能耗求和并折算成一次能源(标准煤)。

具体计算步骤如下:

(1) 冷水机组累计供冷量=地源热泵系统累计供冷量;

(2) 冷水机组累计耗电量=冷水机组累计供冷量/冷水机组性能系数,具体取值要根据冷水机组类型和冷量范围选取;

(3) 冷水机组系统累计水泵耗电量;

(4) 冷水机组系统累计耗电量=冷机机组累计耗电量+系统水泵累计耗电量;

(5) 冷水机组系统累计耗标准煤量=冷水机组系统累计耗电量×电-标准煤转换系数;

(6) 节能量=冷水机组系统累计耗标准煤量-地源热泵系统累计耗标准煤量。

具体计算公式如下。

$$Q_{ls, bm} = \left(\frac{Q_{e, s}}{c_4} + W_{p, 1} \right) \times c_3 \qquad (10-14)$$

$$Q_{dy, bm} = W_{s, t} \times c_3 \qquad (10-15)$$

$$Q_{bm, cooling} = Q_{ls, bm} - Q_{dy, bm} \qquad (10-16)$$

式中,$Q_{ls, bm}$ 为冷水机组系统累计耗标准煤量,t;$Q_{e, s}$ 为夏季时段的系统蒸发器侧累计换热量,kW·h;$Q_{dy, bm}$ 为热泵系统累计耗标准煤量,t;$W_{s, t}$ 为夏季时段的系统累计耗电量,kW·h;$W_{p, 1}$ 为夏季时段的累计水泵耗电量,kW·h;$Q_{bm, cooling}$ 为夏季标准煤节约量,t;c_3 为电-标煤折算系数,c_4 为冷水机组性能系数,见《公共建筑节能设计标准》(GB 50189—2015)。

则年标准煤节约量为

$$Q_{bm} = Q_{bm, heating} + Q_{bm, cooling} \qquad (10-17)$$

式中,Q_{bm} 为标准煤节约量,t/年。

4. 经济效益评价

经济效益评价参数包括年节约运行费用和静态投资回收期。

（1）年节约运行费用计算方法

按项目提供的增量成本（对已竣工项目，提交结算成本），计算热泵系统的总增量成本（总面积与单位面积增量成本）。根据以上公式计算出地源热泵系统年节煤量，按照当期国内标准煤的价格，计算系统年节约运行费用。

$$M = A \times Q_{bm} \qquad (10-18)$$

式中，M 为累计节约运行费用，元；A 为标准煤价格，元/t。

（2）静态投资回收期

将按照累计节能费用计算平均年节能费用，热泵系统的总增量成本除以平均年节能费用，得到静态投资回收年限，计算方法如下：

$$N = \frac{C}{M} \qquad (10-19)$$

式中，C 为地源热泵系统总增量成本，元。

5. 环境影响评价

1）二氧化碳减排量

$$Q_{CO_2} = c_4 \times Q_{bm} \qquad (10-20)$$

式中，Q_{CO_2} 为二氧化碳减排量，t/年；c_4 为标准煤的二氧化碳排放因子，量纲为1。

2）二氧化硫减排量

$$Q_{SO_2} = c_5 \times Q_{bm} \qquad (10-21)$$

式中，Q_{SO_2} 为二氧化硫减排量，t/年；c_5 为标准煤的二氧化硫排放因子，量纲为1。

3）粉尘减排量

$$Q_{FC} = c_6 \times Q_{bm} \qquad (10-22)$$

式中，Q_{FC} 为粉尘减排量，t/年；c_6 为标准煤的粉尘排放因子，量纲为1。

4）地质环境影响评价

（1）地温场影响评价

针对不同阶段进行评价，选取评价指标也有所不同，其中：运行季影响评价，评价指标主要包括影响速率、影响幅度和影响范围；过渡季恢复评价，评价指标主要包括恢复速率和恢复程度；年度影响评价，评价指标主要包括影响幅度和恢复程度；多年累计影响评价,评价指标主要包括影响速率和影响幅度。

　　在进行运行季影响评价时,根据总管实时温度最大日变化值或换热(换热影响)监测孔实时温度与常温监测孔实时温度差值的最大日变化值进行运行季地温场影响速率评价,根据总管实时温度与运行初期总管温度的最大差值或换热(换热影响)监测孔实时平均温度与常温监测孔实时平均温度的最大差值评价运行季地温场的影响幅度,根据不同位置换热影响监测孔实时平均温度与常温监测孔实时平均温度的差值评价运行季地温场影响的广度范围,根据换热孔深度以深的地层温度值评价运行季地温场影响的深度范围。

　　在进行过渡季恢复评价时,根据相邻运行季运行初期总管温度的差值或过渡季末换热(换热影响)监测孔平均温度与常温监测孔平均温度的差值评价过渡季地温场的恢复程度,根据换热(换热影响)监测孔实时平均温度与常温监测孔实时平均温度差值的最大日变化值评价过渡季地温场的恢复速率。

　　在进行年度影响评价时,根据相邻年度相同运行季运行初期总管温度的变化值或相邻年度相同过渡季末换热(换热影响)监测孔平均温度的变化值评价年度地温场恢复程度。

　　在进行多年影响评价时,根据多年首末年度相同运行季运行初期总管温度的差值或多年首末年度相同过渡季末换热(换热影响)监测孔平均温度的变化值评价多年地温场的影响幅度,根据多年地温场的影响幅度与年度数的比值评价多年地温场的影响速率。

　　(2) 地下水水位影响评价

　　针对不同阶段评价,选取评价指标,其中:运行季影响评价,评价指标主要包括影响速率和影响幅度;过渡季恢复评价,评价指标主要包括恢复速率和恢复程度;年度影响评价,评价指标主要包括影响幅度和恢复程度;多年累计影响评价,评价指标主要包括影响速率和影响幅度。

　　在进行运行季影响评价时,根据运行季内抽水井水位的最大小时变化值评价地下水水位的影响速率,根据运行季内抽水井水位的最大变化值评价地下水水位的影响幅度。

　　在进行过渡季恢复评价时,以过渡季内抽水井、回灌井各自水位的最大小时变化值评价过渡季地下水水位的恢复速率;以过渡季末抽水井、回灌井各自水位与地下水水位背景值的差值,评价过渡季地下水水位的恢复程度。

在进行年度影响评价时,根据相邻相同过渡季末抽水井水位的差值评价年度地下水水位的恢复程度,根据相邻相同过渡季末回灌井水位的差值评价年度地下水水位的恢复程度。

在进行多年影响评价时,根据多年首尾过渡季末抽灌井水位的差值评价多年地下水水位的影响幅度,根据多年首尾过渡季末抽灌井水位的差值与年度数的比值评价多年地下水水位的影响速率。

(3)地下水水质影响评价

评价阶段包括运行季影响评价、过渡季恢复评价、年度影响评价和多年累计影响评价,评价方法有单因子评价法和模糊综合评判法等[5]。

单因子评价法是分析各水质监测指标的变化情况,水质监测指标应包含pH、色度、臭和味、混浊度、肉眼可见物、总硬度、高锰酸钾指数、溶解性总固体、氨氮、亚硝酸盐氮、硝酸盐氮、Mn、Fe、氯化物、氟化物、硫酸盐、细菌总数、硫化物、Na 等。

模糊综合评判法是选择具有代表性的污染物作为评价因子,建立评价因子集 $U = \{A_1, A_2, \cdots, A_n\}$,评价因子根据项目评价需求选取,参考《地下水质量标准》(GB/T 14848—2017)中的 I ~ V 类水质标准进行评价,按照最大隶属度原则确定水质级别,即隶属度最大值所在的级别为该监测井的水质类别,当出现 2 个或 2 个以上隶属度最大值时,选择贴近次大值的隶属度所在的级别为该监测井的最终水质类别。

(4)项目综合影响评价

以项目所有定性评价结论级别的平均值对项目进行综合评价。

10.2 典型项目运行分析及评价

10.2.1 项目概况

结合北京市地源热泵项目调研成果,本节选择具有典型代表性的地下水地源热泵项目和地埋管地源热泵项目各一处,进行项目运行评价。

1. 顺义区某地埋管地源热泵项目

顺义区某地埋管地源热泵项目位于顺义区林河经济开发区,处于潮白河冲洪积扇中下游,第四系厚度约为 400 m,岩性以黏砂、黏土以及多层的中细砂、中粗砂和砂砾石为主。含水层岩性结构为多层砂层及少数砂砾石层,其富水性和渗透性均相对较弱。由于近些年来地下水位下降得较多,本区 32 m 以上已经成为疏干层。

该项目建筑物总占地面积为 30 736.3 m²,总建筑面积为 70 613.45 m²,其中地上建筑面积为 52 519.25 m²,主要为研发中心楼、试验楼、实验楼及仓库、厂房、焊接工艺及培训车间等,地下主要为车库及设备等用房。建筑总冷负荷为 3 806.1 kW,总热负荷为 3 572.1 kW。

地埋管地源热泵系统机房设计所用主要设备见表 10 - 5。

表 10 - 5　地埋管地源热泵系统机房设计所用主要设备表

序　号	设　备　名　称	数　　量	功率/kW
1	热泵机组	2	339.2
2	热泵机组	1	276.0
3	空调侧循环泵	3(两用一备)	45.0
4	空调侧循环泵	1	37
5	地源侧循环泵	3(两用一备)	37.0
6	地源侧循环泵	1	30
7	生活热水循环泵	2(一用一备)	11.0

本项目地埋管设计参数见表 10 - 6。

表 10 - 6　地埋管设计参数

夏季设计延米换热量	70 W/m
冬季设计延米换热量	45 W/m
换热孔数量	486 个
换热孔深度	150 m
竖直管管材及管径	HDPE100 材质、DN 32 mm
埋管形式	双 U 型
换热孔间距	4.5 m
孔径	大于 ϕ150 mm

本项目实际布设地埋管共计486个(实际钻凿488个,预留2个孔安装地温监测系统,未参与换热),布孔区域如图10-1所示。

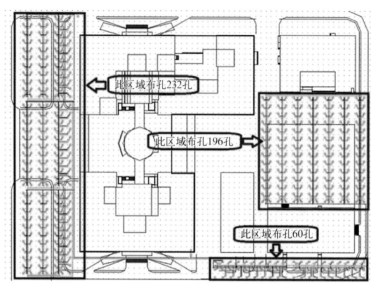

图10-1 顺义区某地埋管地源热泵项目布孔区域

2. 海淀区某地下水地源热泵项目

(1)项目基本情况

海淀区某地下水地源热泵项目位于海淀区西四环北路,地处永定河冲洪积扇中上部,区域第四系厚度约为160 m左右,地层岩性以卵砾石含漂石为主,夹杂数层黏砂层,该项目区水文地质剖面图如图10-2所示。含水层岩性结构为2~3层砂卵砾石层,地下水位埋深约为32 m。地层渗透性和富水性良好,单位涌水量在10 000 m³/d以上,地下水自西南向东北流动,水力坡度为0.05‰。水质分析结果显示本区域地下水化学类型为$HCO_3^- - Ca^{2+}Mg^{2+}$型,pH为7.62,溶解性总固体为916 mg/L,总硬度为498 mg/L,为《地下水质量标准》(GB/T 14848—2017)Ⅳ类标准,地下水水温常年在14~16℃。

该项目建筑占地面积为5 800 m²,总建筑面积为16 193 m²,建筑总冷负荷为1 370 kW,冷负荷指标为84.6 W/m²,建筑总热负荷为950 kW,热负荷指标为58.7 W/m²,生活热水负荷267 kW。

(2)项目设计思路

项目建筑为办公用途,有夏季制冷、冬季供暖及生活热水需求。夜间无人办公,

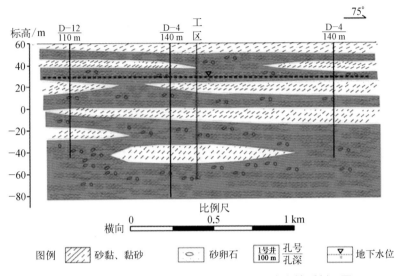

图 10-2　海淀区某地下水地源热泵项目区水文地质剖面图

建筑负荷需求较小。项目场区内,可利用土地面积较小,不宜建设地埋管地源热泵系统;而地下含水层颗粒较粗,地下水径流及回灌条件较好,利用该区域丰富的地下水资源条件,建设水源热泵系统可很好地解决建筑供能及占地问题,且地下温度场恢复迅速。

（3）勘查结果

对区内三眼勘查井 1#、2#和 3#实施勘查工作,勘查井地层岩性见表 10-7 至表 10-9。

表 10-7　1#勘查井地层岩性一览表

地层层底深度/m	地　层　结　构
0~3.5	黏砂
3.5~8.5	砂砾石含漂石
8.5~11.0	黏砂
11.0~18.0	砂卵砾石含漂石
18.0~21.5	黏砂
21.5~33.5	卵砾石含漂石
33.5~37.0	黏砂
37.0~85.5	砂卵砾石含漂石

表 10-8　2#勘查井地层岩性一览表

地层层底深度/m	地 层 结 构
0～19.0	砂砾石含漂石
19.0～22.5	黏砂
22.5～35.0	砂卵砾石含漂石
35.0～38.3	黏砂
38.3～49.5	卵砾石
49.5～51.3	黏砂
51.3～57.0	卵砾石
57.0～59.0	黏砂
59.0～81.0	砂卵砾石

表 10-9　3#勘查井地层岩性一览表

地层层底深度/m	地 层 结 构
0～8.5	砂卵砾石
8.5～11.2	黏砂
11.2～18.5	砂卵砾石
18.5～23.0	黏砂
23.0～34.0	砂卵砾石
34.0～38.0	黏砂
38.0～56.5	砂卵砾石
56.5～57.8	黏砂
57.8～76.5	砂卵砾石
76.5～81	黏砂

各勘查井含水层见表 10-10。

表 10-10　各勘查井含水层一览表

井　号	含水层顺序编号	含水层岩性	含水层深度/m	含水层厚度/m
1#	1	卵砾石含漂石	37.0～85.5	48.5
2#	1	卵砾石	38.0～495	11.5
	2	卵砾石	51.3～57.0	5.7

续表

井 号	含水层顺序编号	含水层岩性	含水层深度/m	含水层厚度/m
2#	3	砂卵砾石	59.0~85.5	26.5
3#	1	砂卵砾石	38.0~56.5	18.5
	2	砂卵砾石	57.8~76.5	18.7

各勘查井抽水试验结果见表 10-11。

表 10-11 各勘查井抽水试验一览表

井号	静水位/m	动水位/m	降深/m	出水量/(m³/d)	抽水时间/h
1#	32.17	32.32	0.15	2 232	24
2#	32.15	32.48	0.33	2 736	24
3#	32.85	33.18	0.33	2 448	24

注：采用 QJ 250—80/80 潜水泵进行抽水试验。

（4）热源井设计方案

结合建筑负荷及热泵设备运行工况计算,该水源热泵系统夏季高峰需水量约为 186 m³/h,正常需水量约为 148.8 m³/h;冬季高峰需水量约为 120 m³/h,正常需水量约为 96 m³/h。

根据地质勘查结果,设计抽水井井深为 85 m,回灌井井深为 80 m,井径均为 529 mm(下入 D529×8 螺旋钢管)。为确保地下水全回灌,本项目设置 1 眼抽水井、2 眼回灌井的取、退水方案。抽水井设置变频潜水泵,满足不同用水量需求。退水采取重力回灌方式。按照区域地下水径流方向,上游布置抽水井 A(原勘查 1#井),下游布置回灌井 F(原勘查 2#井)和回灌井 J(原勘查 3#井);3 眼井滤水管均设置在 31.4~44 m、52~64 m、68~80 m,三段取、退水;并设置地层温度监测。系统运行时,启用抽水井 A 和回灌井 J,回灌井 F 作为备用井。为避开滤水管,井下潜水泵设置在 45~50 m。

另设置 B、C、D、E、G、H、I 共 7 个地温监测孔。在后期项目运行中,只使用 1 眼回灌井即可满足全回灌。北京某大厦水源热泵系统热源井及监测井平面示意图见图 10-3。

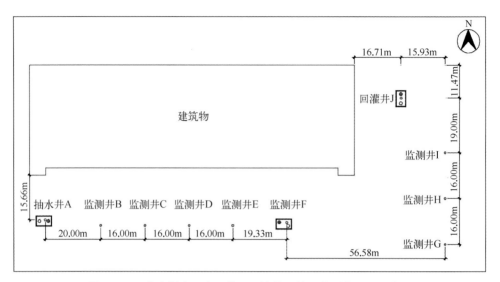

图 10-3 北京某大厦水源热泵系统热源井及监测井平面示意图

在热泵机房内设置一套板式换热器,在夏季制冷负荷较小时(一般为制冷初期、末期或部分夜间有需求时),地下水可直接与建筑末端循环水换热,对建筑供冷;热泵机组不启动,只有循环泵消耗电能,能够有效降低系统运行费用。

主要设备选型见表 10-12。

表 10-12 水源热泵系统主要设备表

序号	设备名称	数　　量	功率/kW
1	热泵机组	2	232
2	空调侧循环泵	3(两用一备)	22
3	地源侧潜水泵	1	55
4	补水循环泵	2(一用一备)	3

10.2.2 项目运行分析

1. 顺义区某地埋管地源热泵项目

1) 2013 年度

该项目 2013 年制冷季运行时间为 2013 年 5 月 14 日—9 月 29 日,供暖季运行时间为 2013 年 11 月 3 日—2014 年 3 月 17 日。

　　由图 10-4 可以看出,制冷季运行时供水温度为 4.08~11.71℃,平均温度为
7.97℃,回水温度为 7.19~14.46℃,平均温度为 10.22℃。进入 8 月份,由于建筑负荷
逐渐增大,空调侧供、回水温差有所增大。供暖季运行时供水温度为 29.05~48.59℃,
平均温度为 40.31℃,回水温度为 26.61~45.82℃,平均温度为 37.89℃。11 月底温度
出现较大下降,是由于供暖负荷突然增大,而系统未能及时调整运行方式。在增加一
台热泵机组同时运行后,温度恢复正常。

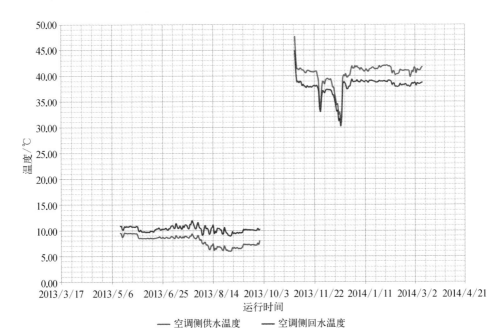

图 10-4　顺义区某地埋管地源热泵项目 2013 年运
行季空调侧供/回水温度逐时数据曲线图

　　由图 10-5 可以看出,制冷季空调侧流量变化幅度不大,仅在 8~9 月份有小幅度
上升,整个制冷季空调侧平均流量为 172.66 m³/h。在供暖季运行过程中,12 月下旬
由于空调负荷增大,系统随建筑空调负荷变化调整了运行方案,空调侧流量由
400 m³/h 迅速提升至近 700 m³/h,全季平均流量为 554.85 m³/h。

　　由图 10-6 可以看出,在运行季,系统制冷/制热量随负荷变化而波动。制冷季平
均制冷量为 453.36 kW,在 8 月份制冷量出现最高值,9 月后逐渐下降。供暖季平均制
热量为 1 597.73 kW,制热量峰值主要集中在 12 月下旬到 2 月下旬之间。

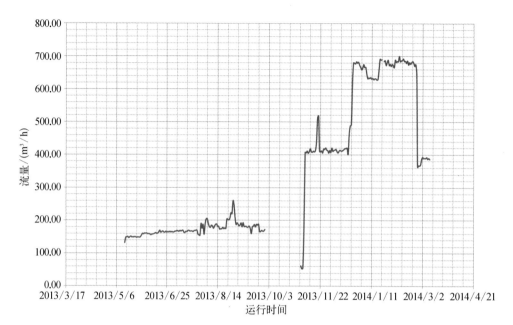

图 10-5　顺义区某地埋管地源热泵项目 2013 年
运行季空调侧流量逐时数据曲线图

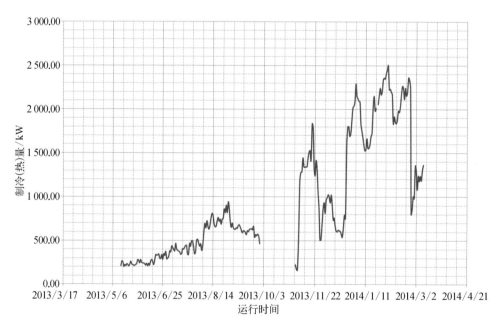

图 10-6　顺义区某地埋管地源热泵项目 2013 年运
行季系统制冷/制热量逐时数据曲线图

由图 10-7 可以看出,热泵机组总功率和系统功率均有较大波动,主要由于运行季空调负荷变化使得系统根据空调负荷调整了机组运行数量,同时机组根据空调侧供水温度随时控制压缩机启停或输出比例。结合项目运行电耗和供冷/热量情况,计算得到制冷季热泵机组运行能效为 5.20,泵组运行能效为 5.86,系统运行能效为 2.76;供暖季热泵机组运行能效为 4.16,泵组运行能效为 13.11,系统 COP 平均值为 2.92。

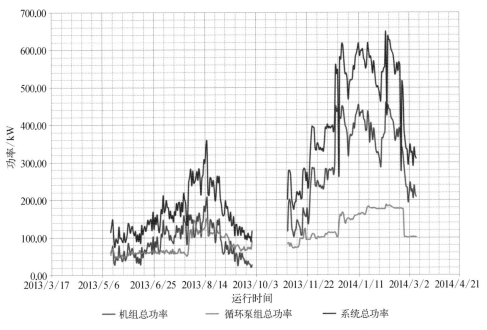

图 10-7　顺义区某地埋管地源热泵项目 2013 年
运行季设备功率逐时数据曲线图

2) 2014 年度

该项目 2014 年制冷季运行时间为 2014 年 5 月 28 日—8 月 26 日,供暖季运行时间为 2014 年 11 月 3 日—2015 年 3 月 29 日。

由图 10-8 可以看出,制冷季开始空调侧供、回水温度波动不大,随着系统负荷的增加温度波动也随之增大,供水温度为 3.72~9.77℃,平均温度为 5.94℃,回水温度为 7.91~15.68℃,平均温度为 10.34℃。供暖季运行时空调侧供水温度为 35.30~45.75℃,平均温度为 42.89℃,回水温度为 36.00~43.87℃,平均温度为 41.43℃,数值虽有波动,但变化趋势基本稳定。

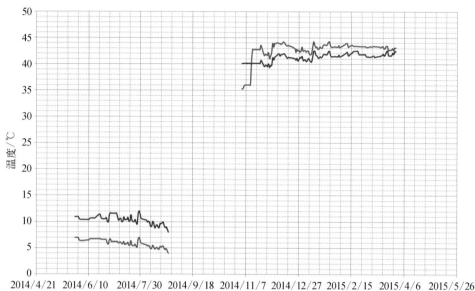

图 10-8　顺义区某地埋管地源热泵项目 2014 年运
行季空调侧供/回水温度逐时数据曲线图

由图 10-9 可以看出,制冷季空调侧流量随着建筑负荷变化呈规律性波动,全季平均流量为 141.47 m³/h。供暖季运行初期空调侧流量较小,由于空调负荷增大,系统随建筑负荷调整了运行方案,在 12 月初空调侧流量迅速提升,空调侧最高流量接近 800 m³/h,全季平均流量为 607.67 m³/h。

由图 10-10 可以看出,在运行季,制冷/制热量随空调负荷变化而波动。制冷季平均制冷量为 726.68 kW,整个制冷季变化趋势波动不大。供暖季平均制热量为 1 241.18 kW,制热量高值出现在 11 月底和 2 月初左右。

由图 10-11 可以看出,热泵机组总功率和系统功率均有较大波动,主要由于运行季空调负荷变化使得系统根据空调负荷调整了机组运行数量,同时机组根据空调侧供水温度随时控制压缩机启停或输出比例。结合项目运行电耗和供冷/供热量情况,计算得到制冷季热泵机组运行能效为 5.29,泵组运行能效为 5.83,系统平均效率为 3.17;供暖季热泵机组运行能效为 5.60,泵组运行能效为 11.99,系统运行能效为 3.82。

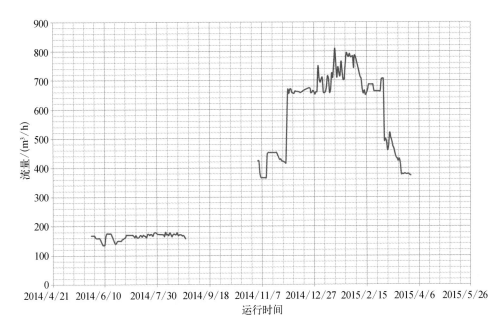

图 10-9　顺义区某地埋管地源热泵项目 2014 年
运行季空调侧流量逐时数据曲线图

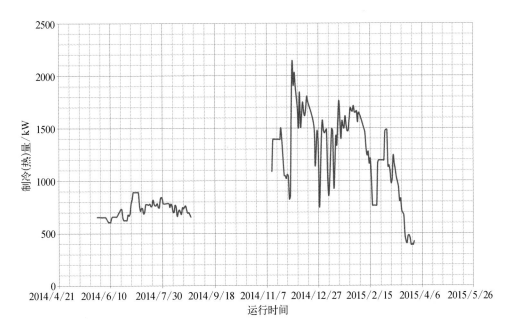

图 10-10　顺义区某地埋管地源热泵项目 2014 年运
行季系统制冷/制热量逐时数据曲线图

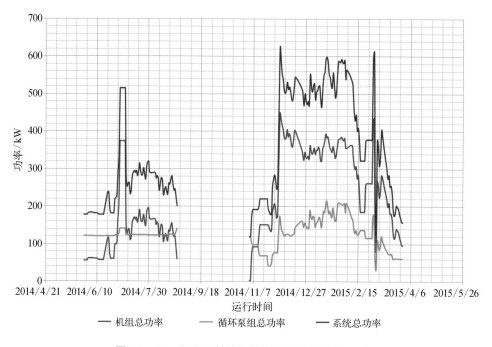

图 10‑11　顺义区某地埋管地源热泵项目 2014 年
运行季设备功率逐时数据曲线图

2. 海淀区某地下水地源热泵项目

1）2013 年度

该项目 2013 年制冷季运行时间为 2013 年 6 月 13 日—9 月 19 日,供暖季运行时间为 2013 年 11 月 8 日—2014 年 3 月 10 日。

由图 10‑12 可以看出,制冷季运行时空调侧供水温度为 10.6~24.5℃,平均温度为 16.19℃,回水温度为 12.2~24.5℃,平均温度为 16.95℃。供暖季运行时空调侧供水温度为 18.8~52.7℃,平均温度为 45.52℃,回水温度为 18.8~51℃,平均温度为 43.81℃。

由图 10‑13 可以看出,制冷季空调侧流量呈整体下降趋势,平均流量为 218.44 m³/h。在 7 月底到 8 月中旬流量出现了瞬时高值,是由于该时间段空调负荷出现高值,系统调整了运行方案。供暖季空调侧流量前期比较平稳,1 月份由于空调负荷的增加引起流量突然增加,后期到达供暖季末,流量开始降低,全季平均流量为 176.85 m³/h。

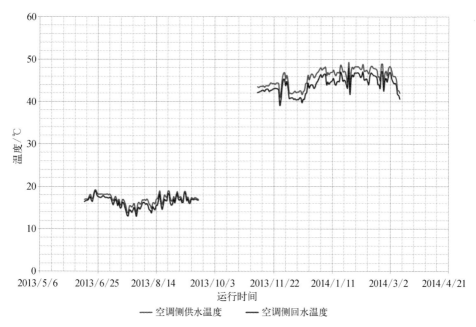

图 10‐12　海淀区某地下水地源热泵项目 2013 年运
行季空调侧供/回水温度逐时数据曲线图

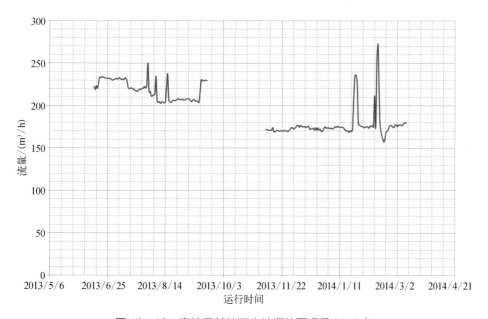

图 10‐13　海淀区某地下水地源热泵项目 2013 年
运行季空调侧流量逐时数据曲线图

由图 10-14 可以看出,制冷季平均制冷量为 194.26 kW,制冷量高值出现在 7 月到 8 月中旬。供暖季机组制热量波动较大,受空调负荷变化影响在 12 月中下旬和 2 月中旬出现 2 次高值期,供暖季平均制热量为 343.69 kW。

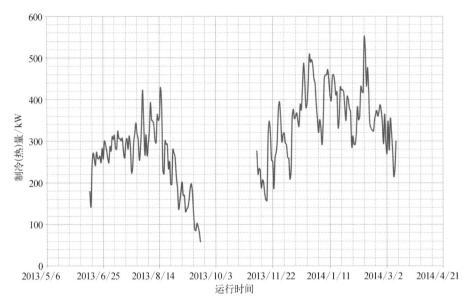

图 10-14   海淀区某地下水地源热泵项目 2013 年制冷
季系统制冷(热)量逐时数据曲线图

由图 10-15 可以看出,随着空调负荷的变化,热泵机组总功率和系统功率均有较大波动,热泵机组制冷季平均功率为 39.06 kW,供暖季平均功率为 104.21 kW。结合项目运行电耗和供冷/供热量情况,计算得到制冷季热泵机组运行能效为 4.97,泵组运行能效为 4.44,系统运行能效为 2.35;供暖季热泵机组运行能效为 3.38,泵组运行能效为 8.20,系统运行能效为 2.39。

2)2014 年度

该项目 2014 年制冷季运行时间为 2014 年 5 月 20 日—9 月 26 日,供暖季运行时间为 2014 年 11 月 12 日—2015 年 3 月 13 日。

由图 10-16 可以看出,制冷季供回水温度变化比较稳定,供水温度为 9.3~29.6℃,平均温度为 16.8℃,回水温度为 9.4~28.9℃,平均温度为 17.37℃。在供暖季运行期间,受空调负荷变化影响,供回水温度出现了两次比较大的波动。供暖季供水温度为 21.1~48.9℃,平均温度为 39.65℃,回水温度为 17.7~45.3℃,平均温度为 38.08℃。

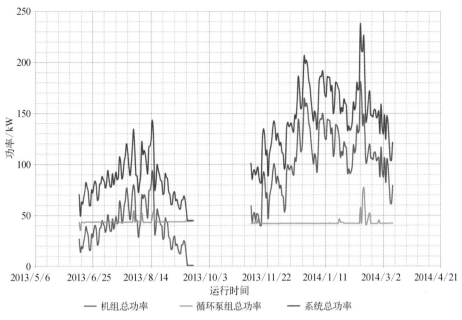

图 10 - 15　海淀区某地下水地源热泵项目 2013 年
运行季设备功率逐时数据曲线图

图 10 - 16　海淀区某地下水地源热泵项目 2014 年运
行季空调侧供/回水温度逐时数据曲线图

由图 10 – 17 可以看出,空调侧流量大部分时间比较平稳,制冷季平均流量为 218.62 m³/h。供暖季空调侧平均流量为 195.33 m³/h,流量在 12 月中旬有一次较大的提升,由近 170 m³/h 提升到 210~220 m³/h。

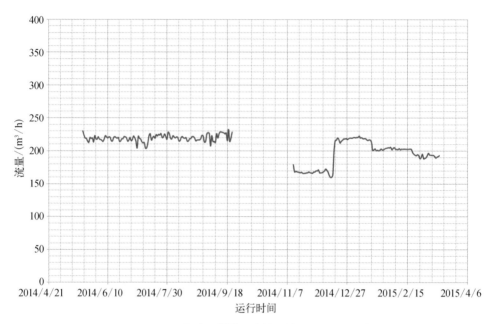

图 10 – 17　海淀区某地下水地源热泵项目 2014 年
运行季空调侧流量逐时数据曲线图

由图 10 – 18 可以看出,在运行季,制冷/制热量随空调负荷变化而波动。制冷季平均制冷量为 201.49 kW,峰值出现在 7 月底,供暖季平均制热量为 353.90 kW,其整体呈下降趋势,且制热量变化波动较大。

由图 10 – 19 可以看出,随着空调负荷的变化,热泵机组总功率和系统功率均有较大波动,热泵机组制冷季平均功率为 39.06 kW,供暖季平均功率为 104.21 kW。结合项目运行电耗和供冷/热量情况,计算得到制冷季热泵机组运行能效为 6.83,泵组运行能效为 3.73,系统运行能效为 2.41;供暖季热泵机组运行能效为 3.73,泵组运行能效为 8.21,系统运行能效为 2.57。

3. 小结

由表 10 – 13 中数据对比可以看出,顺义区某地埋管地源热泵项目各项能效指标优于海淀区某地下水地源热泵项目。结合项目情况分析,顺义区某地埋管地源热泵

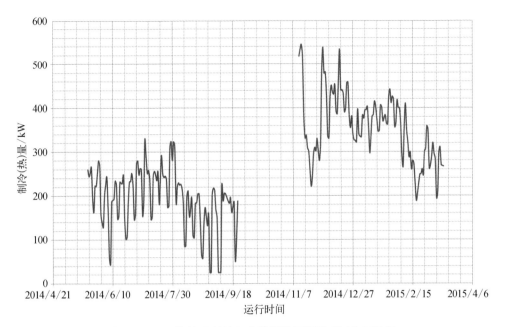

图 10-18 海淀区某地下水地源热泵项目 2014 年运行
季热泵机组制冷/制热量逐时数据曲线图

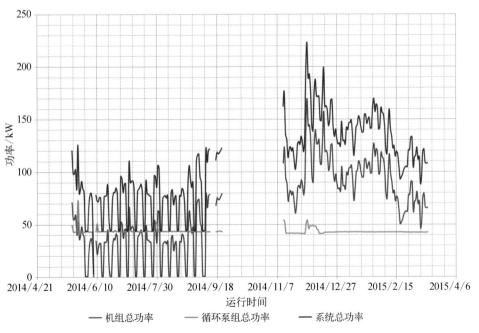

图 10-19 海淀区某地下水地源热泵项目 2014 年
运行季设备功率逐时数据曲线图

项目的热泵机组和输配系统为全变频系统,而海淀区某地下水地源热泵项目的热泵机组和空调侧循环泵为工频运行,分析认为这是造成两项目能效存在较大差异的原因。

表 10-13　系统能效计算结果汇总表

指　标	顺义区某地埋管地源热泵项目				海淀区某地下水地源热泵项目			
	2013 年度		2014 年度		2013 年度		2014 年度	
	制冷季	供暖季	制冷季	供暖季	制冷季	供暖季	制冷季	供暖季
热泵机组能效	5.20	4.16	5.29	5.60	4.97	3.38	6.83	3.73
输配系统能效	5.86	13.11	5.83	11.99	4.44	8.20	3.73	8.21
热泵系统能效	2.76	2.92	3.17	3.82	2.35	2.39	2.41	2.57

10.2.3　项目运行评价

1. 使用效果评价

对舒适性空调的室内设计参数规定见表 10-14[6]。

表 10-14　舒适性空调室内设计参数

类别	热舒适度等级	温度/℃	相对湿度/%	风速/(m/s)
供热工况	Ⅰ级	22~24	≥30	≤0.20
	Ⅱ级	18~22	—	≤0.20
制冷工况	Ⅰ级	24~26	40~60	≤0.25
	Ⅱ级	26~28	≤70	≤0.30

两典型地源热泵系统项目室内温度控制标准基本相同,经实地调研,夏季制冷室内温度约为 24℃,冬季供热室内温度约为 20℃,舒适性良好。

2. 运行能效评价

根据标准规定的冷热水型机组能效比(EER)、性能系数(COP)最低限值要求[4],

海淀区某地下水地源热泵项目冬季运行能效略低,两个项目其他时段运行能效基本符合标准要求。

3. 节能效果评价

顺义区某地埋管地源热泵项目 2013 年度制冷季共用电量为 5.4×10^5 kW·h,系统制冷量为 1.5×10^6 kW·h,供热季共用电量为 1.49×10^6 kW·h,系统制热量为 4.35×10^6 kW·h。2014 年度制冷季共用电量为 5.0×10^5 kW·h,系统制冷量为 1.6×10^6 kW·h,供暖季共用电量为 1.42×10^6 kW·h,系统制热量为 4.4×10^6 kW·h。制冷季与水冷机组对比,机组容量为 528~1 163 kW,则水冷机组 EER 为 2.24,供暖季与燃煤锅炉对比,锅炉效率取 68%。

海淀区某地下水地源热泵项目 2013 年度制冷季共用电量为 1.95×10^5 kW·h,系统制冷量为 4.57×10^5 kW·h,供暖季共用电量为 4.33×10^5 kW·h,系统制热量为 1.04×10^6 kW·h。2014 年度制冷季共用电量为 2.03×10^5 kW·h,系统制冷量为 4.90×10^5 kW·h,供暖季共用电量为 4.0×10^5 kW·h,系统制热量为 1.02×10^6 kW·h。制冷季与水冷机组对比,机组容量小于 528 kW,则水冷机组 EER 为 2.21,供暖季与燃煤锅炉对比,锅炉效率取 68%。

经计算,两典型地源热泵项目节能效果见表 10 - 15。

表 10 - 15　两典型地源热泵项目节能效果汇总表

项　　目	年　度	运行季	节能量/ 吨标准煤	节能率/%
顺义区某地埋管地源热泵项目	2013 年度	制冷季	43	19.30
		供暖季	290	36.90
	2014 年度	制冷季	66	27.90
		供暖季	317	40.10
海淀区某地下水地源热泵项目	2013 年度	制冷季	4	5.80
		供暖季	44	23.40
	2014 年度	制冷季	6	8.10
		供暖季	51	27.80

4. 经济效益评价

将热泵系统与常规的供热制冷方式进行比较,进行地源热泵的经济性评价。电费取 0.86 元/（kW·h），常规制冷方式选取水冷冷水机组作为比较对象，其系统能效比按表 10-13 选取，常规供暖方式选取市政供暖作为比较对象，非居民的供暖价格为 42 元/m²。

表 10-16 是两项目与常规能源形式对比节约运行成本汇总表，由表可以看出，两处地源热泵监测项目产生了良好的经济效益。

表 10-16　项目节约运行成本汇总表

项　　目	年　　度	运行季	运行成本 /（元/m²）	年节约成本 /万元
顺义区某地埋管 地源热泵项目	2013 年度	制冷季	6.51	179.2
		供暖季	18.27	
	2014 年度	制冷季	6.09	192.52
		供暖季	17.29	
海淀区某地下水 地源热泵项目	2013 年度	制冷季	10.36	31.8
		供暖季	22.8	
	2014 年度	制冷季	10.78	36.42
		供暖季	21.24	

5. 环境影响评价

1）减排量评价

根据 10.1.2 中的评价方法，项目减排量计算结果汇总见表 10-17。

表 10-17　项目减排量计算结果汇总表

项　　目	年　　度	排　放　物	排放量/t
顺义区某地埋管 地源热泵项目	2013 年度	二氧化碳	822.51
		二氧化硫	6.66
		粉尘	3.33
	2014 年度	二氧化碳	946.01
		二氧化硫	7.66
		粉尘	3.83
海淀区某地下水 地源热泵项目	2013 年度	二氧化碳	118.56
		二氧化硫	0.96

续表

项　　目	年　　度	排 放 物	排 放 量/t
海淀区某地下水地源热泵项目	2013 年度	粉尘	0.48
	2014 年度	二氧化碳	140.79
		二氧化硫	1.14
		粉尘	0.57

2）地下温度场影响

（1）顺义区某地埋管地源热泵项目

根据调研得到地层原始温度为 14.72℃，为进行地下温度场影响的研究，顺义区某地埋管地源热泵项目 2013 年度地源热泵系统地源侧循环泵全年运行，因此可根据地源侧回水温度观察地温场恢复情况。

图 10-20 为顺义区某地埋管地源热泵项目冬夏过渡季地源侧回水温度变化曲线图，由图可以看出，自供暖季结束，地源侧回水温度逐渐升高，慢慢恢复到趋近地层原始温度。截取冬夏过渡季最后 24 h 数据计算平均值，得到地下温度场已恢复至 14.29℃。

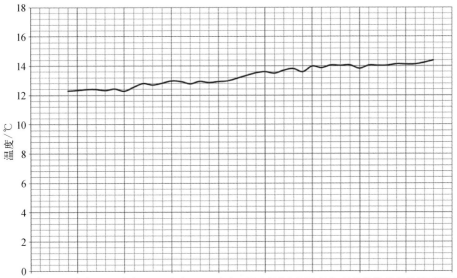

图 10-20　顺义区某地埋管地源热泵项目冬夏过渡季地源侧回水温度变化曲线图

图 10–21 为夏季地源侧回水温度变化曲线图,由图可以看出,制冷季开始后,地源侧回水温度随运行时间及空调负荷的增加逐渐升高,进入 8 月份趋于平稳,最高值为 21.04℃。在 9 月份以后,随着空调负荷的降低,地源侧回水温度也逐渐下降。

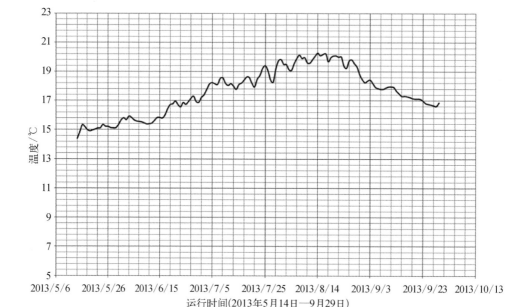

图 10–21　顺义区某地埋管地源热泵项目夏季地源侧回水温度变化曲线图

图 10–22 为夏冬过渡季地源侧回水温度变化曲线图,由图可以看出,制冷季结束后,地源侧回水温度逐渐降低,慢慢恢复到趋近地层原始温度,截取夏冬过渡季最后 24 h 数据计算平均值,得到地下温度场已恢复至 14.94℃。

图 10–23 为冬季地源侧回水温度变化曲线图,由图可以看出,供暖季开始后,地源侧回水温度随运行时间及供热负荷的增加逐渐降低,运行至 11 月下旬趋于平稳,2014 年 2 月出现最低值为 7.11℃,至 2014 年 3 月供暖季结束地源侧回水温度值为 11.9℃。

通过以上分析可以看出,地埋管换热系统在运行季可以很好地满足该项目建筑负荷需求。地埋管回水温度变化幅度不大,说明地下温度场较为稳定,维持在安全、高效利用的范围之内。过渡季地下温度恢复得较快,两个过渡季结束之前,地下温度基本可恢复至地层初始温度±0.5℃范围之内。

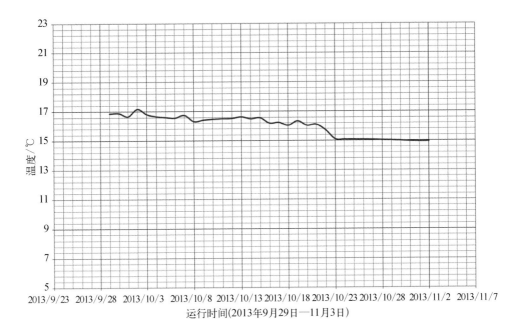

图 10-22　顺义区某地埋管地源热泵项目夏冬过渡季地源侧回水温度变化曲线图

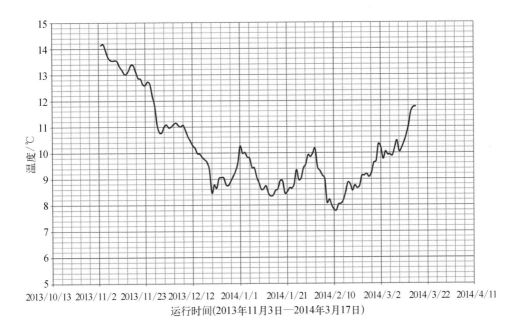

图 10-23　顺义区某地埋管地源热泵项目冬季地源侧回水温度变化曲线图

（2）海淀区某地下水地源热泵项目

图 10-24 为海淀区某地下水地源热泵项目抽水井监测温度变化曲线图,由图可以看出,各监测点温度变化不大,基本在 15.4℃左右。

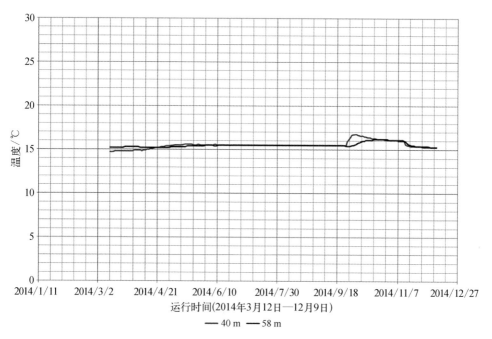

图 10-24   海淀区某地下水地源热泵项目抽水井监测温度变化曲线图

图 10-25 为回灌井监测温度变化曲线图,由图可以看出,过渡季地温变化趋势比较稳定,冬夏过渡季地温基本在 15℃左右,夏冬过渡季地温基本在 17℃左右。运行季温度变化剧烈,出现明显的波动,是由热泵机组根据空调供水温度频繁启停所致。但运行季地温总体变化趋势较为平坦,没有出现持续上升或下降,在系统停止运行后地温能够迅速恢复稳定。由此可见,系统的运行会对地温场产生一定影响,存在季节性波动,但不会出现多年热(冷)蓄积效应。

图 10-26 为各观测井 40 m 深度处温度变化曲线图,图 10-27 为各观测井 58 m 深度处温度变化曲线图,由图可以看出,距离回灌井越近,地温越容易受到回灌影响,变化幅度越大;距离回灌井越远,地温变化幅度越小,受影响时间越滞后。在最远的观测井 G 地温变化极小,基本可以认为没有受到回灌影响。在经过一个运行年之后,各监测点的温度基本恢复到地层原始温度,说明回灌对地层温度影响范围和程度有限。

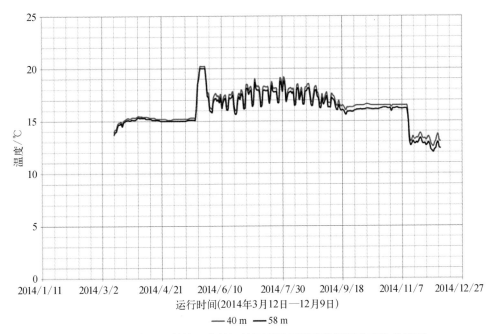

图 10-25　海淀区某地下水地源热泵项目回灌井监测温度变化曲线图

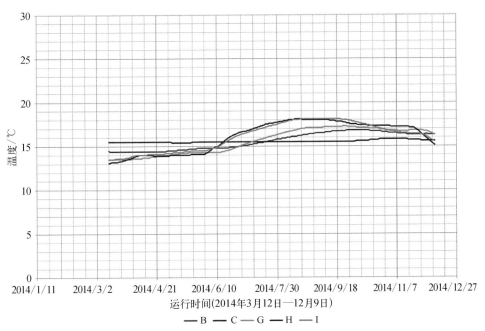

图 10-26　海淀区某地下水地源热泵项目各观测井 40 m 深度处温度变化曲线图

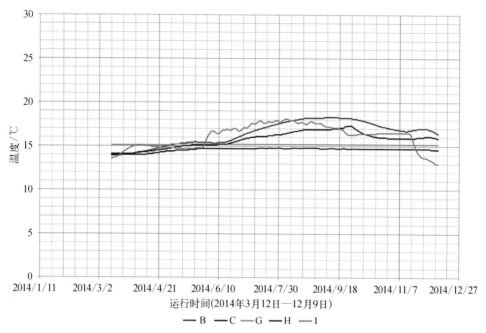

图 10-27　海淀区某地下水地源热泵项目各观测井 58 m 深度处温度变化曲线图

10.3　小结

　　浅层地热能开发利用系统的运行评价包括使用效果评价、运行能效评价、节能效果评价、经济效益评价和环境影响评价,本章详细论述了不同评价内容的评价方法,并以一处典型水源热泵项目和一处典型地源热泵项目为例,进行了浅层地热能开发利用系统的运行评价,评价结果可作为地源热泵系统优化运行的依据。

参考文献

[1] 上海市建筑科学研究院.地源热泵系统能效测评技术导则[S],2010.

[2] 中华人民共和国住房和城乡建设部.建筑节能工程施工质量验收标准: GB 50411—2019[S]. 北京: 中国建筑工业出版社,2019.

[3] 中华人民共和国住房和城乡建设部,中华人民共和国国家质量监督检验检疫总局.通风与空调工程施工质量验收规范: GB 50243—2016[S].北京: 中国计划出版社,2016.

[4] 中华人民共和国国家质量监督检验检疫总局,中国国家标准化管理委员会.水(地)源热泵机

　　组：GB/T 19409—2013[S].北京：中国标准出版社,2013.

[5] 曾永,樊引琴,王丽伟,等.水质模糊综合评价法与单因子指数评价法比较[J].人民黄河,2007(2)：45+65.

[6] 中华人民共和国住房和城乡建设部,中华人民共和国国家质量监督检验检疫总局.民用建筑供暖通风与空气调节设计规范：GB50736—2012[S].北京：中国建筑工业出版社,2012.

第 11 章
地下换热系统换热影响因素

11.1 地下水径流条件对地下换热的影响

11.1.1 自然条件下地下水的影响

地下水作为一种流体,既能搬运能量又能储存能量,还可以在压力差、温度差的驱动下发生自然循环流动,并快速把岩层或松散层中热量带入或带出,形成温度场的重新分布和动态变化。

以北京市为例,北京市平原区地下水流动的总体趋势是从山区向平原、由北西向南东流动,含水层水力坡度从冲洪积扇顶部向中部逐渐减小,由0.5‰逐渐降至0.25‰左右,到冲洪积扇中下部水力坡度约降为0.1‰。由表11-1地埋管换热量现场测试结果分析,在类似地层条件下,位于冲洪积扇顶部地下水径流速度较快,能够通过径流更快地带走交换到岩土体中的冷热量,有利于提高地埋管的换热效率。因此在富水性较好、岩性颗粒粗、地下水径流速度快的区域,地埋管换热器的换热效果要优于富水性相对较差、岩性颗粒细、地下水径流速度慢的区域。

表 11-1 地埋管换热量现场测试结果一览表

水文地质单元	孔深/m	夏季延米换热量/(W/m)	传热系数/[W/(m·℃)]	地层岩性特征(钻孔深度内)
南口冲洪积扇上部	100	90.6	5.40	第四系地层岩性以细砂为主
	100	96.4	6.20	
蓟运河冲洪积扇上部	92	81.2	4.59	第四系地层岩性以土和砂为主,含少量圆砾
	60	76.0	4.20	
永定河冲洪积扇上部	100	73.0	3.68	第四系地层岩性主要为粉土、黏土、粉砂、细砂、中砂、圆砾及卵石
拒马河冲洪积扇中上部	100	77.7	4.20	第四系地层岩性以粉土和卵石为主
潮白河冲洪积扇中部	150	66.7	3.60	第四系地层主要为黏土、细砂、中砂、粗砂及卵石

续表

水文地质 单元	孔深 /m	夏季延米换热 量/(W/m)	传热系数/ [W/(m·℃)]	地层岩性特征 （钻孔深度内）
永定河冲 洪积扇下部	162.5	62.5	3.25	第四系地层岩性主要 为黏土、中砂、粗砂和砂 砾石
	120	68.0	3.60	
	120	60.8	4.10	

11.1.2　人工干预条件下地下水的影响

地下水径流条件是地埋管换热能力的重要影响因素之一。"浅层地温能开发利用关键技术研究"[1]项目在北京市昌平区某地开展了抽水试验及现场换热测试,分析了不同地下水流速对地埋管换热能力的影响程度。

1. 试验区井孔布设

试验区共布置抽水井 1 眼,观测井 3 眼,井深均为 50 m,布置换热测试孔 2 眼,其中 1#测试孔孔深为 80 m,2#测试孔孔深为 100 m,井孔布设位置如图 11-1 所示。

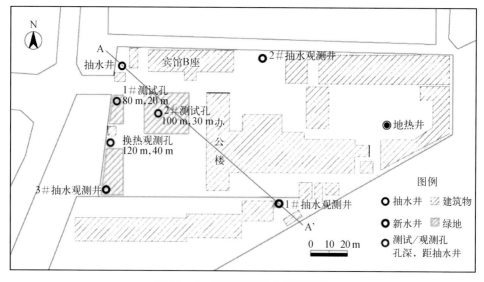

图 11-1　试验区井孔布设位置图

2. 试验区的区域地质、水文地质条件

试验区位于北京平原区,大地构造位置处于中朝准地台(Ⅰ级)燕山台褶带(Ⅱ级)西山迭坳褶(Ⅲ级)门头沟迭陷褶(Ⅳ级)北段的东北部边缘地带,八宝山断裂和黄庄—高丽营断裂之间。区域第四系为温榆河冲积物,覆盖全区,基岩地层为中生界侏罗系,基岩埋深约为 200 m。钻孔揭露试验区 125 m 以上地层主要为细砂、粉质黏土、圆砾、卵石和中细砂。其中细砂的累计厚度为 54 m,粉质黏土的累计厚度为52.4 m,试验区地质剖面图如图 11-2 所示。

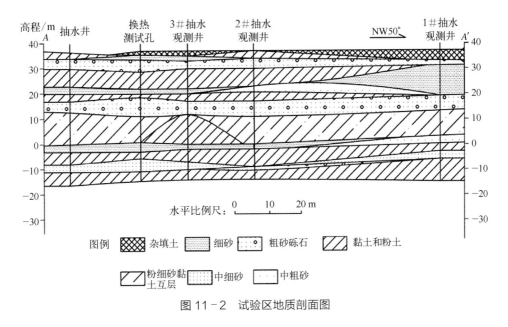

图 11-2 试验区地质剖面图

试验区位于永定河地下水系统,第四系孔隙水为弱承压水,含水层颗粒较粗,厚度较大,补给条件好,富水性较好,单井日出水量约为 1 500 m³,含水层为多层较薄的砂和卵砾石,其分布呈较为连续的层状规律。

3. 试验测试

试验通过开展两次定流量抽灌,改变地下水流速,同时开展现场热响应试验,获得单孔换热量、地层导热系数等参数,并与未进行抽灌条件下的现场热响应试验数据进行对比,研究地下水流速对地层换热能力的影响。其中第一次试验抽灌量为28 m³/h,第二次试验抽灌量为 30 m³/h,试验测试结果见表 11-2。

对比 1#测试孔和 2#测试孔在未抽水与抽水条件下的抽水试验和换热测试数据可以

看出,抽水试验改变了试验区地下水径流条件,地下水流速有明显提升,在抽水条件下两眼测试孔换热量和地层平均导热系数值均大于未抽水时,其中 1#测试孔换热能力提升了 3%~4%,2#测试孔换热能力提升了 13%~18%。试验区内地埋管换热器处于地下水位以下的部分通过对流换热,将部分热量或冷量排到周围的地下水中,地下水的流动可以快速把冷热量带入或带出,因此在整体上提高了地埋管换热器的换热效率。

表 11-2 地下水流速与换热量之间的关系

孔号	孔深/m	抽水量/(m³/h)	地下水流速/(m/d)	换热量/(W/m)	地层平均导热系数/[W/(m·℃)]
1#测试孔	80	0	0.11	43.68	2.80
		28	0.97	45.14	2.90
		30	1.27	45.40	3.11
2#测试孔	100	0	0.14	45.17	2.90
		28	0.91	50.89	3.33
		30	1.27	53.47	3.15

11.1.3 地下水流速对地下换热的模拟研究

无论是在自然条件下还是人工干预条件下的试验测试,均显示地下水径流对换热产生了显著的影响。此外,地下水流速的变化也会影响换热区域的热均衡。本节通过数值模拟方法研究了地下水流速对地下换热和区域热均衡的影响规律,采用 COMSOL Multiphysics 软件进行模拟和分析,数学模型为非等温管道流、多孔介质传热、达西定律耦合模型。

计算区几何模型为 80 m×80 m 的方形区域。区域中间布设 25 眼换热孔,换热孔间距为 5 m×5 m,深度均为 150 m。模型中假设条件为:地层各向同性且岩性均一,热物性参数为常数;忽略 U 形管周围土壤沿深度方向的传热,热量只在水平方向传播;将双 U 型地埋管等效为单 U 型地埋管。材料的导热系数、恒压热容、密度、孔隙率和渗透率等热物性参数均采用经验值。考虑粗砂、中砂、细砂等三类地层条件,其在模型中设定的物理参数见表 11-3。地埋管材料为 PE 管,管壁厚为 3 mm,内径为 26 mm,模型中将双 U 型管等效为单 U 型管,因此模型中代入等效管径参数,管壁导热系数为 0.42 W/(m·℃),管内流体流速为 1.5 m³/h。模型初始地温场采用相似地层条件下监测孔实测值代入计算。

表 11-3　模型中设定的物理参数表

地层岩性	导热系数/[W/(m·℃)]	恒压热容/[J/(kg·K)]	密度/(kg/m³)	孔隙率	渗透率/m²
粗砂	2.50	1 800	2 200	0.45	$5×10^{-11}$
中砂	2.20	2 100	2 050	0.35	$8.5×10^{-12}$
细砂	2.0	2 200	1 800	0.25	$2.5×10^{-12}$

数值模型网格剖分采用四面体剖分,计算时长为 360 天,其中第 0～120 天为夏季工况运行,埋管入口温度为 32℃;第 120～180 天为过渡季,地温自然恢复;第 180～300 天为冬季工况运行,埋管入口温度为 9℃;第 300～360 天为过渡季,地温自然恢复。

1. 地下水影响下的地埋管换热能力变化

通过在计算模型中设定粗砂、中砂、细砂三类岩性下的不同地下水流速,获得地下水影响下的地埋管换热能力变化,进而计算得到地埋管群的换热量及换热能力参数。从表 11-4 中可见,岩性颗粒越粗,埋管换热量越大,换热能力越强。在粗砂地层布设的 25 组换热孔群,夏季工况总换热量约为 $3.37×10^9$ kJ,延米换热量可达86.8 W/m。在中砂和细砂地层孔群换热能力有所降低,单位延米换热量下降 16%～34%。

表 11-4　不同地层条件下地埋管群换热量及换热能力

地层岩性	地下水流速/(m/d)	夏季总换热量/(×10⁹ kJ)	冬季总换热量/(×10⁹ kJ)	夏季延米换热量/(W/m)	冬季延米换热量/(W/m)
粗砂	0.50	337.48	221.28	86.80	56.91
中砂	0.35	282.51	172.59	72.66	43.66
细砂	0.25	223.49	133.00	57.48	34.21

2. 不同地下水流速下的地温场变化

在粗砂、中砂、细砂地层中,随着地层岩性和地下水流速的变化,地温场冷、热汇集区的迁移速度和范围也相应改变。不同岩性模型在 100 m 深度处地层地温场随时间变化情况如图 11-3 至图 11-5 所示。

从总体上看,在制冷季结束(第 120 d)时,受地埋管持续排热影响,地层温度升至最高,并随着地下水流动,热堆积区域向地下水流向的下游扩散。在粗砂地层中,供

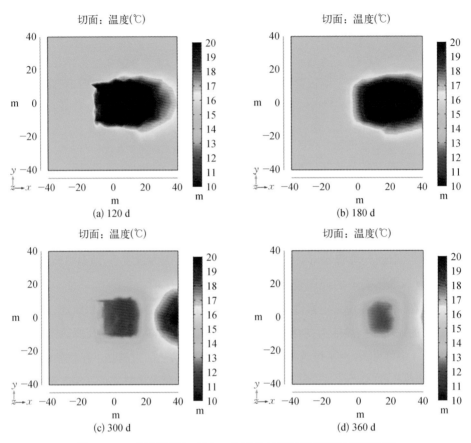

图 11-3　粗砂模型在 100 m 深度处地层地温场随时间变化图

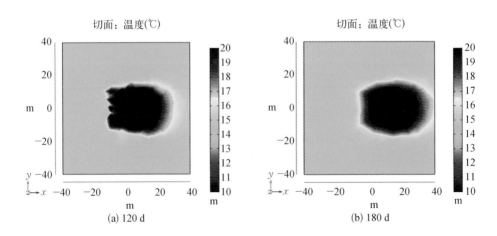

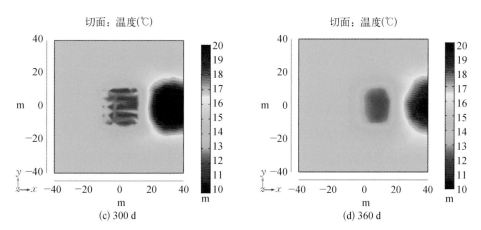

图 11-4　中砂模型在 100 m 深度处地层地温场随时间变化图

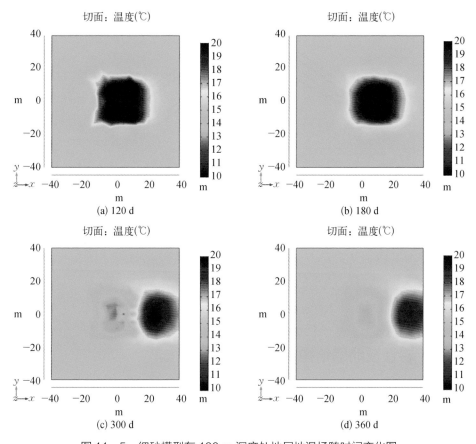

图 11-5　细砂模型在 100 m 深度处地层地温场随时间变化图

暖季开始时(第 180 d)热扩散区已流动至计算边界,并且温度在逐渐下降;供暖季结束时(第 300 d)地温整体下降,并有开始向下游迁移的趋势;至恢复期结束(第 360 d)时,地温基本恢复。相较中砂及细砂,粗砂地层中地下水径流速度较快,因此地温场冷热堆积区迁移速度也快,地温恢复情况最好。

3. 埋管孔群下游地温变化

为了研究地下径流对地埋管换热区下游温度场的影响,通过模型计算获得 80 m 深度处距离地埋管群最外围 2.5 m、5 m 处的温度,并制作地温随时间变化曲线图。由图 11 - 6 可见,距离埋管较远的地层,地温发生变化的时间延迟,恢复速度也较慢,证明了温度场随地下水的迁移性质。对比粗砂和中砂地层地温变化可以发现,粗砂地层温度恢复得较快,与初始地温差异较小,且为负差异,说明地温略微降低。而中砂地层温度为正差异,且差异较粗砂大,温度恢复速度不及粗砂快。

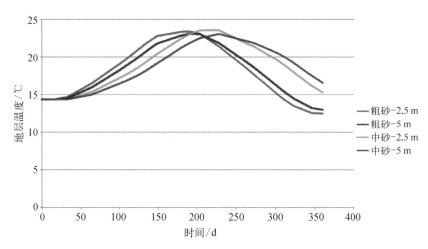

图 11 - 6　80 m 深度处距离地埋管群最外围 2.5 m、
5 m 处地温随时间变化曲线图

11.2　岩性及地层结构

11.2.1　地下水换热系统

水文地质条件是决定能否采用地下水地源热泵系统的关键所在,控制了整个系统的经济性。基本的水文地质条件主要为场地含水层岩性、地层结构、地下水位、出水量和回灌量、流向流速及水温、水质情况。

含水层的主要参数为岩性、埋深、厚度及分布。一般地下水地源热泵系统的含水层为中、细砂以上含水层,含水层颗粒越大,含水层的渗透系数(指单位时间内通过单位断面的流量,一般用来衡量地下水在含水层中径流的快慢)越大,对单井出水量和回灌量影响也很大。通常情况下,粗砂以上含水层在满足出水量的同时,具有较好的回灌能力;粗砂以下的含水层,即使能够抽取相当的水量,回灌能力也比较差。含水层埋深直接影响系统的造价。含水层埋深大,势必造成热源井深度加大,增加热源井的成井费用,并且深度到一定程度后,有可能出现地层胶结现象,影响含水层的出水量和回灌量。此外,随着含水层埋深增加,系统抽水成本也将增加。含水层厚度也是决定水资源的一个重要因素,含水层太薄,将影响热源井单井出水量。如为了满足工程项目的需水量而增加热源井,不仅增加系统成本,也受制于场地可利用面积。

地下水水位埋深与能否采用地下水地源热泵系统密切相关。如果地下水位埋深较浅,虽然抽水井可能较浅,抽水成本可能降低,但热源井的回灌效果将大大降低[2]。因此,在地下水地源热泵系统中,不能只单独考虑含水层能否提供要求水量,还要考虑在这样的水文地质条件下,回灌效率和回灌量能否满足要求而不造成环境风险。另外,地下水位埋深不单要考虑勘查时的水位,还要考虑历史水位,分析、预测场地及其周围地区地下水位可能会产生的变化。以北京市潮白—蓟运—温榆河松散孔隙水地下水子系统为例,影响其地下水动态的主要因素有气候、水文、含水层空间结构等。潮白河冲洪积扇地区地下水动态变化与降水、河道行洪及开采关系密切。影响温榆河冲洪积扇地下水位动态的最主要因素是水文气象条件的变化和人工开采。平谷沟河、错河冲洪积扇地区地下水位随降水变化而变化,枯水年水位下降,丰水年水位上升。

11.2.2 地埋管换热系统

岩土体是地源热泵系统吸热和放热的场所,其物理性质是影响热泵系统效率的关键,岩土体热物性特征包括岩土体的热导率、比热容以及天然含水率特征等,反映了岩土体的蓄热和导热能力,是影响浅层地热能资源赋存的重要因素。下面以北京地区和重庆地区的实验测试成果为例加以分析说明。

1. 北京地区地层热物性特征

对北京地区黏性土和细砂进行测试实验,共采集粉质黏土 100 件,细砂 50 件,研究地层岩性对地埋管换热能力的影响。

(1) 粉质黏土热导率统计分析

第四系松散堆积物中能量传递的机理要比固相岩石复杂得多,其中颗粒的大小、形状、排列方式、孔隙率、含水性质、含水率、物质成分、结构等都是影响因素。选取北京地区的 40 个粉质黏土样品的天然含水率、天然密度、饱和度、孔隙比和热导率测试数据进行分析,可以得出北京地区粉质黏土在天然状态下热导率为 1.154~1.807 W/(m·K),平均值为 1.465 W/(m·K)。

按照不同地点和整体方式对选取的样品热导率与天然含水率、天然密度和孔隙比进行了线性、对数、指数和乘幂拟合,通过拟合,得到了粉质黏土热导率与天然含水率、天然密度和孔隙比拟合曲线及拟合参数。北京地区粉质黏土热导率与含水率大体上可用指数关系来描述,经验计算公式为

$$y = 2.7701\mathrm{e}^{-0.023x}, \ R^2 = 0.8108$$

可以发现,在天然含水率状态下,粉质黏土含水率在 20% 左右时热导率最佳,随含水量的增大热导率逐渐呈下降趋势。

由图 11-7 可以看出,在天然含水率状况下,北京地区粉质黏土热导率与天然含水率的关系用指数关系拟合程度较好。

由图 11-8 可知,粉质黏土热导率与天然密度大体上可用指数关系来描述,经验计算公式为

$$y = 0.287\mathrm{e}^{0.8472x}, \ R^2 = 0.5798$$

拟合结果表明,在天然状态下随着密度的增加,热导率呈增大的趋势,但呈非线性规律。

孔隙比是影响岩土体热导率的另一个重要因素,由图 11-9 可知,粉质黏土热导率与孔隙比大体上可用对数关系来描述,经验计算公式为

$$y = -0.743\ln x + 1.2927, \ R^2 = 0.7363$$

拟合结果表明,在天然状态下,热导率随着孔隙比的增大而逐渐减小。

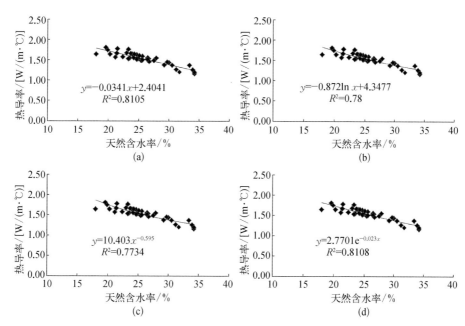

图 11-7　北京地区粉质黏土热导率与天然含水率拟合关系曲线

（a）线性关系；（b）对数关系；（c）乘幂关系；（d）指数关系

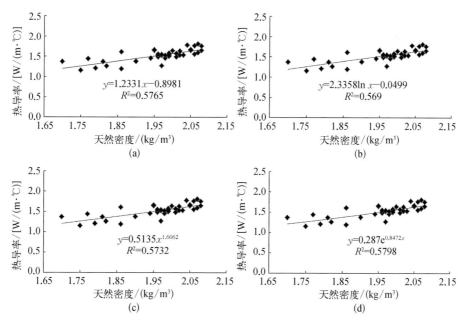

图 11-8　北京地区粉质黏土热导率与天然密度拟合关系曲线

（a）线性关系；（b）对数关系；（c）乘幂关系；（d）指数关系

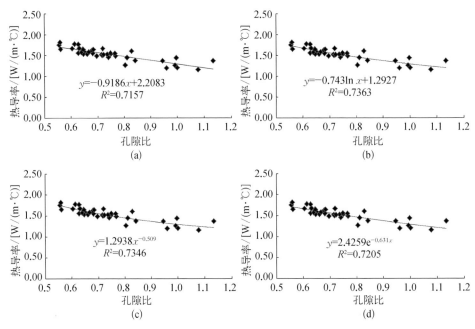

图 11 - 9　北京地区粉质黏土热导率与孔隙比关系拟合曲线

（a）线性关系；（b）对数关系；（c）乘幂关系；（d）指数关系

（2）细砂热物理性质统计分析

选取北京地区的 25 个细砂样品的天然含水率、天然密度、饱和度、孔隙比和热导率测试数据，分析得出北京地区细砂在天然状态下热导率为 1.289 ～ 1.82 W/(m·℃)，平均值为 1.55 W/(m·℃)。对选取样品的热导率与天然含水率、天然密度和孔隙比进行了线性、对数、指数和乘幂拟合，得到细砂热导率与天然含水率、饱和度和孔隙比拟合曲线及拟合参数。由图 11 - 10 可知，北京地区细砂热导率与天然含水率关系大体上可用多项式（二项式）关系来描述，经验计算公式为

$$y = - 0.0036x^2 + 0.0798x + 1.241,\ R^2 = 0.7617$$

含水量在 15% 以内时，热导率随着含水量的增加缓慢增大。由图 11 - 11 和图 11 - 12 可知，热导率随着饱和度、孔隙比的增加而减小，可以用对数和线性关系来描述。

由于样品物质成分和微观结构差异影响着传热方式组合，导致不同地区乃至相同地区热导率与含水量等因素拟合方程形式不尽相同，但变化规律趋势相似[3]。在

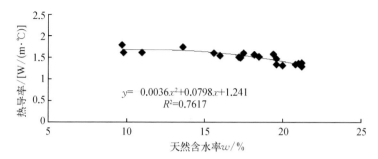

图 11-10　北京地区细砂热导率与天然含水率关系拟合曲线

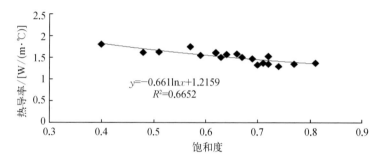

图 11-11　北京地区细砂热导率与饱和度关系拟合曲线

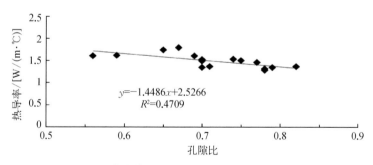

图 11-12　北京地区细砂热导率与孔隙比关系拟合曲线

天然含水率条件下,粉质黏土和细砂的热导率随天然含水率、天然密度、孔隙比的变化规律趋势明显:在天然含水率超过某一最佳值后,热导率随着含水率增大而逐渐减小;热导率随密度的增加而增大,随孔隙率的增加,热导率逐渐在降低。从本次统计分析来看,北京地区粉质黏土含水量在 20% 左右时热导率最佳,细砂含水量在 15% 左右时热导率最佳。粉质黏土的热导率变化趋势和细砂热导率变化趋势类似,但粉质黏土的热导率比细砂的热导率要小。

2. 重庆地区地层热物性特征

（1）砂岩热导率特征

重庆城市区域主要岩层包括砂岩、泥岩、灰岩，少量分布有页岩、白云岩、粉质黏土及素填土等。

在重庆地区不同地点选取 24 个测试孔，共收集 44 个砂岩样本进行了天然含水率、孔隙率、吸水率、颗粒密度、热导率、热扩散系数、比热容等实验测试，从实验结果数据分析结果可以看出，不同砂岩样品的热导率、热扩散系数、比热容相差较大，其热导率为 $1.64 \sim 3.19$ W/(m·℃)，平均值为 2.232 W/(m·℃)，热扩散系数为 $(0.59 \sim 1.24) \times 10^{-6}$ m²/s，比热容为 $0.64 \sim 1.21$ kJ/(kg·K)。

影响岩层热导率等热物理性质的因素众多，包括岩层组成成分、含量、结构，以及自身物理性质包括含水量、孔隙率、密度等诸多因素。为了分析表示天然含水率、孔隙率、吸水率之间的关系，利用最小二乘法对数据进行处理，分别进行了线性、对数、指数、多项式拟合，发现三者之间多项式模拟最为吻合，最终生成天然含水率、孔隙率、吸水率拟合曲线及其拟合参数，如图 11-13 至图 11-15 所示。

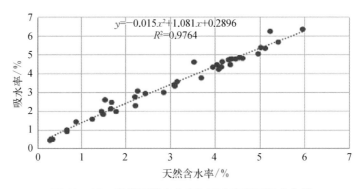

图 11-13　砂岩天然含水率与吸水率关系拟合曲线

由图可知，砂岩天然含水率与吸水率之间的关系可以用如下经验公式表示：

$$y = 0.015x^2 + 1.081x + 0.2896,\ R^2 = 0.9764$$

孔隙率与吸水率之间的关系可用如下经验公式表示：

$$y = 0.0026x^2 + 0.3932x - 0.3415,\ R^2 = 0.9942$$

孔隙率与天然含水率之间的关系可以用如下经验公式表示：

$$y = 0.0041x^2 + 0.3596x - 0.5368, \ R^2 = 0.9656$$

孔隙率、天然含水率、吸水率三者呈强相关关系,孔隙率越大,天然含水率、吸水率越大。但不同砂岩样品的孔隙率、天然含水率、吸水率与热导率的关系不明显。

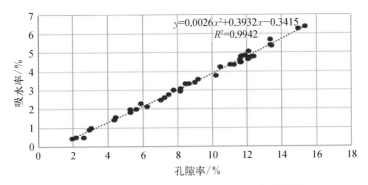

图11-14　砂岩孔隙率与吸水率关系拟合曲线

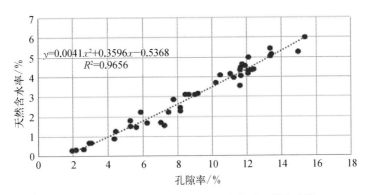

图11-15　砂岩孔隙率与天然含水率关系拟合曲线

（2）泥岩热导率特征

重庆地区泥岩主要分布在侏罗系及三叠系地层中,根据重庆地区38组泥岩样品的天然含水率、孔隙率、吸水率、颗粒密度、热导率、热扩散系数、比热容等测试数据分析可以看出,泥岩的热导率为 $1.45 \sim 2.77$ W/(m·℃),平均值为 1.90 W/(m·℃)。

剔除个别异常点后,对泥岩样品热导率与吸水率、天然含水率、孔隙率进行线性、对数、指数及多项式拟合。采用多项式拟合程度最高,拟合曲线及其拟合参数如图 11-16 至图 11-18 所示。由图可知,泥岩热导率与吸水率大体上可用多项式关系来

描述,经验计算公式为

$$y = 0.036x^2 - 0.4196x + 2.818, \ R^2 = 0.6722$$

泥岩热导率与天然含水率大体上可用多项式关系来描述,经验计算公式为

$$y = 0.0376x^2 - 0.4033x + 2.6984, \ R^2 = 0.7012$$

热导率与孔隙率大体上可用多项式关系来描述,经验计算公式为

$$y = 0.0057x^2 - 0.1815x + 2.9948, R^2 = 0.6612$$

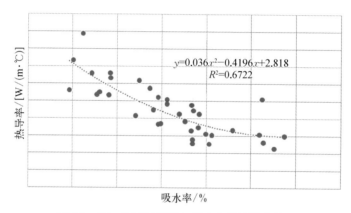

图 11-16   泥岩热导率与吸水率线性拟合关系

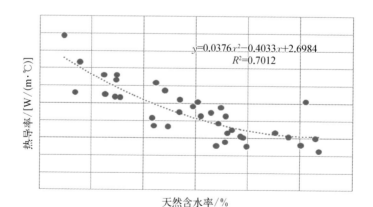

图 11-17   泥岩热导率与天然含水率线性拟合关系

同砂岩一样,为了分析泥岩天然含水率、孔隙率、吸水率之间的关系,分别进行了线性、对数、指数、多项式拟合,三者之间用多项式拟合最为吻合,其拟合曲线及其拟

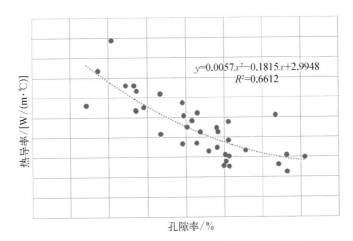

图 11-18 泥岩热导率与孔隙率线性拟合关系

合参数如图 11-19 至图 11-20 所示。由图可知,泥岩孔隙率与天然含水率之间的关系可以用如下经验公式表示:

$$y = -0.0028x^2 + 2.1065x + 2.3272, \; R^2 = 0.9591$$

孔隙率与吸水率之间的关系可以用如下经验公式表示:

$$y = -0.051x^2 + 2.5114x + 1.091, \; R^2 = 0.9807$$

孔隙率、天然含水率、吸水率三者呈强相关关系,孔隙率越大,天然含水率、吸水率越大。

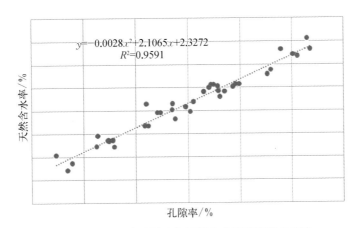

图 11-19 泥岩孔隙率与天然含水率关系拟合曲线

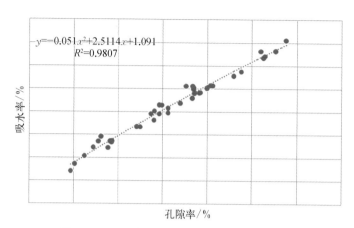

图 11‑20 泥岩孔隙率与吸水率关系拟合曲线

（3）灰岩热导率特征

在重庆地区不同地点钻孔采集样品库中选取 17 个灰岩样品本进行了室内物理性质及热物理性质的实验测试，灰岩的天然含水率为 0.17%～1.05%；孔隙率大多为 1.18%～3.61%，平均值为 2.62%；吸水率为 0.23%～1.2%，平均值为 0.8%。不同样品灰岩的热导率、热扩散系数相差较大，其热导率为 2.6～3.77 W/（m·℃），平均值为 2.932 W/（m·℃），热扩散系数为（1.05～1.51）×10^{-6} m^2/s，比热容为 0.76～0.98 kJ/（kg·K）。

（4）其他岩性热导率特征

根据收集到的页岩、白云岩、粉质黏土、素填土等样品热物性实验数据分析可以看出，不同地方取不同岩性的岩石样本热导率不同，白云岩热导率较高，为 2.76～3.08 W/（m·℃），平均值为 2.88 W/（m·℃）；其次是页岩，平均值为 1.77 W/（m·℃），素填土和粉质黏土的热导率相对较低。

（5）单孔热导率特征

以位于重庆市渝北区木耳镇钻孔为例，分析岩土体的物理性质参数、热物理性质参数。从钻孔内不同深度岩层物理性质参数测试结果可以看出，6～13 m 深度为砂岩，30～40 m 深度为泥岩，42～60 m 深度为砂岩，60～74 m 深度为泥岩；不同岩层的天然含水率不同，砂岩的天然含水率相对较高，泥岩的天然含水率相对较低；不同岩层的孔隙率不同，其中砂岩孔隙率相对较高，泥岩较低。

同样以钻孔 ZK1（位于重庆市渝北区）岩土样品的热物理性质参数进行对比分

析,不同深度、不同岩性地层的热导率不同,其中砂岩较高,平均热导率为2.04 W/(m·℃),泥岩相对较低,平均热导率为 1.77 W/(m·℃)。离地表越近的岩层,风化程度相对较高,孔隙率较大,其热导率相对较低;不同岩性的比热容差异较大,砂岩的平均比热容约为 1.1 kJ/(kg·℃),泥岩的平均比热容约为 0.8 kJ/(kg·℃)。砂岩与泥岩的热扩散系数基本一致,钻孔平均热扩散系数约为 0.8×10^{-6} m²/s。砂岩的平均热导率和平均比热容均比泥岩的大,这说明砂岩具有良好的导热性能。

11.3　地层原始温度对换热的影响

不同地区由于气候及地质条件的差异,地埋管换热性能不同,气候主要影响地层初始温度。本节收集了不同气候带岩土体的测试成果数据,成果数据涉及北京市、天津市、江苏省、河北省、陕西省、山西省、安徽省、江西省、湖北省、山东省等省市。

本次收集的项目所在地在中温带、南温带、北亚热带、中亚热带均有分布,由图11-21可以看出,岩土体原始温度确实随气候带的不同而呈现相应的变化。按照中温带—南温带—北亚热带—中亚热带,由北向南岩土体的原始温度逐渐增加。

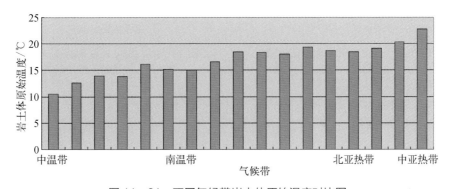

图 11-21　不同气候带岩土体原始温度对比图

图11-22描述了不同气候带下岩土体原始温度与平均导热系数的关系,由图可知,岩土体原始温度与平均导热系数之间没有呈现明显的规律性。

从图11-23中可以看出,夏季地埋管延米换热量随岩土体原始地温增加而减少,

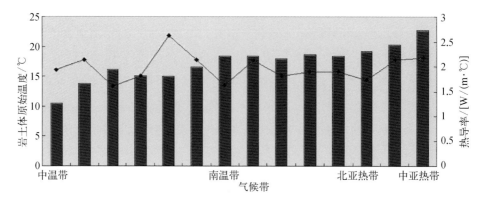

图 11‐22　不同气候带下岩土体原始温度与平均导热系数关系图

说明原始地温较低的地区有利于散热。冬季情况则又不一样,图 11‐24 中显示土壤原始温度高的区域有利于取热,地埋管延米换热量随原始地温的增加而增大,因此在温暖地区冬季地埋管的换热效果要优于寒冷地区。

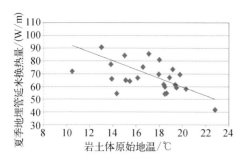

图 11‐23　岩土体原始地温与夏季地埋管延米换热量关系图

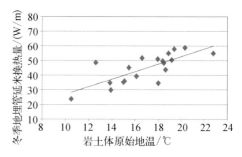

图 11‐24　岩土体原始地温与冬季地埋管延米换热量关系图

　　尽管各个地区的换热性能存在差异,并不意味着换热性能好的地方采用地埋管地源热泵就优于其他地区。地埋管地换热器的适宜性除了跟其换热性能有关外,还与钻孔成井地质条件有关,并不是换热最好的地区就最适宜建地源热泵。

11.4　不同换热方式的换热效果

　　根据冷热源形式的不同,浅层地热能的开发利用方式可以分为地表水地源热泵系统、地下水地源热泵系统和地埋管地源热泵系统,为了比较三种不同开发利用方式的换热效率,提出负担相同负荷所需占用的地(水)下空间面积和所需换热管路的方案对比。

11.4.1　地表水地源热泵系统

地表水的水温受气候影响较大,全年处于波动状态。地表水表层(0~12 m)的水温随着全年各个季度的不同而变化。根据地表水循环环路的结构形式将地表水地源热泵分为开式和闭式两种形式。开式地表水地源热泵系统就是地表水通过取水口,经过处理后进入地面上的热泵机组或中间换热器,经换热后在离取水口一定距离的地点排入地表水体。闭式系统将换热盘管放置在地表水体中,通过盘管内的循环介质与地表水进行换热。由于换热的需求,盘管内的循环介质与地表水必须存在一定的温差,这就使得冬季对应的蒸发温度更低,夏季对应的冷凝温度更高,因此闭式环路的换热效率比开式环路略有下降。与地下水地源热泵及竖直埋管式土壤源热泵相比,地表水地源热泵需要更大面积的地表水体,如果是闭式环路,还需要更长的换热盘管。

影响地表水地源热泵系统换热效率的因素主要有以下几个方面。

1. 水温分布

如果不考虑流入、流出带走的热量,池塘、湖泊、水库等水域的水体流动非常缓慢,当水深达到一定深度时,出现明显的热分层现象。地表水的传热形式主要包括接收来自太阳的辐射热、水面的蒸发传热、与周围空气之间的对流热交换、地表水体内换热器的吸热或放热、水体底部土壤与水体之间的热传导,以及地表水渗漏带走的热量。表层水体的水温基本均匀,主要受水面气候的影响。表层之下(一般称为斜温层)的水温随深度而变化,夏季降低、冬季上升,夏季变化更为急剧,且斜温层的深度受作用于水面上风力的影响很大,斜温层以下的水体处于停滞状态。因此,在利用池塘、湖泊、水库等作为冷热源时,不仅要考虑气候对水温的影响,还要考虑其他传热形式以及水体承担的冷热负荷对水温分布的影响。

2. 冬季冰冻

冬季各地区,特别是北方地区,地表水温度很低,甚至结冰。这种温度很低的水源进入系统换热后温度进一步降低,如果换热温差过大,就会出现冰冻堵塞或者胀裂管道的危险,从而影响整个系统的运行。为防止这种故障的发生,热泵系统一般都会设置进水温度保护装置,当水温低于设定值时,机组保护停机,水温恢复到设定值以上时,机组重新开机。如果水温反复变化,机组就会频繁地开、停机,严重影响了机组寿命。此时可采取加辅助热源的方式以保证系统正常运行,辅助热源的选择要根据具体情况慎重考虑,以保证系统能经济、高效运行。

3. 取水口、排水口的位置

开式环路系统中,在地表水地源热泵制冷时,经过换热的水再次排放到水体中,如果取水口和排水口位置设置得不当,排出的水还没有经过充分的自然冷却又从取水口进入系统,无疑降低了换热效率,制热工况亦然。

通常情况下,取排水口的布置原则是上游深层取水,一定距离处下游浅层排水,在水库、池塘水体中,取水口和排水口之间的距离最好要大于100 m,保证排水再次进入取水口之前温度能最大限度地恢复。在工程建设之前,要对系统工况进行模拟,选择最佳的取水口和排水口位置。

4. 换热盘管形式

闭式环路系统中,换热盘管的形式对换热效率有一定影响,目前已经应用的最新技术是将毛细管作为热源侧换热盘管,换热效率得到大幅提升。

11.4.2　地下水地源热泵系统

地下水全年温度基本恒定,接近地层原始平均温度,水源热泵机组可利用的水体温度冬季比环境温度高,热泵循环的蒸发温度提高,换热效率也提高。而夏季比环境温度低,制冷的冷凝温度降低,从而提高换热效率。地下水地源热泵系统按照取水换热方式可分为开式环路系统和闭式环路系统,与地表水地源热泵系统类似,闭式环路的换热效率比开式环路略低。

地下水地源热泵系统是目前空调系统中能效比最高的制冷、制热方式,其能效比一般为4~6。水源热泵消耗1 kW・h的电量,用户可以得到4.3~5.0 kW・h的热量或5.4~6.2 kW・h的冷量,与空气源热泵相比,其运行效率要高出20%~60%。

11.4.3　地埋管地源热泵系统

地埋管地源热泵系统可分为竖直埋管地源热泵系统和水平埋管地源热泵系统。

水平埋管地源热泵系统是将地埋管水平铺设在地下岩土体中,埋深根据当地气候条件而定,一般为 1.5~2.5 m。与地表水地源热泵系统类似,浅层岩土体的温度受气候影响较大,全年处于波动状态,因此冬季要求供热负荷最大时,对应的蒸发温度最低,而夏季要求供冷负荷最大时,对应的冷凝温度最高,因此该形式热泵系统的换热效率较低。与地下水地源热泵系统和竖直埋管地源热泵系统相比,水平埋管地源热泵系统需要更大面积的地下空间,以及更长的换热盘管。

竖直埋管地源热泵系统是将地埋管竖直铺设在地下岩土体中,地埋管深度一般为 80~160 m。浅层岩土体温度受气候影响较大,呈季节性变化,而变温带以下的岩土体全年温度基本恒定。与地下水地源热泵系统类似,热泵机组可用于换热的岩土体温度,冬季比环境温度高,热泵循环的蒸发温度提高,换热效率也提高;夏季比环境温度低,制冷的冷凝温度降低,从而提高换热效率。由于地埋管地源热泵采用换热介质将地下的热量或冷量带到地上进入热泵机组进行换热,因而进入热泵机组的介质温度相比于地下水的温度必然更接近环境温度,使得土壤源热泵系统的换热效率比地下水地源热泵系统略低。

地埋管的形式对换热效率也有一定影响,如竖直双 U 型埋管比竖直单 U 型埋管的换热效率高 10%~20%。根据现场热响应试验获取水平埋管形式和竖直埋管形式的地埋管换热能力参数,在标准工况下竖直双 U 型埋管的排热量、取热量分别为 72.2 W/m、30.4 W/m,分别是水平螺旋埋管的排热量、取热量的 1.9 倍和 1.5 倍,其换热能力明显优于水平螺旋埋管。由于水平螺旋埋管的埋置深度较浅,传热条件受外界气候条件影响较大,而且布设占地面积比较大,所以实际工程应用中尤其是建筑密集区推荐采用竖直埋管形式。

表 11-5 不同埋管方式换热试验测试结果对比

工 况	项 目	竖直双 U 型埋管	水平螺旋埋管
埋管参数	埋管深度/位置/m	80	2.5
	总管长/m	320	220
	管径	DN32	DN32
	地层原始温度/℃	13.5	15
测试工况	进口温度/℃	35.0	34.2
	出口温度/℃	31.8	30.9

工 况	项 目	竖直双U型埋管	水平螺旋埋管
测试工况	换热温差/℃	3.2	3.3
	流量/(m³/h)	1.60	2.55
	换热量/(W/m)	75.49	37.95
	传热系数[W/(m·℃)]	3.80	3.06
标准工况	排热量/(W/m)	72.2	37.28
	取热量/(W/m)	30.4	20.24

根据现场热响应试验获取竖直双 U 型埋管形式和竖直单 U 型埋管形式的地埋管换热能力参数,在标准工况下竖直双 U 型埋管的排热量、取热量分别为 73.92 W/m、39.48 W/m,较竖直单 U 型埋管的排热量、取热量分别高出 10.58% 和 8.79%,其换热能力明显优于竖直单 U 型埋管,见表 11-6。

表 11-6 不同埋管类型换热试验测试结果对比

工 况	项 目	竖直双U型埋管	竖直单U型埋管
埋管参数	回填料	原浆+砂料	原浆+砂料
	埋管深度/位置/m	80	80
	管径	DN25	DN25
测试工况	进口温度/℃	33.5	32.5
	出口温度/℃	30.3	29.3
	换热温差/℃	3.2	3.2
	流量/(m³/h)	1.53	1.31
	换热量/(W/m)	71.4	61.13
	传热系数[W/(m·℃)]	4.2	3.82
标准工况	排热量/(W/m)	73.92	66.85
	取热量/(W/m)	39.48	36.29

不同开发利用方式的地源热泵系统的换热效率对比关系见表 11-7,其中一级为最高,六级为最低。

表 11-7　不同开发利用方式的地源热泵系统的换热效率对比关系表

一级	地下水(开式环路)		
二级	地下水(闭式环路)		
三级	地埋管(竖直埋管双 U 型)		
四级	地埋管(竖直埋管单 U 型)		
五级	地埋管(水平埋管)	地表水	开式环路
六级			闭式环路

11.5　不同开采规模的换热效果

由于地表水地源热泵系统和水平埋管地源热泵系统换热效率较低,大规模应用需要占用大面积的地表水体或土地,且保证率不高,因此实际工程中应用得较少,大规模应用得更少,上海世博轴项目为典型的地表水地源热泵系统应用案例,为地表水地源热泵与地埋管地源热泵复合系统,其中地表水地源热泵系统承担小部分负荷。本节对地源热泵系统规模化应用分析仅涉及地下水地源热泵系统和竖直地埋管地源热泵系统。

1. 地下水地源热泵系统规模化应用对换热效率的影响

该影响主要体现在项目规模较大,抽水回灌量较大,对区域地温场及地下水温度的影响就会随之增大,使得进入热泵机组的地下水温度向不利于换热的方向变化,导致换热效率降低。

研究表明,其他条件不变时,随着抽水量的增加,抽水井温度受回灌的影响逐渐增强,随着抽灌井间距的增加,抽水井温度受回灌行为的影响逐渐减弱。因此在项目负荷变化时,保证抽灌水温差不变的情况下,抽水量越大,抽灌井设计间距应该也越大。相同负荷条件下,仅在某一范围内,抽灌井设计间距应随着抽水量的增加而增加,这一范围外,抽灌井设计间距可以不随抽水量的增加而增加。

王慧玲等人[4]针对水源热泵抽水回灌对含水系统流场和温度场的影响做了较为详细的研究,通过建立三维水热耦合数值模拟模型,对地下水地源热泵系统井群平行抽灌以及交叉抽灌两种调度运行模式下,系统运行后的含水层地下水流场及温度场情况进行了模拟计算和分析。结果表明平行抽灌模式因抽水井、回灌井附近区域地下水渗流速度相对较大,对流传热作用强,抽水井发生热贯通所需要的时间较短,且在相同时间内抽水井的温度变幅也较交叉抽灌模式要大,系统运行效率降低更加明显。

2. 竖直地埋管地源热泵系统规模化应用对换热效率的影响

与地下水地源热泵系统类似,该影响主要体现在项目规模较大,换热孔数量增加,对区域地温场的影响就会随之增大,使得进入热泵机组的循环水温度向不利于换热的方向变化,导致换热效率的降低。如果地埋管循环流体的进口温度保持在一定范围内,出口温度的变化是地埋管与岩土体换热作用的结果,直接影响着热泵主机的运行效率,是反映地埋管在岩土体中换热效率的重要参数。

钻孔间距、规模及布局方式也是影响地埋管管群传热效率最主要的参数之一。於仲义[5]等人针对地埋管群优化布局问题中引入了群管综合换热等效系数和热堆积系数,利用数值模型,分别通过控制因素(采用2×2,8×8阵列规模,4×4阵列地埋管间距分别为3 m、5 m、7 m,以及通过L形、长条形R和正方形S地埋管布局),研究了地埋管阵列间距、分块规模和阵列形式对群管换热能效的影响,得出地埋管群的管间距、分块规模、阵列形式都极大地影响着地埋管在岩土体中的换热效果,地埋管之间热干扰发生的时间和作用强度随着间距、阵列规模、阵列形式的选取不同而有差异。在考虑运行时间的基础上,充分利用已有的地埋管条件,尽可能地加大管间距,减小地埋管分块规模,采用分散设置的阵列形式,可以增强换热效果,提高地源热泵系统的运行效率。

地下水渗流也是影响埋管管群传热效率的重要因素。当建筑物冷、热负荷不平衡时,地埋管向土壤释放的热量远大于(或远小于)从土壤中吸收的热量,在热泵系统长时间运行后,就会造成热量在地层中积聚(热堆积/冷堆积),土壤温度升高(降低),土壤与埋管换热器之间吸放热温差逐渐减小,致使埋管换热器释放的热量不易排出,极大地影响了热泵系统的能效,这对于夏季(冬季)工况都是极为不利的,而地下水渗流能够减弱或消除这种冷热堆积效应,以上问题在本章第一节也做了专门的研究分析。

另外,也有学者针对地下水渗流对地埋管管群传热效率的影响做了很多工作,王沣浩[6]等人通过建立了有地下水渗流时地源热泵地埋管管群热渗耦合传热模型,研究了地下水渗流对管群内不同位置钻孔换热的影响、渗流方向角和钻孔布置形式对管群换热的影响。研究结果表明,地下水的渗流削弱了管群在垂直于渗流方向上的热影响,增强了沿渗流方向的热影响。张灿灿[7]等人重点对比分析了当埋管位置固定时,地下水渗流方向对不同布置形式的管群换热的影响。地下水当量渗流速度在 10^{-6} 数量级时能大大降低由于冷、热负荷不平衡而带来的土壤热堆积效应。存在地下水渗流时,无论管群是处于顺排还是叉排布置,都存在一个最优的渗流方向角使得周围土壤的平均过余温度最小,同时还存在一个最劣的渗流方向角,使得周围土壤的平均过余温度最大。无论是有无地下水渗流,管群顺排布置时的平均过余温度都比叉排布置时低。但是叉排布置时土壤过余温度场分布得更均匀,更节省占地面积。

在实际工程中,选择合理的埋管方式,有效利用地下水渗流,能够极大地削弱由于冷、热负荷不平衡带来的热堆积,同时也进一步表明了地下水渗流对于地源热泵系统设计的重要性。

11.6　小结

浅层地热能的开发利用主要通过地下换热系统实现能源的采集,而换热器与地层之间的传热是一个十分复杂的三维非稳态过程,影响因素繁多,包括地下径流条件、岩性及地层结构、地层原始温度、换热方式、开采规模等,本章结合现场试验、实验室测试结果和工程案例分析了地下换热系统的换热影响因素,并对不同换热方式、不同开采规模的换热效果进行了详细分析,将为浅层地热能高效采集和利用提供有益的指导。

参考文献

[1] 郑佳,李宁波,卫万顺,等.浅层地温能开发利用关键技术研究报告[R].北京市地质矿产勘查开发局,2015.

[2] 胡桂秋.地下水地源热泵系统应用条件分析[J].承德石油高等专科学校学报,2011,13(1):44-47.

[3] 栾英波,卫万顺,郑桂森,等.影响北京地区粉质粘土和细砂的热导率因素统计分析[J].现代地质,2011,25(6):1187-1194.

[4] 王慧玲.抽灌模式对地下水地源热泵系统含水层地下水流场和温度场的影响[J].工程勘察,2008(S2):193-198.

[5] 於仲义,陈焰华,雷建平.阵列式 U 形地埋管群换热能效特性研究[J].暖通空调,2015,45(2):124-128.

[6] 王沣浩,余斌,颜亮.地下水渗流对地埋管管群传热的影响[J].化工学报,2010,61(S2):62-67.

[7] 张灿灿.地下水渗流对地埋管管群传热的影响分析[D].南京:南京师范大学,2014.

第 12 章
浅层地热能未来发展方向与展望

我国浅层地热能开发利用历经 20 多年发展,其规模已跃居世界首位,产业经济规模不断扩大且正处于高速发展期;技术水平位居世界前列,应用覆盖全国绝大多数省市。截至 2017 年年底,浅层地热能年利用总量达 1 900 万吨标准煤;每年减少了大量碳排放,为我国当前生态文明建设乃至世界低碳事业做出了不可磨灭的贡献,并得到了国际的广泛关注和认可。我国成功申办了 2023 年世界地热大会就是最好的佐证。新形势下,浅层地热能应用更加注重科学性和规范性。从前期的粗犷式开发转变为精细化发展。在满足用能需求的前提下,尽可能做到资源的集约节约利用。

本书前述已详细描述了浅层地热能的属性特征、勘查、设计、施工、监测、系统运行评价等方面的内容,并以相关实例介绍基础实操方法。本章将从浅层地热能应用角度阐述未来发展方向及方式,尤其是为一些较大规模的浅层地热能系统应用提供相关参考。

12.1　系统节能控制策略

以地源热泵技术为依托的浅层地热能开发利用,其高质量的勘查、设计、施工为投运后系统的稳定运行和能源供给提供了基础保障。这是用好浅层地热能的前期工作。而对已建成的地源热泵系统来说,科学的运行管理则成为后期节能的重要手段。因此,系统运行控制策略成为当前发展状况下的新关注点。

近些年,对不同地区、不同规模的地源热泵系统运行进行能效评价时发现,众多项目在系统配置和运行模式方面都存在一定的优化提升空间。多数项目不是因为系统设计或建设质量存在问题,而是实际应用条件是多变、复杂的。能够根据实时条件做出相应的运行策略改变,才能最大限度地降低能耗水平。因此,应当对系统运行过程中的相关控制因素有进一步的认识。

12.1.1　机组控制

地源热泵系统主要由地热能交换系统、热泵机组以及建筑物内热交换系统组成。通过电力驱动系统运转,在载体——循环工质(大多数项目工质为水)的帮助下,能量从地源侧转移到建筑物侧,示意图如图 12 - 1 所示。

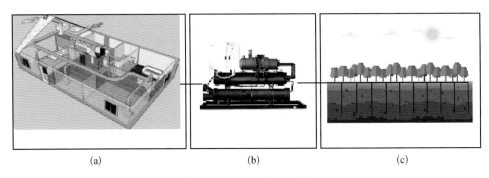

图 12-1　地源热泵系统示意图

（a）建筑物内热交换系统;（b）热泵机组;（c）地热能交换系统

系统能效高,单位供能的耗电量则低。而循环工质的状态(主要为温度、流量及压力),对热泵机组以及系统的能效至关重要。由此,引申出系统能耗的重要控制因素——工况,即热泵机组的工作条件,与其性能密切相关,分为名义工况和运行工况。

1. 名义工况

名义工况亦称额定工况或标准工况,它规定用来比较机组制冷或制热性能的工作条件,是一种假定的工作条件,主要规定了机组两侧的水温及流量。但不同国家的名义工况不完全相同,主要是使用条件及设备不同,如表 12-1 和图 12-2 所示。

表 12-1　不同国家冷水机组的名义工况（节选）[1]

项　　目		使用侧		热源侧（或放热侧）			
		冷、热水		水冷式		风冷式	
		进口温度/℃	出口温度/℃	进口温度/℃	出口温度/℃	干球温度/℃	湿球温度/℃
JISB86B—86	制冷	12	7	30	35	35	24
	热泵制热	40	45	15.5	7	7	6
ARI590—92	制冷	12.4	6.7	29.4	—	35	—
	热回收	—	6.7	23.9	—	4.4	—
JB/T7666—95	制冷	12	7	32	37	35	24
	热泵制热	40	45	12	7	7	6
JB4329—97	制冷	12	7	30	35	35	24
	热泵制热	40	45	15.5	7	7	6

注: JIS 为日本标准化协会,ARI 为美国空调与制冷学会,JB 为原中华人民共和国机械工业部(1998 年撤销,现中华人民共和国工业和信息化部)冷冻设备标准化技术委员会。

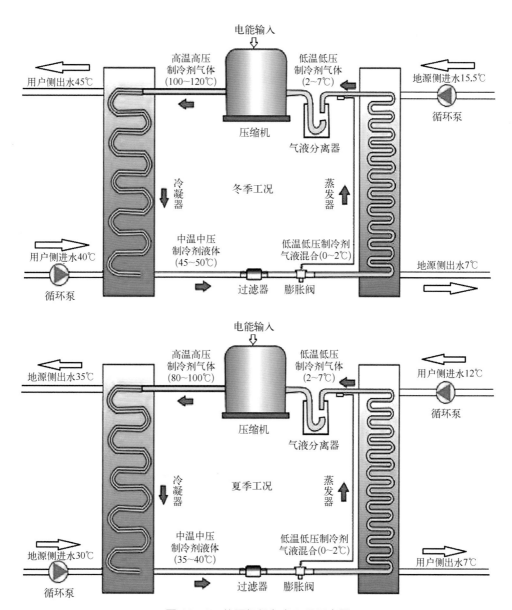

图 12-2　热泵机组名义工况示意图

　　通常情况下,热泵机组铭牌上都标有名义工况、名义制冷/热量以及功率。也就是热泵机组在规定(国家或地方标准)的两侧进出水温度、流量条件下,所能够提供的制冷/热量以及消耗的电功率。可以作为机组性能优劣的一个判别标准。但由于名义工况局限为定值,因此,为更好地判别机组在一定范围工况下运行的效率高低,

《水(地)源热泵机组》(GB/T 19409—2013)做出规定,机组实测制冷(热)量不应小于名义制冷(热)量的95%;机组实测制冷(热)消耗功率不应大于名义制冷(热)消耗功率的110%。同时,性能系数不应小于明示值的92%,且不小于表12-2的数值,实测工况可以参阅该标准[2]。

表12-2 热泵机组性能系数规定

类 型		名义制冷量 /kW	热泵型机组综合性能系数 ACOP	单冷型机组 EER	单热型机组 COP
冷热水型	水环式	CC≤150	3.8	4.1	4.6
		CC>150	4.0	4.3	4.4
	地下水式	CC≤150	3.9	4.3	4.0
		CC>150	4.4	4.8	4.4
	地埋管式	CC≤150	3.8	4.1	4.2
		CC>150	4.0	4.3	4.4
	地表水式	CC≤150	3.8	4.1	4.2
		CC>150	4.0	4.3	4.4

注:ACOP=0.56EER+0.44COP,加权系数为选择北京、哈尔滨、武汉、南京和广州五个典型城市的办公建筑制冷、制热时间分别占办公建筑总的空调时间的比例。

2. 运行工况

运行工况指用机组实际运行要求的参数表示的工作条件。其决定着热泵机组的实际能耗与能效。在绝大多数情况下,系统的运行工况与其名义工况并不一致,机组只是在低于最大负荷的工况下运行,因而机组的实际能耗(效)与其标定的名义能耗(效)有差别。这就要求热泵机组具有较高的综合部分负荷性能系数(integrated part load value, IPLV)。而通过优化运行工况,可以有效降低平均能耗、提升机组的输出能效。

以北京市某大厦水源热泵系统为例:观测时间为2018年12月5日16:20;室外气温为0℃,微风阴天;室内供暖温度为26℃;此时,热泵机组建筑侧供水温度为34.9℃,回水温度为32.7℃,如图12-3所示。

可以看出,在室外气象条件适宜,建筑物负荷降低的情况下,机组可以适度降低建筑物供暖的供、回水温度,没有参照名义工况的45/40℃条件运行。这样运行有三点优势:

图 12 - 3　北京某大厦水源热泵机组观测值

（1）机组可以保持平稳输出，避免频繁启停。

（2）机组满负载运转的输出效率并不是最高的，通常情况下，部分负载（一般为 60%~90%）情况下输出效率更优，因此，及时调节机组运行工况，使其在适宜负载条件下持续输出，才能有更高的能效比。

（3）建筑物供暖温度平稳。

因此，机组控制的关键在于对运行工况的控制，根据建筑侧负荷变化及时做出调整，以确保较好的节能效果。

12.1.2　系统控制

优化系统控制要把控三个关键点：一是降低传统能源消耗（这里主要是电消耗），二是充分利用可再生能源，三是提高经济性。根据系统类型不同，分为单一地源热泵系统和复合热泵系统两类。

1. 单一地源热泵系统控制

通常情况下，地源热泵系统能耗主要分为三部分：机组能耗、循环泵能耗以及建筑物末端能耗，有的系统还有其他辅助设施能耗。通过实践可以发现，循环泵和建筑物末端能耗控制是提升系统能效的最有效手段。

（1）循环泵控制。循环泵通过消耗电能驱动循环工质流动。按照相关规范标准，循环泵能耗占系统总能耗的 20%~30% 为合理范围。但调研发现，许多项目循环泵能耗大于甚至远远大于该比例，有的甚至达到 50%~60%。主要原因就是实际运行工况与初始设计工况差异较大，系统运行流量超出实际需要量过多。调整策略应当从以下三点着手：一是定频泵改变频泵，在确保建筑用能的前提下，可以在负荷较低时调整工况，适当降低循环工质流量；二是在系统设计阶段，根据项目特点，适度调整设计工况，例如设计小流量、大温差工况的方式，减小了循环泵流量及供水管径，可以有效降低系统能耗及节省初投资，但此方法因项目而异；三是部分项目可在系统运行过程中，当机组停机不制冷/热时，适度考虑关闭部分循环泵，以减少电能消耗。

（2）建筑物末端选择。一般大型地源热泵系统的建筑物末端多采用风机盘管、敷管式（地板下敷管或墙壁敷管等）、金属散热器等，多为向建筑直供冷/热水形式。其中，风机盘管需要耗电。以供暖为例，几种末端需要的供水温度为金属散热器>风机盘管>敷管式。而较低的供水温度有利于系统能耗的降低。因此，在前期系统设计时，根据建筑特点，要尽可能地布设低能耗末端。

2. 复合热泵系统控制

以地源热泵系统为主，其他能源形式为辅，或辅以蓄能设施的复合热泵系统，是当前浅层地热能开发利用规模化发展的主要方向。其主要优势如下：一是充分且科学利用浅层地热能，使其得到可持续开发利用；二是为建筑物供能的面积和能量显著提升；三是多种能源结合，系统供能更加稳定；四是运行费用低，初投资少，经济性显著提高。

常见的辅助供热方式有锅炉供热、城市热网供热和太阳能加热等。常见的辅助冷却方式有回收冷凝热、冷却塔、冷却热水池等。复合热泵系统的设计是一个复杂的问题，不仅要权衡考虑地源热泵的装机量、辅助冷热源的装机量和两者的连接方式，而且要综合两者的系统运行性能，考虑系统的联合运行策略。对于复合系统而言，系统运行策略是一个需要重点考虑的问题，其运行效果会有很大的差异。在不同的运行策略下，辅助散热装置改善土壤热平衡的能力也有很大的差异，因此选择一个好的控制策略尤为重要。

以北京某办公区地源热泵系统为例，该项目采用浅层地热能+中深层地热+市政热力+蓄能设施为近 240 万平方米的办公建筑供暖和制冷。其中，浅层地热能地源热泵装机容量占设计总负荷的 60%，其他辅助能源占 40%。系统运行过程中，优先启用地源热泵系统为建筑供能。在运行季,绝大多数时间的建筑负荷都在设计负荷的 90% 以下。因此,在实际运行中,只开启地源热泵系统供能的总时间占到了 80%,并且保证了热泵系统较多时间的高负载率,提高了系统能效。在未来的运行策略中,还将考虑地下土壤热平衡,即根据地下监测系统监测数据,适当调整地源热泵系统运行时间和强度。另外,办公区夜间用能较少,利用夜间谷电价制冷或制热,储存于蓄能设施,白天优先使用蓄能供能,有效地降低了运行成本。

12.2　浅层地热能服务社会发展

12.2.1　浅层地热能服务区域能源发展

1. 区域能源的概念

19 世纪末的工业革命时期,能源的消耗猛增。能源的分散利用方式已不能满足日益扩张的工业生产和居民生活需求。欧美一些国家为促进能源效率和环境质量的提高,将能源利用的"小而分散"转变为"大而集中",通过区域供能的新技术,满足了区内的用能需求,即"区域能源"。区域供暖的出现便是其诞生的标志之一[3]。

100 多年来,"区域能源"的含义也在不断发展。现今定义为:一切用于生产和生活的能源,在一个特指的区域内得到科学的、合理的、综合的、集成的应用,完成能源生产、供应、输配、使用和排放过程,称为"区域能源"。这里的"区域"可以是一个城市、一个工业区或大型居住区,也可以是一个小区或建筑群,涵盖从热电联产,到集中供暖,区域供冷、供电等各种技术措施。而"能源"包括燃煤、油、气,可再生能源(含浅层地热能),生物质能等;可以是一种,也可以是多种能源互补应用[4-5]。

区域能源极大地减少了二氧化碳的排放,并且经济性不俗。因此,发展形势一直良好。如今,在一些发达国家主要城市,几乎所有的供冷/热都是通过地区管网供给。

2. 浅层地热能融入区域能源

早期的区域能源利用仍以传统化石能源为主。直至 20 世纪 70 年代,世界石油危机的出现,促使世界各国寻找新的替代能源。世界能源利用格局发生了较大的变化。可再生能源利用得到了全世界的关注[6]。而浅层地热能的发展也迎来了新的转机。一些欧美国家积极开发浅层地热能,地源热泵产业得到了快速发展。

我国出现区域能源形式也比较早,只是我们习惯称为"集中供暖"。2015 年,中国就已建成世界最大的区域供暖系统,覆盖建筑面积达 85 亿平方米。而浅层地热能则是在 21 世纪后才有了较大的发展。尤其是近几年,在区域能源领域发力、发挥作用。"十二五"时期全国地热地质调查成果显示,我国绝大多数地区适宜应用浅层地热能。资源分布的广泛性和巨大的储量为服务区域能源系统提供了有力的保障。

浅层地热能融入区域能源系统,是浅层地热能发展的一个创新的思路。为更好地贯彻其发展思路,针对浅层地热能融入区域能源的利用形式,提出:在一定区域范围内,在目前工艺条件下,通过合理的开发技术和手段,能够获取的经济实用的、能够满足或部分满足区域内有效使用的浅层地热能,或者可以有机地融入区域能源综合利用系统的浅层地热能,称为"区域浅层地热能"。其实现的基本手段是:对区内资源进行统一勘查、规划、开发、供给、管理等,实现资源的统筹利用。能源资源得到了集约节约利用。而从经济性角度看,也有很大优势,表现在以下方面:

(1)统一勘查、规划,区域布局更加合理,减少前期成本;

(2)统一开发,减少建设成本;

(3)统一供给、管理,减少运维成本,有效地减少经济和自然资源浪费。

需要强调的是,区域浅层地热能不等同于大规模开发利用浅层地热能资源,更讲究资源利用的科学性、合理性,是从能源供给端到使用端,实现高度的环节统一与智慧管理,在一定范围内形成资源节约、经济性好、持续和保障性高的能源供给链,满足区内不同的用能需求。

12.2.2　浅层地热能利用的环境及社会效益

1. 服务生态文明建设

截至 2016 年,我国城镇供暖面积已达 141 亿平方米。热源结构以煤为主,取暖用煤年消耗约 4 亿吨标准煤,污染排放时间上集中在冬季、空间上集中在北方,已成为北方冬季主要污染源之一[7]。

近年来,我国冬季供暖的热源结构正在加速调整,燃煤锅炉比例逐渐减少,燃气与热电联产占比逐年增加,而浅层地热能等可再生能源占比虽较低,但也在逐步增长。

随着"北方地区冬季清洁取暖"的全面推进,社会各界对于可再生能源供暖愈发重视。作为可再生能源供暖的主要形式,浅层地热能将在传统供暖区域燃煤替代与新增供暖区域清洁取暖方面发挥不可替代的作用[8]。

根据原中华人民共和国环境保护部公布的数据,2017 年北京平均 $PM_{2.5}$ 浓度为 58 $\mu g/m^3$,同比下降 20.5%。2017 年,北京市地热及热泵(主要是浅层地热能)利用总量约为 67.6 万吨标准煤,据初步测算,每年为北京地区降低 $PM_{2.5}$ 2.5~3.2 $\mu g/m^3$,特别是在集中供暖区域或供暖集中排放区,空气清洁治理效果尤为明显。

由图 12-4 可以看出,近些年,北京市空气质量在不断提升,$PM_{2.5}$ 值在逐年下降。而北京市地热能开发利用量也在不断增长,并在其中发挥重要作用。地热清洁取暖真正服务了生态文明建设。

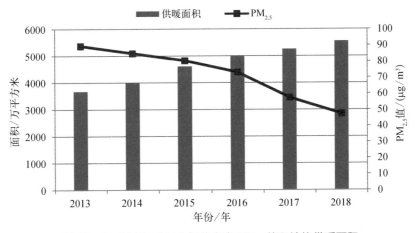

图 12-4　2013—2018 年北京市 $PM_{2.5}$ 值和地热供暖面积

2. 促进社会经济发展

截至 2017 年年底,我国地源热泵装机容量达 2 万兆瓦,位居世界第一[9]。已在理论研究、技术研发、设备制造、资本运作、勘查、设计、施工管理、运营服务等环节,形成了一套较为完善的产业体系,诞生了一大批优秀的系统集成和设备制造企业,如原北京市地勘局自主研发了 SGIS 智慧地热能系统集成技术,形成了包括浅层地热能开发利用设计、施工、运营、管理在内的一套完整的智能耦合体系。首创了地上、地下立体监测联调的智慧控制系统和浅层地热能资源承载力监控体系,并将该项集成技术应用到北京城市副中心等大型项目中。

大量浅层地热能利用项目的建设及投运,带动了科研及生产、建设、服务等行业发展,推动了地区经济进步。《地热能开发利用"十三五"规划》发布以来,在以政府为引导、市场为主导的项目开发模式下,各地鼓励政策纷纷出台,刺激市场资金规模进一步扩大。传统能源企业转型、上市公司资金介入、民间资本参与、"互联网+"金融等社会资本争先投入浅层地热能基础设施建设中。在原有的合同能源管理的模式下,也产生了一些新的投建模式,如 PPP、BOT 等。

在销售市场方面,我国水地源热泵销售规模从 2001 年的 2 亿元高速增长到 2013 年的 28.8 亿元,在中央空调市场占有率一度超过 3%。但之后几年,市场增速放缓。需要指出的是,这并不是浅层地热能发展的瓶颈期,而是趋于理性化发展的结果,是加强市场规范与监督管理的过程,减少了行业乱象。大浪淘金下,一批技术实力雄厚、专业素质较高的企业将成为日后行业发展的坚实后盾。

12.3　科学开发利用建议

12.3.1　浅层地热能应用的普遍性原则

《地热能开发利用"十三五"规划》提出"坚持因地制宜、有序发展"的原则。即要充分掌握区域资源禀赋条件及特性,结合地方经济、技术发展成熟度以及用能需求,统筹区域能源发展,科学合理地开发浅层地热能资源,实现资源集约节约利用[10]。

为此,提出浅层地热能应用的"普遍性原则",即在浅层地热能应用领域具有共识性的、普遍适用的并应共同遵守的原则。浅层地热能的开发利用应在此原则指导下进行,忌采用盲从、激进的方式开发。从技术和经济的角度来讲,发展浅层地热能须坚持"三个制宜"——因地制宜、因时制宜、因事制宜。

1. 因地制宜

开发浅层地热能的关键在于对区域地质条件的掌握。众所周知,地下热流场、地质构造、岩土岩性、地下水状况等条件在不同的区域呈现多样性,甚至同一区域都是多变复杂的。因此,浅层地热能勘查工作尤为重要,要尽可能提高其准确性。如有必要和条件,可在遵守相关规范的基础上,加大勘查力度。

以北京延庆某村委会地埋管地源热泵项目为例。根据前期勘查成果设计,拟在 625 m² 范围内布设 25 眼 100 m 深地埋管换热孔。在施工过程中发现,有换热孔在地下 80 m 处见承压水,地下水径流条件较好。通过热响应测试结果发现,该类孔夏季工况换热量达 104 W/m,换热效果明显优于前期未见承压水的勘查测试孔。并且,通过实践发现,在雨季由于上游水库排水,该区域地下水径流条件改变,地埋管换热效果明显增强。而该区域地下 15 m 即见基岩,因此准确勘查可有效减少室外建设成本。

此例充分表明,对有限数量和时间的勘查孔测试,未必能真实地反映区域地质条件。勘查做到十分精确是很困难的,但可以尽可能地提高其准确性。

同样,在区域浅层地热能地质勘查工作中,也要重点发挥地质勘查工作在地热开发利用中的基础性、先行性作用,加大资金投入,提高覆盖面及勘查数据精度,以支撑浅层地热能科学规划与开发,有效引导市场,降低风险。

2. 因时制宜

浅层地热能的发展随着国家经济、社会发展水平的提升而提高。区域经济条件是社会各项设施建设的基础,同时也决定着人民对美好生活品质的需求程度。

以我国供暖发展史为例,新中国成立初期,由于国家经济条件较差,自然资源匮乏,有条件的北方寒冷地区人民冬季仅依靠一点木柴、木炭取暖,外加厚衣物御寒;集中供暖普及存在困难。改革开放之后,我国经济发展和煤炭资源的开发逐步提升,人民冬季采用燃烧煤炭取暖,提高了生活品质。而此时一些较大的城市,也随着工业的大步发展,开始建立热电厂。余热蒸汽用于供暖,于是诞生了热电联产的集中供暖。但在当时经济社会发展状况下,过高的环保要求仍然是不现实的。现如今,随着我国综合国力的提升、国民财富的增加、技术条件的进步,国家有能力在生态文明建设上下大力气、办大事,为世界做示范。

社会不同发展时期的发展重点和工作重心会有些变化。当前,我国成为世界第二大经济体、国家能源战略调整、首轮全国地热地质调查成果形成、地热开发利用技术进步及社会认可等因素,共同促进我国浅层地热能产业不断发展壮大。由图 12 - 5 可以看出,北京市地源热泵项目数量及服务面积随着社会经济发展而增长。

因此,区域浅层地热能的发展不仅要依靠地区自然资源条件,也要注重地区经济条件和用能需求等社会条件,适时推进。对一些经济发展较慢的地区,应侧重局部地区优先发展,以示范区、示范项目的形式,以点带面,逐步推动浅层地热能发展。同时注重社会推广,增加社会认知和认可度。而不宜提出短期过高指标要求,进行"一刀切"式的盲从。

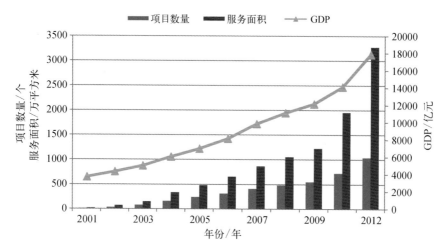

图 12-5 2001—2012 年北京市地源热泵项目
数量及服务面积与 GDP 对比图

3. 因事制宜

不同项目对浅层地热能的开采量及开采方式不同,应用方式也不完全一样。不同的需求用不同的方式。如,我国南方夏热冬冷、夏热冬暖地区夏季制冷需求大,冬季供暖需求小,适宜配备辅助散热设施;而北方严寒、寒冷地区则反之,适宜配备辅助加热设施。再如,同一地区,不同类型建筑用能需求也各有特点,学校建筑在寒暑假期间用能少,有利于地下浅层地热能的恢复;而居民住宅在运行季往往保持较长的运行时间。因此,针对不同类型的项目,总结浅层地热能开发技术的关键点,应从地下和地上两个方面逐一分析。

(1)地下水、热的动态平衡最重要。对于不抽取地下水的浅层地热能开发,如地埋管地源热泵系统需要考虑地下热平衡问题,即全年运行以及运行季中地下净取热量和自然补给热之间的关系,开发利用全时段的地层温变应控制在合理的范围内,避免系统能效下降严重;同时,地下水流动对地埋管换热影响问题也须考虑。而对于抽取地下水的浅层地热能开发,除了考虑热量补给问题外,还须考虑水量补给问题,考虑回灌补给和自然补给能否满足开采需要;控制水位下降速率,才能确保持续开采。以上两种开采方式还应在开采区域面积和换热影响半径基础上,考虑换热孔的地下空间布局问题。

(2)关于地上设备选配问题。把控"马"与"车"的匹配问题。在机组供能量、水泵扬程、管路流量、换热器换热量等满足前提下的最集约、节约配置才是设备选配的最佳方案,从而降低系统初投资,提升系统运行能效。例如,本章前面提到的"小流量、大温差"供能方式,可以节约前期投资成本。但关于优化能效问题,在地源侧和建筑物侧两端是否都适宜采取该方式,也因不同项目而异。

12.3.2　大力发展"浅层地热能+"

以浅层地热能为主,结合其他能源形式作为补充,兼顾蓄能的开发利用模式,称为"浅层地热能+"。近些年,浅层地热能开发利用规模日益扩大,百万平米级的建筑应用项目层出不穷。单一的能源形式,尤其是单一的浅层地热能,往往不能够满足建筑用能需求。除了造价成本高,用地面积大(主要指地埋管地源热泵系统)也成为制约其发展的因素之一。在浅层地热能融入区域能源发展的形势下,更应考虑科学的布局与分配,发挥多能互补的优势。因此,在总结以往经验的基础上,创新思路,提出"浅层地热能+",推荐建设复合式热泵系统,以更好地体现其"节约性"。复合式地源热泵系统利用辅助供热或辅助制冷装置来满足高峰负荷,在维持地下岩土体热平衡的同时降低了系统的初投资,也提高了系统的经济性和运行的可靠性。针对此类结合方式,归纳为以下四个方面。

1. 深浅结合

按照浅层地热能的定义,其资源赋存于地表以下 200 m 以浅范围内的岩土体和水中,利用热泵系统可提取。资源量受地质条件、地理位置、气候环境等影响。在合理的开采强度下,可持续开发利用。不同地区表现出可开采资源量的不同,且南北方地区在用途上也有较大差异。如北方冬季供暖需求大,但浅地层平均地温较低,单位体积岩土体可提取热量较少。只利用浅层地热能供暖经济性较低或不可持续。而地球作为热源场,大地热流和地温梯度的存在为我们提供了更多的选择,即突破地下 200 m 的限制,结合中深层干热型地热资源或水热型地热资源,减少浅层开发强度,提高供热量。因此,针对此类情况可以考虑当地的地质条件,是否可从地下更深部取热补充,以弥补浅地层热量不足的情况。

(1) 与干热型地热资源的结合

近些年,我国已开发建成了很多干热型地热资源开发利用的项目,西安、天津等地均有案例,有些应用效果也很好,有效解决了浅层地埋管占地面积较大的问题。其中,项目场区的地温梯度是一项重要的参考指标。由于岩石的导热性、地壳运动和水文地质条件不同,各地的地温梯度有很大差异,华北地区为 2.5~3℃/(100 m),大庆是 4~5℃/(100 m),北京房山是 2℃/(100 m)[11,12],更有一些结晶岩区温度梯度更小,这对于干热型地热资源应用效果也是有很大差异的。因此,浅层地热能与干热型地热资源相结合,应尽量选择地温梯度高的地区。

在此,以实际案例做说明:黑龙江省哈尔滨市,年均气温仅 5.3℃,一月月均气温低至-18.5℃,年采暖期达 6 个月,单位建筑面积需热量较大。而该地区地下常温层温度只有 7.7℃,仅以浅层地热能供给热量,效果可能不佳;但相关资料显示,该地区位于松辽盆地凹陷,中深部地下地温梯度较高,可达 4~4.5℃/(100 m);在地表以下 400~500 m 处,地层温度可达 20~30℃,表明该地区干热型地热资源十分丰富。因此,该地区采用深浅结合的地热开采模式,是经济可靠的。

(2)与中深层水热型地热资源的结合

我国中深层水热型地热资源以中低温为主,高温为辅。绝大多数地区地热水温度在 150℃ 以下,且分布较为广泛。热能品质明显优于浅层地热能,并可满足多种用能需求,如发电、建筑物采暖、农业温室采暖、温水育种、灌溉等多方面。不同于浅层地热能,中深层地热资源受地质构造影响较大,一些高海拔、高寒地区也有优质的地热水资源。因此,在浅层地热能资源利用条件受限的情况下,若能结合中深层水热型地热资源,妥善加以利用,也可实现更多的用途。

下面以北京某小区地热供暖项目为例进行说明。该项目是集住宅、商业、办公于一体的综合性建筑群,供暖面积为 40.6 万平方米。因不同类型建筑使用的供暖末端形式不一,故热水供给的需求不同,分为高温 70℃ 和低温 45℃。该项目采用中深层地热水制取高温供热水,尾水再进行梯级利用,结合水源热泵系统进行冬季低温供暖和夏季制冷,满足了区内不同需求。该项目充分利用了地热资源,运行十几年,系统稳定,且经济性较好。

2. 天地结合

"地"指的是地热能资源;"天"指的是气候资源,主要包括太阳能、风能、空气能等自然资源,是一种宝贵的可再生能源。目前,能够与地热资源有效结合,且前景广阔的是太阳能和风能。

气候资源受地理、昼夜、季节、降水等因素影响,不同地区资源禀赋条件具有差异性。如西藏地区太阳能日辐射量最高可达 6.4 kW·h/m²,居世界第二位;内蒙古、东南沿海及岛屿年风功率在 200 W/m² 以上,甚至达 500 W/m²。合理利用气候资源将产生巨大的经济、社会和环境效益。

（1）与太阳能的结合

在太阳能利用方面,应用得较为成熟的技术为太阳能光伏发电技术和太阳能热水技术。目前,光伏发电与热泵直接结合技术还有待进一步提升;未来主要技术突破点在供电的稳定性及储电技术方面。而太阳能热水与热泵结合技术难度较低,应用效果较好,是当前应用得较为广泛的方式。

我国不少高校与科研院所已对太阳能热泵系统进行了研究,并建设了相关实验项目。其主要思路是:在供暖运行时,当太阳能水箱温度达到设定值时,即可利用太阳能热水补充地源热泵供暖,补充形式可以是与地源热泵建筑物侧供水进行混水后供末端,也可直接进入热泵换热器(地源侧或建筑物侧),提高系统能效;在非供暖运行时(非供暖季或供暖季停歇时),太阳能热水可输送到地下,提升地下温度(蓄能),或者作为生活热水使用。太阳能热泵系统与普通的地源热泵系统相比,在系统控制策略方面更为复杂;不同的太阳能热水温度,适宜何种方式供给,以及如何减少已收集的太阳能热量的损耗,充分利用太阳能资源,是重要的控制思路。

以平谷区某村委会太阳能热泵系统为例,该系统设计为地埋管地源热泵+太阳能热水系统(设计图见图 12-6),为村委会 510 m² 办公、会议、宿舍等房间供暖。以此系统为实验平台,在供暖季运行时,地埋管地源热泵先独立供暖 8 d,向建筑物供水温度为 35~42℃。然后,再开启太阳能热泵联合运行 5 d;当太阳能储水温度大于 45℃ 时,太阳能系统为建筑物末端供暖;当太阳能储水温度小于 40℃ 时,太阳能系统停止供暖,转为蓄热。通过收集相关测试数据并分析发现,由于太阳能集热量及储水量的限制,在此控制策略下,太阳能热水直供末端的运行状况不能够长时间维持,只能短暂供给而后停歇。但即便如此,太阳能的加入依然将系统能效从 2.24 提升至 2.4,取得了不错的效果。

（2）与风能的结合

风力发电是目前全球风能利用的主要形式。自“十一五”开始,我国风力发电有了较快速的发展。截至 2018 年,中国风电装机容量超过 2 亿千瓦。内蒙古、新疆、河北、甘肃、山东等地位居全国风电装机容量前列。虽然近几年,我国风电并网率有所提升,但部分地区“弃风”现象还是比较严重的,尤其是“三北”地区。主要原因是风电的本地消纳不足以及跨区域输送能力有限。

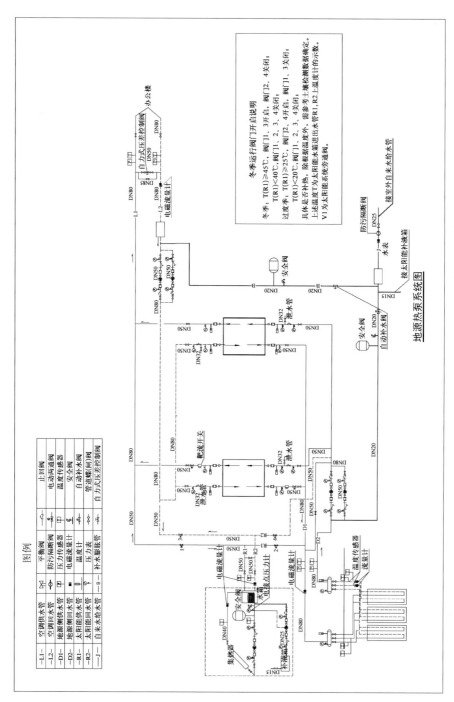

图12-6　平谷区某村委会太阳能热泵系统设计图

风能与浅层地热能的结合,可以有效地利用可再生能源,提高本地消纳能力。其形式也有多种,在技术上均有改进的空间。第一种形式,风电驱动热泵系统运行,主要问题在于提供稳定的供电,因而,当前主要发展的是蓄电技术。第二种形式,风力产生的旋转动能直接驱动热泵压缩机运转,并将换热器设计成蓄能形式,在风力较大时蓄能,风力较小时释能;解决因风力变化而产生的输出不稳定现象,目前,有相关研究机构正在试验中。第三种形式,其思路是将风电转变为热能储存,相比于储电技术,更容易实现,如利用风电加热水或其他储热设备,然后利用储热有效补充地源热泵系统供热,这种形式是近些年,蓄能设施发展的一个主要领域。与太阳能相比,风能与浅层地热能的结合在规模化应用上有更大的发挥空间。

未来,太阳能和风能与浅层地热能的结合,在技术上都有较大的发展空间。同时,还应注意两方面问题。第一,经济性问题,较传统供热设施,地源热泵系统本身造价较高,若增添风能或太阳能设施,系统成本将大幅提升;因此,在有条件结合时,应充分做好经济性分析,提高系统实用性。第二,必须要有政府的区域规划作为支撑,以政策为导向,合理结合区域浅层地热能资源,推动规模化发展,才能发挥更大作用。

3. 调蓄结合

"调"指的是调峰方式,包括锅炉、冷却塔等;"蓄"指的是蓄能方式,有冰蓄冷、无机盐蓄热抑或土壤蓄能等。调蓄结合的复合热泵系统是目前应用广泛且有效提升系统经济性和稳定性的主要方式。尤其是在区域浅层地热能中效果更为明显。

系统建设调峰设施解决了浅层地热能开发过程中地下排取热量不平衡的问题。蓄能则解决了非供能时间段,多余能量的利用问题,或地区电网优化调配问题。通常情况下,蓄能会产生一定的能量损失,并不是严格意义上的节能措施;但非用能高峰段的能源得到了合理的利用,提高了经济性。

北京某软件园总建筑面积为47.3万平方米,依靠地埋管地源热泵系统制冷、供暖及生活热水,同时配建蓄冰、蓄热水设施。在供能季,项目建筑夜间无供能需求,地源热泵系统利用夜间谷电价格期进行制冰(夏季)或制热水(冬季)蓄能,白天优先利用蓄能,解决园区内的冷热需求。该项目每年可节约运行费用400万元。项目已运行十余年,较为稳定。

除实时蓄能外,还有一种跨季节蓄能方式。如土壤跨季节蓄热,依靠地下岩土保温作用,将夏季热量输送到地下储存,冬季取出利用,提高了供热效率。如加拿大阿尔伯塔省就曾安装了一套地埋管地源热泵系统,采用该方式为当地52处住宅建筑冬季供暖。根据多年监测数据分析,该系统储热回收率大约为25%。这说明,该地区土壤蓄热系统发挥了一定的作用。但根据浅层地热能属性特征理论,地下并不是封闭的蓄热体,若地下水径流或地下导热通道条件较好,储存热量会在较短时间内散失。如北京某大学能源楼地源热泵项目就曾做过相关试验:夏季利用太阳能向地下补热,至冬季从地下取热时,地层温度未有明显提升。因此,还要因地而异。

4. 表里结合

"表"指的是地表水资源,包含江、河、湖、海及污水、再生水等,是出露地表的浅层地热能。"里"指的是地表以下的浅层地热能。我国有些地区地表水资源十分丰富,可开发利用的浅层地热能资源也十分可观,且回灌方便。但有些地方地表水资源具有明显的季节性特征,如冬季水温较低或进入枯水期等。而浅层地热能温度和供给相对稳定,受季节变化影响较小。表里结合的浅层地热能开发利用方式,能够为水资源富集区域提供较为可靠、稳定的供给。2010年,上海某园区江水源+土壤源热泵系统项目,服务建筑总面积为22.7万平方米,是国内首次大规模采用表里结合的浅层地热能热源集成技术。系统配比按江水源热泵占制冷总负荷的60%,土壤源热泵占供热总负荷的69%。夏季制冷时,以江水源热泵为主并优先启动,土壤源热泵为辅;冬季供暖时,以土壤源热泵为主,江水源热泵为辅。较传统能源供给方式,节能率在30%以上,经济效益十分可观,是"绿色空调系统"的典范。该项目也获得了国际重要奖项。

12.3.3　浅层地热能未来发展领域

我国能源发展战略主要包括两方面:一是长期坚持节能降耗,提高能源利用率;二是加速能源结构调整,大力发展清洁能源。前者主要在能源使用端,后者侧重能源供给端。实际上,当前我国能源发展在这两方面都有较大的提升空间。因而,也成为浅层地热能未来发展的航向标:减少建筑能耗和替代传统能源。

党的十九大报告提出:构建市场导向和绿色技术创新体系,壮大节能环保产业、清洁生产产业、清洁能源产业。推进能源生产和消费革命,构建清洁低碳、安全高效的能源体系。以市场为导向,以创新为驱动力,结合当前我国发展状况,未来浅层地热能主要在三个领域有较大的创新、发展空间。

1. 城镇地区供能管网的补充与融合

目前,我国城镇化率已超60%。大量新增建筑推动集中供能需求快速增长。并且,随着人们生活品质的提高,一些南方地区建筑也有供暖需求。城镇传统集中供热基础设施建设覆盖率不足,一些新建区域或偏远郊区则采用其他形式供能。以北方城镇供暖为例,2016 年年底,建筑取暖总面积为 141 亿平方米,通过热电联产、大型区域锅炉房等集中供暖设施承担的供暖面积约为 70 亿平方米;集中供暖尚未覆盖的区域以燃煤小锅炉、天然气、电、可再生能源等分散供暖作为补充。而其中,地热能供暖面积约为 5 亿平方米,占比仅为 3.5%。随着清洁取暖发展不断深入,燃煤小锅炉面临淘汰;天然气供应的峰谷差较大,在供暖期存在一定缺口。利用浅层地热能作为城镇供热管网的补充能源是未来的发展趋势。

在管网融合方面,城镇供能管网有着巨大的节能潜力。近年来,相较于传统的单源枝状管网,多源环状管网在区域能源系统中应用得越来越多,并展现了其优越性。2017 年,国家发展改革委员会等 10 部门联合发布的《北方地区冬季清洁取暖规划(2017—2021 年)》中提出,整合城镇地区供热管网,在已形成的大型热力网内,鼓励不同类型热源一并接入,实现互联互通,提高供热可靠性。优化城镇供热管网规划建设,充分发挥清洁热源供热能力。就浅层地热能并网来说,一方面,在其开发利用适宜区采集能源,制取热/冷水,并入既有管网就近供能,减少了长距离输送损耗;另一方面,这也能够成为既有老旧管网改造的新支撑。根据中华人民共和国住房和城乡建设部公布,2019 年我国待改造城镇老旧小区达 17 万个,涉及居民上亿人。大量城镇供热旧管网及热源须更新改造,而浅层地热能资源分布的广泛性以及丰富性,适宜在旧网改造中发挥作用,可提高供热的安全可靠性及取得相应的经济效益。

在国际上,一些发达国家的集中供热系统发展也是值得我们借鉴的。以丹麦为例,毗邻北极圈,冬季漫长,地广人稀,集中供热发展较早,且技术较我国更为精细。第一代系统为蒸汽供热系统:供汽温度达到 200℃;水泥管道,管网布置简单;热源单一,只有燃煤;热力公司规模较小,只有地区性热力公司。第二代系统为加压热水系统:供水温度超过 100℃;管网开始扩大;热源形式开始有燃气,部分地区有热电联产,调峰采用燃油供热。第三代系统规模继续扩大,出现地区大型热力企业;在第二代基础上增加预制保温管,供水温度降到 100℃以下,采用工业化紧凑型换热站,同时引入计量系统和监控系统;热源除了燃煤和天然气外,开始利用生物质燃料、工业余热和垃圾焚烧技术。第四代系统完全摒弃化石燃料,充分利用太阳能、地热能、风能、生物能等可再生能源形成分布式智能能源网;对于用户,其被动产生的能量可以并入能源网,变为热力公司与用户的双向互动选择;采用低温区域供热系统,供水温度为 50~60℃。

可以看出,丹麦集中供热系统主要有以下变化:一是供水温度降低,从 200℃的蒸汽降为 50~60℃的水;二是热源从单一煤变为多种能源结合,最终取消化石能源,全部采用可再生能源;三是管网的控制精细化及智能化程度增加[13]。

对比我国城市供能发展,国内绝大多数地区还处于第二代,甚至落后,少数城市达到第三代水平。尤其是较于供热,我国地理、气候环境优于丹麦,浅层地热能资源丰富,未来还有很大的发展空间。

为了使浅层地热能在城镇供能管网中发挥切实有效的保障作用,在实际应用中,还需要创新技术、经济与管理手段。

(1)技术因素。充分考虑与既有城镇管网、设施的衔接问题,如管网接口、供水温度与热计量、用能末端形式、热/冷管网平衡、复合系统自控、区域供给与需求的统筹分配、区域空间利用、智能化和大数据利用等问题。

(2)经济因素。须考虑设施建设与升级资金、运行维护成本、市场交易、供能价格等问题。

(3)管理因素。须考虑传统供热企业与浅层地热能开发利用企业合作方式、投融资模式、市场准入限制等问题。需要特别强调的是,浅层地热能与城镇供能管网的并融,必须有地方规划与政策支持,否则难以开展实施。

在全国各地的一些开发区、功能区,浅层地热能的利用很好地解决了大量建筑用能需求,优化了区域能源结构,成为城市供能管网的重要组成部分。如重庆市,地处长江上游属非传统集中供暖地区;其域内可利用水资源量十分巨大;2015 年年底已建成的江北城 CBD、CBD 总部经济区、涪陵 CBD 中央商务区三个城市示范项目采用江水源热泵区域集中供热/冷系统,由能源站制备热水、冷水或蒸汽等冷热媒,通过区域管网提供给终端用户,解决区内 199.42 万平方米建筑制热、制冷及生活热水需求。系统采用梯级、循环利用,较常规能源节能 10%~30%。在投建模式上,江北城 CBD 和 CBD 总部经济区项目通过政府授予能源服务公司特许经营权,采用合同能源管理模式在特许区域范围内供应公共建筑所需的空调冷热源,社会资本投资通过能源服务盈利逐年收回成本。这成为浅层地热能补充城市集中供冷/热的典范。

2. 农村地区的建筑应用

农村地区是北方清洁取暖的最大短板,是散烧煤的主力地区。相关资料显示,2016 年,我国农村地区采暖使用散煤达 2 亿吨。燃煤替代需求量巨大。其中不少地区浅层地热能资源量丰富,可以作为优质替代能源,具有很大的开发利用潜力。

根据北京市农村工作委员会提供的数据,2016 年北京市共完成 663 个村庄、22.7 万户的煤改清洁能源任务,其中煤改电 574 个村 19.9 万户,煤改气 89 个村、2.8 万户。在 19.9 万户煤改电用户中,空气源热泵 15.1 万户,占煤改电总户数的 76.28%;地源热泵 2 139 户,占煤改电总户数的 1.07%;蓄能式电暖气 4.43 万户,占煤改电总户数的 22.30%;其他电采暖设备 688 户,占煤改电总户数的 0.35%,如图 12-7 所示。

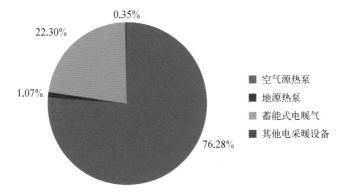

图 12-7　2016 年北京市农村煤改电用户各方式占比

通过对比发现,北京农村地区煤改电用户大多数采用的是空气源热泵,而浅层地热能利用占比很小。这主要有两方面原因。一是设备安装及初投资问题:与空气源热泵相比,传统地源热泵系统安装较为复杂,占用空间大,受村镇空间、土地、地质条件等限制,且初投资较高。二是系统维护与使用问题:普通地源热泵系统需要专人维护及操作,在一般的农村地区缺乏配置条件。这限制了浅层地热能在农村市场的推广。因而,未来浅层地热能在农村地区的建筑应用,需要创新机制和技术,重点解决以上两点问题。

一些研究机构在此方面已取得不错的进展。如河北省某单位研制出一种小型地源热泵系统,可以在农村地区独户使用,如图 12-8 所示。与相关设备制造厂家合作,将传统空气源热泵室外空气能换热系统改造成地源热泵地下换热系统。并在廊坊等地进行了相关实验,单户建筑(100 m² 以下)只须建造一眼地埋管换热孔即可满足供暖需求。施工安装便捷,全系统建设安装费用可降低至 2 万元以下。使用操作与普通家用空调相同,无须专人维护。定制设备的使用,解决了传统地源热泵系统的缺点,很好地促进了浅层地热能在农村地区的应用和推广。目前,研究人员正在研究该系统在高寒地区的应用问题。

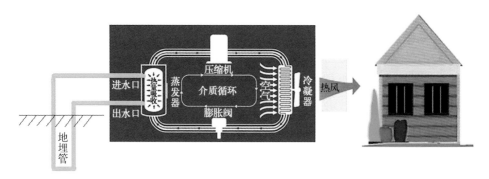

图 12-8　小型地源热泵系统示意图

3. 建筑节能应用

近些年,我国建筑节能和绿色建筑事业发展迅猛,绿色建筑每年以翻番的速度增长。截至 2015 年年底,全国累计有 4 071 个新建项目获得绿色建筑评价标识,建筑面积超过 4.7 亿平方米。完成北方采暖地区既有居住建筑供热计量及节能改造达 9.9 亿平方米。建筑节能产业稳步发展。同时,也存在一定的困难和问题亟待解决,主要是:节能标准较发达国家偏低;既有建筑的节能率较低;绿色建筑总量偏少,且部分项目实际运行达不到预期;主要依靠行政力量约束及财政资金投入推动,市场配置资源的机制尚不完善。新形势下,建筑节能领域的挑战成为浅层地热能发展的重要战略机遇期。《建筑节能与绿色建筑发展“十三五”规划》提出,到 2020 年,城镇新建建筑中绿色建筑面积比重超过 50%。完成既有居住建筑节能改造面积 5 亿平方米以上,公共建筑节能改造 1 亿平方米以上。扩大可再生能源建筑应用规模。实施可再生能源清洁供暖工程,利用太阳能、空气能、地热能等解决建筑供暖需求。提升可再生能源建筑应用质量。因地制宜推广使用各类热泵系统。鼓励以能源托管和合同能源管理等方式管理运营能源站,提高运行效率。全国城镇新增浅层地热能建筑应用面积 2 亿平方米以上[14]。

从能源消耗端角度来看,无论是新建建筑还是既有建筑改造,利用浅层地热能供暖、制冷,较传统供能方式都是有效的节能措施,其产业体系和市场机制也较为完善。同时,也能够在我国相关建筑节能标准不断提高的形势下,引领节能产业发展。

2019 年,中华人民共和国住房和城乡建设部和国家市场监督管理总局联合发布《近零能耗建筑技术标准》(GB/T 51350—2019),在国际上首次以国家标准的形式对零能耗建筑相关定义做出明确规定,建立了符合中国国情的技术体系。其中,在建筑供热供冷系统冷热源选择上提出,严寒地区采用集中供暖时,宜以地源热泵、工业余热或生物质锅炉为热源,并采用低温供暖方式。寒冷地区、夏热冬冷地区宜采用地源热泵或空气源热泵[15]。

相关规划和标准的发布,在肯定了浅层地热能开发利用技术的同时,也拓展了未来浅层地热能在建筑节能领域的市场。一些优秀的项目案例在实践中得以实施。如北京某绿创中心,采用以浅层地热能为主,燃气热水锅炉和冷却塔调峰,以及建造蓄能设施的形式为建筑物提供冬季供暖、夏季制冷以及生活热水。在建筑末端上,采用毛细管网辐射的形式,使得冬季供水温度较低、夏季供水温度较高,在提高室内舒适度的同时降低了系统能耗。并且利用太阳能光伏发电供建筑用电,提高维护结构标准以及采用人工智能控制等技术,打造超低能耗的"五恒系统"(恒温、恒氧、恒湿、恒静、恒洁),使得建筑用电量占总用电量的 1.6%,建筑节能率达到 75%。这已成为被动式超低能耗建筑技术应用的典范。

与过去相比,未来浅层地热能应用场景更加复杂,主要表现在:系统更大、也更加复杂,系统建设投资更多;能源利用的区域性和融合性更强;推广范围更大,各地资源条件的差异性更大;对开发利用过程中的创新性、技术性以及管理水平要求更高;用户对能源品质需求更加精细化。这些需要我们共同攻坚克难。党的十九大指出,创新是引领发展的第一驱动力。在做好基础性工作的同时,充分发挥创新驱动作用,不断探索更好的发展路径。创新思想、创新技术、创新模式、创新管理,以更加优秀的创新成果驱动浅层地热能产业健康发展。

12.4 小结

本章以浅层地热能开发过程的相关技术为侧重点,提出未来发展的基本原则和思路:以节能减排为目的,以"三个制宜"为普遍性原则,以区域能源为发展方向,以"浅层地热能+"为具体开发利用模式,并重点提出未来发展的三个主要领域。笔者利用一些实际案例,做出相关解读,寄望能为行业从业者提供些许思考。

随着我国生态文明建设不断进步、能源结构调整加速升级,未来,浅层地热能将不断提升开发利用规模和水平,逐步抓住区域能源发展的新机遇,与城市能源体系深度融合,充分发挥区域引领示范作用,为建设绿色智慧城市提供有力支撑。

参考文献

[1] 曲云霞,张林华,方肇洪,等.地源热泵名义工况探讨[J].西安建筑科技大学学报(自然科学版),2003,35(3):221-225.

[2] 中华人民共和国国家质量监督检验检疫总局,中国国家标准化管理委员会.水(地)源热泵机组:GB/T 19409—2013[S].北京:中国标准出版社,2013.

[3] 欧美区域能源使用现状[J].中国建设信息(供热制冷),2010(8):20.

[4] 许文发.区域能源推动能源革命[C].南京:2016供热工程建设与高效运行研讨会论文集,2016,416-451.

[5] 伍小亭,王砚,宋晨,等.基于暖通专业视角的区域能源系统思考:概念、规划、设计[J].暖通空调,2019,49(1):2-14+24.

[6] 郑克棪.见证中国地热走向世界[M].北京:地质出版社,2019.

[7] 国家发展改革委,国家能源局,财政部,等.北方地区冬季清洁取暖规划(2017—2021年),2017.

[8] Zhang Q, Zheng Y X, Tong D, et al. Drivers of improved $PM_{2.5}$ air quality in China from 2013 to 2017[J]. Proceedings of the National Academy of Sciences of the United States of America, 2019, 116(49):24463-24469.

[9] 自然资源部中国地质调查局,国家能源局新能源和可再生能源司,中国科学院科技战略咨询研究院,等.中国地热能发展报告[R].北京:中国石化出版社,2018.

[10] 国家发展改革委,国家能源局,国土资源部.地热能开发利用"十三五"规划,2017.

[11] 北京市地质矿产勘查开发局,北京市地质勘察技术院.北京浅层地温能资源[M].北京:中国大地出版社,2008.

[12] 吴爱民,马峰,王贵玲,等.雄安新区深部岩溶热储探测与高产能地热井参数研究[J].地球学报,2018,39(5):523-532.

[13] 方修睦,周志刚.供热技术发展与展望[J].暖通空调,2016,46(3):14-19+8.

[14] 中华人民共和国住房和城乡建设部.建筑节能与绿色建筑发展"十三五"规划,2017.

[15] 中华人民共和国住房和城乡建设部,国家市场监督管理总局.近零能耗建筑技术标准:GB/T 51350-2019[S].北京:中国建筑工业出版社,2019

索　引